幫天上的雲朵取名字！

賞雲協會頒發的
賞 雲 證 書

各位賞雲迷從頭到尾讀完本書、並完成數小時的
自由觀雲活動之後，不妨試試本項測驗，保證可以獲得飄上雲端的成就感。
答案請見彩色頁的最後一頁。

Angelo Storari（member 2378）提供

1. 請爲這朵雲取個名字。（不是「阿飛」之類的名字，而是要說出它的雲屬及雲類。）再來個加分題：從雲朵背後透射出來的光芒叫什麼？

Alex Raistrick（member 1712）提供

2. 此圖的天空中包含許多不同種類的雲，請說出下方及右下方盤旋的雲類名稱爲何？

Richard Atkinson（member 11）提供

3. 這是從發電廠煙囪排出的溼熱煙霧所形成的積雲，雖然這種雲沒有正式名稱，不過有個綽號，你猜得出是什麼嗎？

Barry Slade（member 1665）提供

4. 圖中主要是卷雲，從外觀看起來，這些雲似乎快要精神分裂了。如此混亂的卷雲變型，究竟是輻射狀、雜亂、脊椎狀還是重疊卷雲？

Bob Jagendorf（member 1480）提供

5. 看到這一大片層積雲，讓人覺得心情很好，爲什麼呢？

Glen E. Friedman（member 21）提供

6. 有人可能以爲這是莢狀雲，其實不是，這是環繞全球中緯度地區的強風旋轉氣流所造成的。這種風稱做什麼？

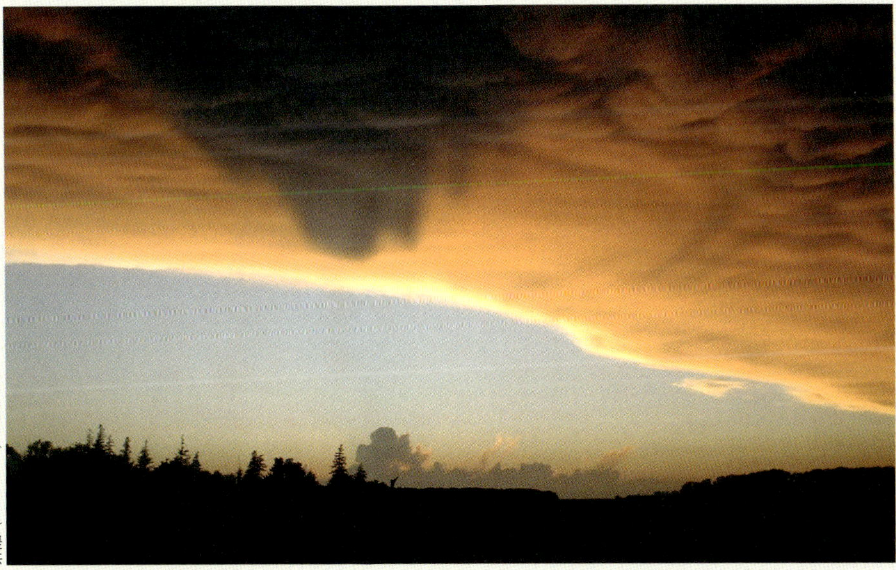

Bill Miller（member 21）提供

7. 圖片上方的雲出現了一些乳房狀雲，可能附屬於積雨雲的雲砧。但是雲中間那些奇怪的光影是怎麼回事？

上下圖皆為 Peg Zenko（member 1527）提供

8. 這裡有兩種不同的「暈象」，當陽光穿透很高的冰晶雲（此例為卷層雲）時偶爾會出現。這兩張圖分別是哪兩種暈象？

Dr Peter and Mrs Gill Smith（member 1522）提供

9. 貝母雲（或稱珠母雲）形成於對流層之上。通常在什麼樣的高度範圍可以觀測到貝母雲？如果不是對流層，又是大氣中的哪一層？

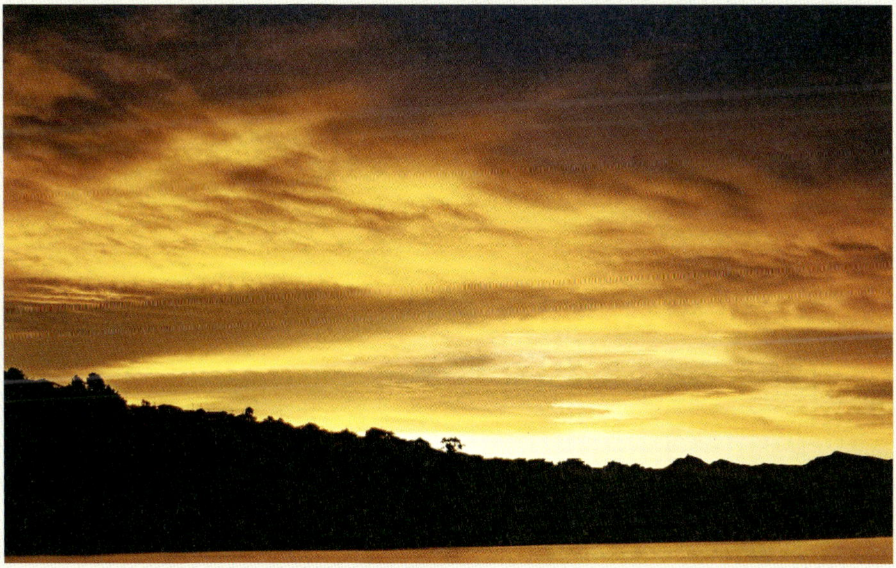

Vick Lightbody（member 95）提供

10. 有一種原本毫不起眼的雲，在旭日東升的溫暖光芒照耀下卻顯得光彩奪目、非比尋常，這種雲的名稱是什麼？

Gavin Pretor-Pinney 提供

11. 這又是什麼雲？

....

你有沒有通過「賞雲證書」的測驗呢？答案在這裡……

1. 這是一朵積雲，由於寬度比高度來得大，可見是朵「淡積雲」。從雲的背後透射出來的光芒稱為「曙暮輝」。
2. 這是「莢狀雲」（本圖看起來應該是莢狀高積雲），乃潮溼氣流在山脈背風面產生波動所形成的。
3. 這是「煙積雲」啦。
4. 這種會讓人心煩意亂的變型雲，叫做「雜亂卷雲」。
5. 這種雲讓人看了高興的原因是：隨你怎麼說都行。
6. 稱為「噴射氣流」。這就是所謂的「噴射氣流卷雲」。
7. 這種光影效果其實是地平線上的濃積雲所投映的影子。
8. 上圖為「環天頂弧」，下圖是「幻日」（或稱日狗），不過下圖的光點是由滿月造成的，嚴格來說應該稱為「幻月」或「月狗」。
9. 高度介於一萬六千至二萬四千公尺之間，在大氣中屬於平流層。
10. 這是高層雲。
11. 此雲名為「因為寵物海馬不理他而覺得悶悶不樂的喜馬拉雅雪人」。

看雲趣

從科學、文學到神話，認識百變的雲世界

Gavin Pretor-Pinney
蓋文・普瑞特—平尼——著
黃靜雅——譯

THE CLOUDSPOTTER'S GUIDE

【導讀】

雲影天光任徘徊

（中央研究院院士暨環境變遷研究中心主任）
王寶貫

二〇〇五年春天，我應《經典雜誌》之邀撰寫一篇有關雲的文章，一時心血來潮，想到這年頭一大堆賞東賞西的協會，卻似乎就沒有賞雲的，於是寫下如下一段：

臺灣不只是多雲而已，島上還有東亞罕有的數百座萬呎高峰聳峙，複雜的地形使得雲的姿態千奇百怪，瞬息萬變，令有心賞雲的人嘆為觀止。這年頭各式各樣的賞「物」同好會似乎頗為流行，賞鳥、賞狗、賞馬、賞花、賞樹、賞石頭等等所在多有。要是要選個賞雲的地點，臺灣絕對會入選前幾名。

那篇文章寫好後即用電郵送出（刊登於《經典雜誌》九十三期〈坐看雲起時〉），不料隔幾天就收到臺大大氣科學系林博雄教授來信，特告知不久前有個英國人成立了一個「賞雲協會」（The Cloud Appreciation Society）。博雄也是個雲迷，曾經寫過一本書《賞雲》（行政院農委會出版），他又是個觀測專家，像雲這種天上最顯眼的東西，自然包括在他的「雷達」掃描範圍之內，所以他會注意這種消息是意料之中，倒是有人不憚其煩成立賞雲的協會才眞令人有些意外。

知道了這個「賞雲協會」的消息之後，我當然立刻連接到那網頁去看看，果然就有一堆讓你眼花撩亂看不完的奇雲妙靄照片，讓雲迷們大快朵頤。而這個「賞雲協會」的發起人就是本書的作者，普瑞特—平尼。

賞雲，如同賞其他東西一樣，有人只是淺嘗輒止，有人則非深究一番不可。淺嘗令人輕鬆愉快，而深究卻能使你獲得額外的妙趣，眞如俗語所說：「會看的看門道，不會看的看熱鬧。」假如你對雲的興趣已經超過看熱鬧的階段，那麼本書就是指引你深入門檻的一本好嚮導。

這本書把一般在普通氣象學上提到的一些重要的雲狀，像卷雲、積雲、層雲，以及這些雲在不同高度的雲種、雲屬和它們代表的天氣狀況，用詼諧幽默（有時簡直是滑稽突梯）的語氣一一詳細解釋，光看這些解釋法，你就知道本書作者是個妙人兒。因此這書讀來絕對不會枯燥無味，可以讓你在愉快的心情下了解一些雲的科學事實。

而既然叫「賞雲協會」，當然不能只談科學，總要來點賞心悅目的調味料才不至於令人望而生畏，所以這本書並不只是談雲的科學事實而已，它還包括了許多雲的趣事、典故及神話。作者是英國人，他提的自然絕大多數都是西方的（偶爾有一兩則東方的）。東方人賞雲的態度如何呢？

東方的山水畫家們大概是古代賞雲人裡面最熱心的一群了，因爲把雲的舒卷百態寫得最淋漓盡致的就是他們。宋代著名山水畫家郭熙在他的大作《林泉高致》，就提到了四季的雲可以作爲畫題的項目：春雲如白鶴、夏雲多奇峰、秋雲下隴、冬有寒雲欲雪。比他稍後的韓拙（十一世紀宋徽宗時代人）把這些在他所著的《山水純全集》裡大加發揮：

春雲如白鶴，其體閒逸和而舒暢也。夏雲如奇峰，其勢陰鬱濃淡靉靆而無定也。秋雲如輕浪飄零，或若兜羅之狀廓靜而清明。冬雲澄墨慘翳，示其玄溟之色昏寒而深重。此晴雲四時之象。春陰則雲氣淡蕩，夏陰則雲氣突黑，秋陰則雲氣輕浮，冬陰則雲氣慘淡。此陰雲四時之氣也。

不過說來奇怪，這些雲煙百態的敘述雖已有千年之久，東方山水畫家們對畫雲卻並不怎麼熱心。對他們而言，山和水是主題，雲煙則只是圖中的裝飾品，因此很難得在古典山水畫裡看到眞的繪出像韓拙講得那麼活靈活現的雲。至於西方古代繪畫則連山水風景也不流行，絕大多數是宗教人物畫，雲也從來不是主題，只是在畫上遠處空中塗上幾朵小雲點綴點綴。眞正對天光雲影的欣賞分析和描繪認眞起來，是十九世紀的印象派畫家如莫內（Claude Monet）、席斯里（Alfred Sisley）或皮薩羅（Camille Pissarro）等人的大力提倡之後了。

雲的趣事和典故在咱們文化中還多少有一些，而雲的神話則似乎頗感缺乏。漢文化中神話本來就不多，就算有也多半屬於「奇聞軼事」之類，專供茶餘酒後聊天之用，而罕有像小飛俠、白雪公主或青蛙王子等適合小朋友們自小就可以想像而徜徉其中的神話故事，這不能不說是一大缺憾。古代詩人中比較有神話想像力的只有屈原、李白、李賀、韓愈等少數幾位，其中屈原的〈九歌——雲中君〉可能是專門歌頌雲神詩篇中的唯一傑作。

許多人可能認爲神話沒啥用途，那眞是大錯特錯。想像力是許多學問進步的基礎，尤其是和創造發明有關的學問（例如科學），而從小讀些神話故事正好能夠刺激想像力的發展，使得大腦可以突破藩籬，自由自在地在靈感的天域中翺翔。缺乏想像力的人也許能夠成爲熟練的「匠」級人士，但要成爲開創級的大師恐怕就很難了。《看雲趣》這本書則提到了不少有關雲的神話，正好多少可以彌補這個缺憾。

而本書最於我心有戚戚焉的一句話是：「雲是屬於夢想家的。」看著天上白雲輕靈飄逸，又自由自在千變萬化，你早就化身和雲兒一齊去「聊翺遊兮周章」了，哪還有一絲兒煩惱？

本書譯者黃靜雅是大氣科學系的本科畢業生，是翻譯這本書的絕佳人選。在看到這譯本之前，我只知道靜雅很敬業又很有才氣，寫過不少親切清新又鄉土氣息濃郁的臺語歌。殊不料她的文筆也十分流暢，讀來竟不覺得是翻譯的文章，這可是翻譯文學頗高的境界了，我因而十分樂意把本書推薦給任何對雲有興趣的人士。

【推薦文】

觀雲而後知天象

（TVBS氣象主播）任立渝

只要向外看、向上看都可看到雲，大自然中最常見的現象鐵定是雲。一般人看雲都是看雲的形態、色彩、數量等的變化，只要雲量增多、加厚、變暗，就知道應該要下雨了，這是大多數人對雲的認識。

每天的氣象報導中，晴、多雲、陰就是指天空中雲的數量；下雨、降雪、冰雹、雷電等更是由雲中發生；雲的厚薄及遮蓋天空的比例，又影響到地面對太陽輻射熱的吸收及向外放出的熱能，這與每天氣溫的高低有關，可見雲與我們的生活是多麼關係密切。

事實上，雲就是隨著大氣層內的氣流流動、水汽的增減、熱量吸收或放出的改變等，而能出現各種形態與數量的變動，完全反應出大氣的狀況，也就是我們看到的天氣變化，所以在天氣預報中，對雲的觀測是相當重要的項目。在全世界各地的氣象觀測站，氣象人員每天都要定時看雲，包括記錄雲的數量、高度種類等，接著預報人員從雲的資料去了解大氣的現況及探討未來的變化，最後做出天氣預報。然而，雲的觀測卻是所有氣象觀測項目中最困難者，原因是雲的變化太大，雖有因形態高度劃分出來的四族十屬，但常有一些雲不屬於這十種標準雲，所以對於看雲的訓練就是要「多看」。

市面上有關氣象的書籍原就不多，除教科書外，讓一般人看的科普書更少，其中談雲的又更少，而且多半像教科書一般說明雲的分類與生成等知識，或者有如圖鑑般，用很多圖片介紹各種雲的類型，雖很詳實但趣味不高，一般人常不太能一直看下去。這本《看雲趣》眞的可讓人看得有趣而一直看下去，因作者用完全不同於一般科普書的表現方式，以各種故事切入到雲的介紹，增加讀書的趣味。

雖然本書強調不是氣象教科書，作者也稱自己非氣象專家，但內容包括了所有雲的知識、類型及其他特殊的雲，不僅描述雲的形態變化，也談到雲的結構、理論及對天氣影響等，絕對可作爲氣象相關科系學生的用書，也是一般人最好的賞雲書，如果科普書都能有這本書的表現方式，一定可提升讀書興趣。

這是一本値得推薦的書，也是一本値得每個家庭收藏、提供父母子女共同學習欣賞雲的好書。其實要能認識雲，唯一方法除了有好的參考書，就是要多看雲，看得越多，越能欣賞雲的美麗。

【推薦文】

好奇與想像的趣味，從觀看雲開始

吳育雅
（臺灣大學師培中心專技助理教授）

科學教室裡的「雲」往往有些單調，用心的老師也許在牆上掛了一張雲的分類圖表，課程卻必須守著「核心概念」標準程序：飽和曲線路徑、舉升、凝結條件、分類、歸檔四族十屬。乏味的學習方式與情境，有效地掠奪了學習的樂趣！那麼，如何讓人想要認識雲，甚至渴望去探究多姿多彩的大氣變化呢？

《看雲趣》作者普瑞特—平尼是誘發好奇心與想像力的高手，不僅讓讀者感受每一種雲都有靈性，同時也期待讀者能通透理解這些現象是如何出現的。你想知道常被誤認爲不明飛行物的莢狀雲或正在發展水龍捲或陸龍捲的管狀雲是怎麼形成的嗎？可以先翻閱第五章「高積雲」與第十一章「奇特的雲」。你若好奇野心勃勃的高聳雷雨雲如何拓展成狂野的對流雷電風暴？可在第二章跟隨藍欽中校翻滾飛騰的親身經歷走進積雨雲。

遇到讓天空灰白無邊、無聊一致的高層雲，作者便透過光影色彩來揮灑這種雲的個性。至於死氣沈沈會讓人陷入幽閉恐懼症的層雲，則一面形容它「像太熟的朋友堅持要與你形影不離，卻侵犯了你的空間」，又以「究竟如何使一整層空氣都降溫到可以凝結成雲？」這個問句，勾引你跟隨挖掘下去。你必然見過晴空萬里的湛藍大色，只有在飛機後尾隨的凝結尾有時很快消失，有時擴展成漫舞波動，有時卻如刀劃過卷層雲形成「消散尾」；作者就是能變換視覺的焦點，在每一篇章為各種雲譜出精彩變換的戲碼。

作者也坦言，身爲賞雲迷實在不該把生命全用在書上。喜愛雲最好的方式，還是直接仰起頭賞雲吧！只要開始仰起頭觀賞天空，總會發現頭頂上這一大片天，有著無窮的變化。水氣是大氣戲碼中令人迴腸蕩氣的主角，變臉、變身是她的絕活，然而在不同高度凝結的雲，對地球氣候有全然不一樣的影響。因爲雲可以遮陽，減少進入大氣與地表的太陽輻射；同時也能夠讓地球保暖，阻礙地表與大氣的熱逸散，是目前氣候變遷尚待瞭解的難題。讀到本書的末篇，已不僅止是有趣的科普書，還感受到字裡行間的鋪陳。深深期待著普羅大眾能從體驗觀賞雲開始，對於周遭的現象不自主地萌發關注與興趣！

【推薦文】

直入白雲深處，浩氣展虹霓

（臺灣大學大氣科學系教授）
吳俊傑

黃庭堅在春遊時，和武陵人一樣爲桃花的美景所誘，但他沒有走入祕境桃花源，而是在穿花尋路中，直入白雲深處，覺得在那兒可以找到氣象壯闊的彩虹。

而我個人和雲的相遇，可就沒那麼浪漫了。多年前我與臺大研究團隊推動追風計畫（DOTSTAR，侵臺颱風之飛機偵察及投落送觀測實驗），搭乘漢翔公司 ASTRA 噴射機到颱風上空進行投落送標靶觀測，透過飛機上小小的窗格，我們置身型態各異、變化多端的雲彩，實在令人目眩神迷卻又膽戰心驚。穿梭在颱風周圍陰暗叢聚的烏雲中，瞥見遠處從縫隙裡乍現的光亮時，我總不自覺想起「Every cloud has a silver lining.」[1]這句諺語，「撥雲見日」一詞畢竟還是正向得多。

相較之下，本書作者普瑞特—平尼對雲可說是極爲專情，不爲虹霓不爲雨，無所遲疑無所懼，只爲了對雲的痴迷，不但成立「賞雲協會」集結同好，甚至爲了一口氣解決「雲友」們對雲的各種疑問，竟從一介科學的門外漢，苦心孤詣、深入研究，晉身爲科普專著的作者，完成了這本好書，獻給所有愛雲的同好。書中以各種雲存在的高度分章節，由低而高，細數十三種雲的型態、特徵、分辨的方法、形成的科學原理等等，將夢幻如棉花的雲朵一一拆解，使其依然美麗卻不再神祕。

然而本書更爲特別的一點是，記者出身的普瑞特—平尼具有極爲豐富的人文素養，在科學之外，還蒐羅了許多和雲相關的歷史、軼聞、戲劇、神話、藝術、文學、各地信仰風俗等等，搭配各種雲穿插介紹，引領讀者從一個截然不同的角度親近自然現象，加上他的文筆風趣、妙語如珠，讀來毫無冷場，令人拍案叫絕。

我曾執筆翻譯過科普書《颱風》，深知要能精準地傳達翻譯作品中的語言趣味是相當困難的事，而這些趣味還得建立在一定的科學知識之上，更是難上加難。本書譯者黃靜雅畢業於臺灣大學大氣科學研究所，具有相當的專業知識以外，還是一位才華洋溢的創作者，會譜曲、唱歌、主持廣播，並從事寫作及翻譯，文筆流暢自然，相當成功地傳遞了作者的詼諧筆觸，又能正確解釋科學知識，本書讓人讀來興味盎然，譯者絕對功不可沒。

身爲颱風研究者，閱讀《看雲趣》一書，有相當多的啓發與樂趣。而本書難度適中，也相當適合做爲社會大眾或中學生的科普讀物，在閱讀的過程中，與作者一同領略「賞雲」的樂趣。

1 原句直譯為「每朵雲都鑲著一條銀邊」，意味著「每朵雲的背後都有陽光」，延伸為「黑暗中總有一絲光明」或「塞翁失馬，焉知非福」之意。

【推薦文】

從雲開始的氣象之旅

（天氣風險管理開發公司總經理）彭啟明

雲對整個大氣科學來說，是相當重要的環節。記得我唸碩士時，要研究如何量測邊界層高度，也就是雲常成形的那個地方。博士班時，在國外學了如何觀測雲，例如雲的種子──雲凝結核，還有雲滴大小、數目。冬天時到陽明山頂收集雲霧水，分析物理及化學成分，利用各種工具剖析臺灣冬天層狀雲和鋒面雲系的特性。這些資訊都可以幫助我們了解大氣環境。例如酸雨或汙染物的傳送，雲就是一個很重要的媒介，甚至連全球暖化或冷卻都和雲有密切關連。

我跳入氣象產業後，要在每天實務中從預報或觀測來協助客戶掌握天氣，更需要看雲，可是在辦公室只靠電腦模式或衛星雲圖，始終無法真正掌握雲的變化。於是我和同事們習慣到戶外看看雲，真正從雲的顏色及走向來掌握天氣。

我在大學教書時，很喜歡告訴年輕學子要把觀測雲學好，外出旅遊時可以增添話題，也可以讓更多人對你佩服萬分。而我擔任氣象主播時，在談天說地單元中也大量使用雲的照片，透過雲來說明天氣更容易讓大家了解。

很高興這本《看雲趣》能在遠流出版公司的努力下出版，特別是其中包含了許多科學及文學的內涵，相信對每個想要開始看天氣的讀者，甚至是專業的氣象人來說，都是非常有參考性的書；也希望未來能有更多的朋友，帶著《看雲趣》一起看雲去。

【推薦文】

高中地球科學教師好評推薦

作者除了詳述雲的科學分類外，更讓我們認識雲對生活中文學和美學，甚至文化活動和歷史事件的影響，本書實是一本有趣且可讀性很高的科普傑作。

——李文禮（臺北市立建國高級中學教師）

對現象的觀察是發展科學素養能力的第一步，透過作者從科學、文化、社會等不同觀點分享看雲的經驗，提供了寶貴的方法，讓讀者能從觀測、故事與生活中建立與天空之間的聯結。

——葉鈞喬（國立竹東高級中學教師）

帶領學生觀測雲超過十五年，學生一開始總會好奇與浪漫地觀測，時間久了碰到觀測雲狀的瓶頸後，我總會推薦《看雲趣》入門道。本書的故事情節不啻饒富趣味，更會令人深深地讚嘆與神往……

——劉育宏（新北市立丹鳳高級中學教師）

用腦看雲，讀雲的科學；用心看雲，賞雲的趣味。作者從生活經驗著手，並用貼切的比喻，帶領賞雲的讀者認識雲。其中「辨別雲類小撇步」更是一個入門的好工具。

——謝莉芬（臺北市立成功高級中學教師）

看雲趣

The Cloudspotter's Guide

目錄

【導　讀】雲影天光任徘徊／王寶貫　3

【推薦文】觀雲而後知天象／任立渝　7

【推薦文】好奇與想像的趣味，從觀看雲開始／吳育雅　9

【推薦文】直入白雲深處，浩氣展虹霓／吳俊傑　11

【推薦文】從雲開始的氣象之旅／彭啓明　13

【推薦文】高中地球科學教師好評　14

自序　20

雲屬圖　24

雲的分類表　26

● 低雲族

第一章．積雲　28

積雲的樣子猶如白亮亮的花椰菜堆，一朵一朵彷彿棉花糖做成的。小朋友愛畫的朵朵白雲、讓孫悟空得以在天際來去自如的觔斗雲、宗教畫裡諸神坐的雲沙發，就是這種白白胖胖的積雲。

第二章．積雨雲　54

積雨雲蘊含的能量相當於十顆原子彈，故有「雲中之王」稱號。讓我們隨著藍欽中校由一萬公尺高空墜入積雨雲，在狂暴雲團內部體會「上沖下洗、左搓右揉」的驚險場面。

第三章．層雲　82

灰暗的層雲覆滿整個天空，瀰漫著死氣沉沉的陰鬱幽光，很容易讓人得憂鬱症。然而層雲也是唯一會降到地面上的雲，落入凡塵成了霧或靄，變成虛無縹緲、最有詩意的雲。

中雲族

第四章・層積雲 104

層積雲最是千變萬化，彷彿開演唱會般不停變裝。這般變幻無窮的雲，最適合人們來個「觀天冥想」，放鬆平時的緊張心情，對於調劑心靈有意想不到的功效！

第五章・高積雲 128

高積雲有許多特殊的變型雲，像是停靠在山頂旁邊的飛碟雲、神仙聚在一起吞雲吐霧而包住山頂的桌布雲等，徹底挑戰你對雲狀的想像力。

第六章・高層雲 152

高層雲是最平淡無奇的雲，然而在日出與日落時分也會顯得霞光四射、豔麗無比。我們特別邀請小天鵝為大家講解「散射」的光學原理，體會美麗霞光究竟從何而來。

第七章・雨層雲 170

雨為什麼會從天而降？你可知道雨水掉落時一點也不像淚珠狀，而是一大堆漢堡狀的雨滴嘩啦嘩啦落下來？且讓雨層雲偷偷告訴我們關於下雨的祕密。

高雲族

第八章・卷雲 192

卷雲在晴空中一派輕盈美好，殊不知貌似纖絲的雲網一旦開始擴張、蔓延，竟是天氣即將轉壞的預兆，更有人以奇怪的卷雲預測地震，引發各方揣測與好奇。

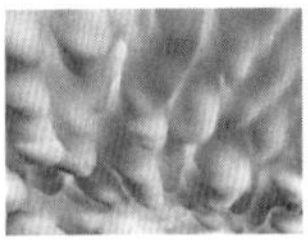

第九章・卷積雲 218

一小塊一小塊的卷積雲掛在天空中，宛若魚鱗一般，素有「魚鱗天」稱號。但這可不能隨便說說，讓我們一起到魚市場找找看，卷積雲的模樣到底像哪一種魚的魚鱗？

第十章・卷層雲 234

卷層雲看似高空中一抹乳白色的薄幕，如同絲綢般纖細美麗，還能使陽光折射出各種千奇百怪的光暈現象，不但把天空妝點得美輪美奐，更在人類宗教史上占有一席之地。

● 雲族之外

第十一章・奇特的雲 262

十種雲屬各有各的美，不過還有一些宛如小跟班的「附屬雲」和「變型」，亦步亦趨地跟在主雲附近，只是一不小心就有可能被一旁的主雲吞噬，落得風捲雲殘的下場。

第十二章・凝結尾 276

凝結尾是二十世紀才現身的「雲」物，出現在飛機的尾部。雖然大朋友、小朋友們都愛看凝結尾，但隨之而來的雲量增加、改變地表溫度等問題，很值得賞雲迷深思。

第十三章・晨光雲 306

晨光雲綿延長達數百公里，一陣陣猛烈的上升氣流洶湧翻轉，吸引滑翔機飛行員前來「衝雲浪」，一圓賞雲迷的終極夢想。

獻給麗茲

自序

蓋文·普瑞特——平尼

我一直都很愛看雲。自然界中，沒有其他事物能夠比擬雲的多采多姿與戲劇張力，能夠匹配其波瀾壯闊而又瞬息萬變的美。

假如橫亙天際的高積雲燦爛餘暉是千載難逢的罕見景象，那它必然會是當代的重要奇觀之一。然而，大多數人們幾乎從來不太在意雲，要不就是將雲視為「美好晴夏」的破壞者、心情鬱悶的一種藉口，彷彿再沒有比「地平線上出現一朵雲」更令人沮喪的事了。

幾年前，我下定決心要終結這種天理難容的事情，雲不該如此蒙受委屈、老是被視為不祥的徵兆。該有人站出來為雲說話了。於是，我在二〇〇四年著手創立一個致力於「為雲行道」的社團。我將社團取名為「賞雲協會」，並利用我在英國康瓦爾（Cornwall）文藝節的演講場合宣布這個社團正式成立。我事先準備了一些會員專屬的協會徽章，心想可能會有人當場受到感動而決定加入，演講結束後，果真有一大群人為了徽章蜂擁而來，令人欣喜不已。

當然，一個組織得要有個網站才能存活，所以演講結束之後幾個月，協會的網站也開張了。創立之初，加入會員是免費的，霎時風起雲湧吸引來不少會員。

很多人寄來他們珍藏的雲景照片，我將這些照片放在網站的圖片展覽頁上，讓其他人也能欣賞。很快的，涓滴匯成巨流，各類稀奇罕見、美不勝收的雲景照片紛紛飄然而來，有瑞士阿爾卑斯山巔如濤似浪的雲海、晨曦微光中如漣漪般的卷積雲層，還有形狀神似大象、貓、愛因斯坦以及巴布馬利（Bob Marley, 1945-1981，雷鬼音樂教父）的積雲等等。

由於會員們來自世界各國，沒多久後，我不得不開始收取一點微薄的會費支應開銷。會員們爲網站貢獻了許多雲的繪畫及雲的詩篇，於是我加開了一個留言討論區，大家終於有個公開的園地可以暢談各種和雲有關的重要議題。會員中有些人是氣象學家或雲物理學家，但大多數會員都和氣象專業沒什麼關係，從八、九十歲以前曾是滑翔機飛行員的老阿伯，一直到僅只幾個月大的小嬰兒都有。誰都知道小貝比是世界上最喜歡看雲的一群人，但我還是想不通，怎麼他們連會員申請表都會塡？

人們對雲的熱愛似乎超越了國界與文化藩籬，我們的會員遍布歐洲各地、澳洲、紐西蘭、非洲、美洲甚至伊拉克。「賞雲協會」成立以來，已經擁有一萬多位會員，分別來自二十多個國家，全是因爲著迷於天空裡的雲霧霞靄而結合在一起。

會員們要求我推薦一些和雲有關、適合一般大眾閱讀的書籍，但我找了半天，發現除了特殊的雲類圖鑑之外，實在找不到適合的材料可以交差。

於是我乾脆自己寫了這本書。這本書將帶領你摸透所有雲族成員古靈精怪的特性，書中所有照片和插圖都是由「賞雲協會」的會員所提供。我不想把這本書寫成像氣象學課本，許多比我更懂氣象的人早已寫了一堆很棒的教科書（老實不客氣的說，那些我全都搜括來了）。本書的境界還要更高：看雲賞雲，乃是一種無憂無慮、無爲無求、無窮無盡、此生不渝的志趣。

寫於倫敦

◎賞雲協會宣言◎

……….

吾人相信雲平白遭受惡言中傷。
沒有雲，生活將貧乏至極。

吾人認為雲乃是大自然的詩篇，
是天下大同的最佳典範，
因為奇幻雲景人人得而觀之。

吾人誓願與「藍天空想派」奮戰到底。
日復一日望著無雲單調的天空，
將使生活無聊且暗淡。

吾人試圖提醒大眾，
雲是大氣的心情寫照，
如同人的表情一樣可以解讀。

吾人相信雲是屬於夢想家的，
他們對於雲的沉思冥想有益於心靈。
此乃千真萬確，能看出雲的形狀的人，
將可省下大筆精神分析的費用。

最後，謹獻給所有樂於傾聽的賞雲同好：

抬頭仰望，驚豔於稍縱即逝之美，
畢生昂首於浮雲之間。

我是土與水的女兒，
天空之稚子：
我穿越海角天涯；
我千變萬化，然永生不死。當雨後塵汙盡去
天頂裸露，
風與陽光伴隨折射的光芒
造出蔚藍的穹蒼，
我靜默笑看自己的碑帖，
穿出雨的迷窟，
如赤子產於子宮，如鬼魅起於墳穴，
我重生，旋又幻滅。

P. B. 雪萊（Percy Bysshe Shelley, 1792-1822，英國詩人），〈雲〉

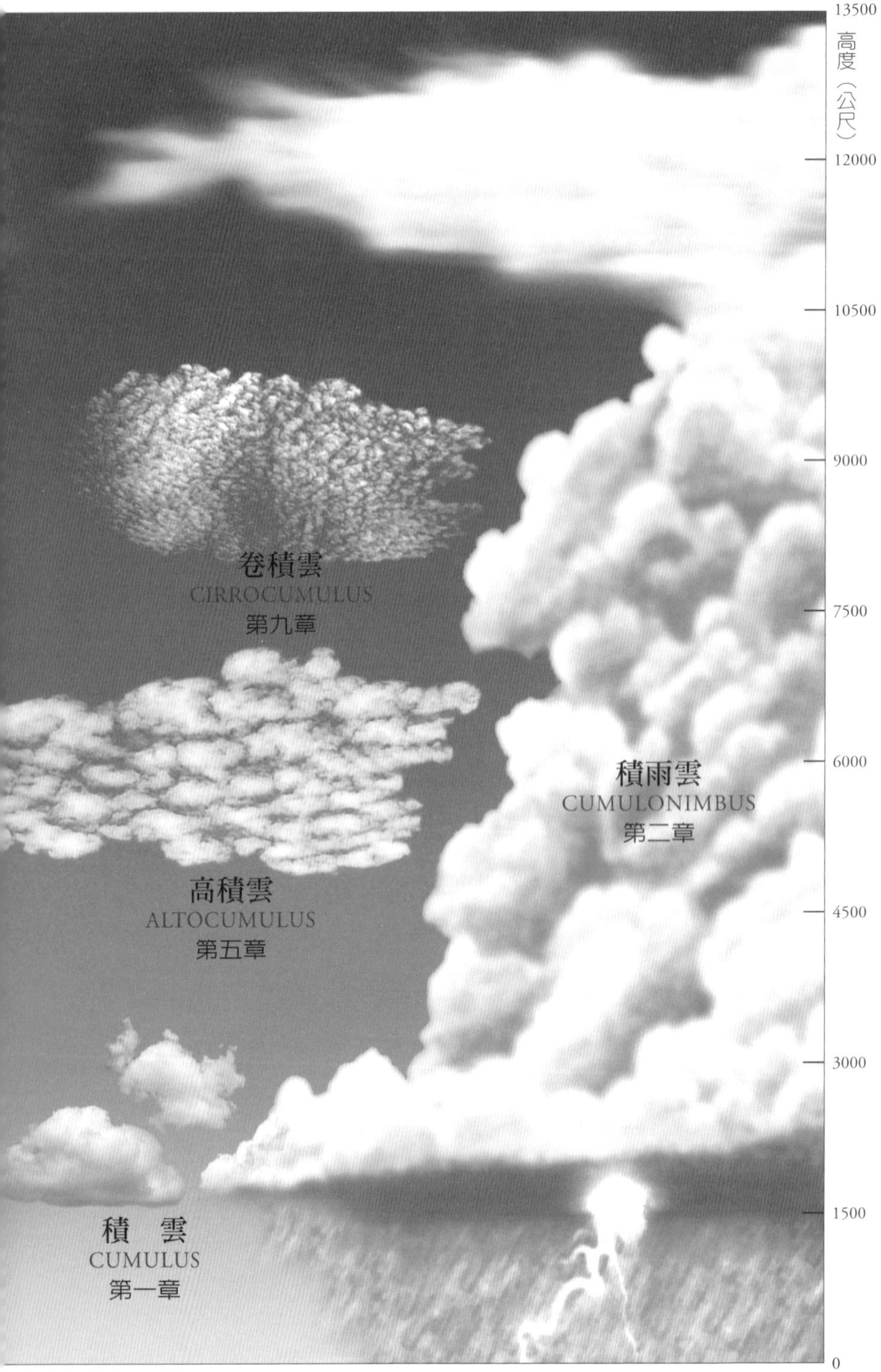
13500
高度（公尺）
12000
10500
9000
7500
6000
4500
3000
1500
0
卷積雲
CIRROCUMULUS
第九章
高積雲
ALTOCUMULUS
第五章
積雨雲
CUMULONIMBUS
第二章
積　雲
CUMULUS
第一章

雲屬圖

13500
高度（公尺）
12000
10500
9000
7500
6000
4500
3000
1500
0
卷 雲
CIRRUS
第八章
卷層雲
CIRROSTRATUS
第十章
高層雲
ALTOSTRATUS
第六章
層積雲
STRATOCUMULUS
第四章
雨層雲
NIMBOSTRATUS
第七章
層 雲
STRATUS
第三章

雲的分類表

雲的分類法採用拉丁文的林奈系統（與動、植物的學名分類法很類似），根據雲的高度和形狀來區分。大部分的雲都可歸類在十種基本的雲屬（genera）中，每一雲屬又可定義出不同的雲類（species），再加上各種可能出現的變型組合。其他尚有許多五花八門的附屬雲（accessory cloud）及副型（supplementary feature），有時會伴隨主要雲狀出現。

如果這些名稱讓你覺得霧煞煞，別擔心，我自己也是莫宰羊。

	雲屬	雲類	變型	附屬雲和副型	
低雲族	積雲 Cumulus	淡		幞狀	弧狀
		中度	輻射狀	帆狀	破片狀
		濃		旛狀	管狀
		碎		降水狀	
	積雨雲 Cumulonimbus（可延伸至中高層）		無	降水狀	幞狀
		禿狀		旛狀	帆狀
		髮狀		破片狀	弧狀
				砧狀	管狀
				乳房狀	
	層雲 Stratus	霧狀	蔽光	降水狀	
		碎	透光		
			波狀		
	層積雲 Stratocumulus		透光	乳房狀	
			漏光	旛狀	
		層狀	蔽光	降水狀	
		莢狀	重疊		
		堡狀	波狀		
			輻射狀		
			多孔		
中雲族	高積雲 Altocumulus		透光	旛狀	
		層狀	漏光	乳房狀	
		莢狀	蔽光		
		堡狀	重疊		
		絮狀	波狀		
			輻射狀		
			多孔		
	高層雲 Altostratus	無	透光	旛狀	
			蔽光	降水狀	
			重疊	破片狀	
			波狀	乳房狀	
			輻射狀		
	雨層雲 Nimbostratus（至少延伸超過一層）	無	無	降水狀	
				旛狀	
				破片狀	
高雲族	卷雲 Cirrus	纖維狀	雜亂	乳房狀	
		鉤狀	輻射狀		
		密狀	脊椎狀		
		堡狀	重疊		
		絮狀			
	卷積雲 Cirrocumulus	層狀	波狀	旛狀	
		莢狀	多孔	乳房狀	
		堡狀			
		絮狀			
	卷層雲 Cirrostratus	纖維狀	重疊	無	
		霧狀	波狀		

低雲族

THE LOW CLOUDS

第一章　積雲

晴天時出現在天空的棉花團

達文西（Leonardo da Vinci）曾形容雲是「沒有表面的物體」，大家應該很清楚他所說的意思。雲如鬼魅般飄忽不定、朦朧迷離：其形可觀，然難言其始於何處、終向何方。

但是積雲挑戰了達文西的這句話。積雲的樣子又濃又密，像是白亮亮的花椰菜堆，與其他雲狀相比，積雲顯得較爲扎實且輪廓鮮明。小時候的我竟然還相信，棉花是人們蹬著長長的梯子從棉花雲上採下來的，它們彷彿伸手便可觸及，而且假如眞的摸到了，必定會是你所能想像最柔軟的東西。在雲的家族中，積雲是人們最熟悉、最具體且最易於辨認的，很適合初級賞雲迷由此入門。

積雲在拉丁文裡是「一堆」的意思，形容積雲的形狀看起來像是圓呼呼的一團。人們將不同的積雲形狀又細分爲「淡」（humilis）、「中度」（mediocris）和「濃」（congestus），這些就是積雲屬的各個「雲類」。拉丁文的 humilis 原意爲客氣或淡薄，淡積雲正是最小型的一種積雲，寬寬的但不高；中度積雲的寬度和高度相當，濃積雲則長得很高。

辨認雲類小撇步

積　雲
CUMULUS

積雲是一種高度較低、獨立而豐滿的雲，常垂直往上發展，雲的頂端隆起呈圓頂或塔狀，雲底則通常頗為平坦。積雲的上半部有時像花椰菜，如果反射高處的陽光，看起來便白白亮亮的，但如果遮住了太陽，則顯得有些陰暗。積雲很容易一朵一朵隨意散布在天空中。

●**典型高度***：
600 – 900公尺高
●**形成地區**：
除了南極洲（地面太冷無法形成熱對流），全球各地都有積雲。
●**降水型態（落至地面）**：
通常不會降雨，只有濃積雲偶有短暫陣雨。

淡積雲

中度積雲

濃積雲

■積雲雲類：

淡積雲：
高度最低，看起來較鬆散扁平，寬寬扁扁的。不會造成降雨。

中度積雲：
高度中等，頂部形狀常如突起的結瘤和花椰菜，高度和寬度相當。不會造成降雨。

濃積雲：
高度最高，頂部就像顆花椰菜，整體形狀高高窄窄的。會產生短暫陣雨。

碎積雲：
雲的邊緣參差不齊、碎裂開來。可出現在雨雲下方的潮溼空氣中。

■積雲變型：

輻射狀：積雲排成一列一列的，即所謂的「雲街」，大致與風向平行。由於觀看角度的視覺透視效果，這些成排成列的雲街看似往地平線的方向聚攏在一起。

輻射狀中度積雲

■積雲容易錯認成：

層積雲：積雲獨立成朵，層積雲則是一整層雲。

高積雲：位置較高的高積雲之間有規律的間隔，積雲則無，而且看起來通常比高積雲來得大。積雲從上空飄過時，似乎比伸直手臂、三根手指頭併攏的寬度還大。

積雨雲：積雨雲通常是由巨大的濃積雲發展而成。如果雲的上半部輪廓還很明顯，那就是積雲，如果頂部較為鬆軟散開，則為積雨雲。

*：這些估計高度（距離地面的高度）乃以中緯度地區為例。

左一、二圖：Gavin Pretor-Pinney 提供。右上圖：Michael Rubin（member 329）提供。右下圖：Paul Cooper（member 1523）提供

晴朗的早晨，通常會有一些淡積雲在陸地上空生成。由於淡積雲與稍大的中度積雲都不會造成降雨，一般認爲這類雲是「晴天雲」，那些一看到雲就聯想到壞天氣的人給我好好記住了！慵懶和煦的午後，徜徉於棉花糖般的浮雲之下，比起一「藍」無遺的無雲天空可要有氣質多了。大家千萬別讓太陽法西斯主義者給洗腦，晴天裡的積雲絕對是完美夏日不可或缺的要角。

Laurette Saris（member 1593）提供

抱怨雲的時候可要當心，它們聽得懂你在說什麼，尤其是積雲會「以其人之道還治其人之身」喔！

還有一種積雲是「碎積雲」（Cumulus fractus），它的形狀比較沒那麼圓蓬蓬，邊緣顯得暈染模糊、參差散開，這是積雲形成十多分鐘、達到成熟階段而慢慢消蝕的樣貌。

除了細分出各種雲類，十個主要雲屬各自還可能出現許多「變型」，都是各個雲屬常可觀察到的雲貌特徵。以積雲來說，唯一能夠辨認的變型是「輻射狀積雲」（Cumulus radiatus），它會平行於風向排成一列一列的，這些井然有序排成閱兵隊形的棉花軍團，也就是俗稱的「雲街」（cloud street）。

雖說積雲總是與晴天長相伴，但任何一種雲在某些條件下都可能發展成下雨的雲，積雲也不例外。無邪的淡積雲或中度積雲，也有可能暴漲爲怒髮衝冠的高聳濃積雲，如此尊容怎麼看都不像是晴天雲了，它正逐步轉變成巍峨驚人的「積雨雲雷雲」（Cumulonimbus thundercloud），會帶來中度

六歲孩童是世界上最棒的賞雲迷，他們畫圖時總不忘塗抹幾朵積雲。

或強烈的陣雨。從淡積雲到中度積雲到濃積雲甚至發展到超級巨大，這種演變在炎熱潮溼的熱帶地區幾乎每天都看得到，在溫帶地區則不那麼常見。總之，如果看到積雲在中午以前已經發展成濃積雲的話，很可能下午便會下起不小的陣雨。各位賞雲迷請記住這句口訣：「早上山雲起，午後大雨臨。」

一朵朵輪廓分明的積雲是小朋友畫畫時的最愛。每個六歲孩童畫房子時，如果沒有配上幾朵雲飄浮在天空中，看起來總感覺少了些什麼。小朋友超喜歡雲，或許是因爲小嬰兒躺在嬰兒推車裡，晃來晃去老是看到雲，於是和雲發展出深厚的關係，如同小雞破殼而出時，往往認定看到的第一樣東西就是牠的家人——可能是這樣也說不定？小朋友也許會把手畫在脖子上、把眼睛畫在臉的外面，但他們畫的雲朵倒是頗爲傳神，總能捕捉到積雲的基本形態。沒錯，積雲的確比較容易畫，然而它們在小學生的圖畫中無所不在，或許有著更重要的含意。

積雲也是最基本的、人人皆知的雲，一想到雲，人們心裡浮現的畫面往往就是一朵積雲的形狀。一九七五年，時年

這個符號現在已經功成身退，是艾倫為英國國家廣播公司氣象預報所設計的，當時的他顯然不只六歲。

二十二歲的英國平面設計師艾倫（Mark Allen）就設計了一個圓圓胖胖、很可愛的雲朵線條圖案，作爲英國國家廣播公司（BBC）氣象報告符號。當時他們把這個符號製作成橡皮面的磁鐵，氣象主播會「啪！」的一聲將它黏到英國地圖上。而每回主播一轉身、磁鐵就掉下來時，我和全英國觀眾都會忍不住竊笑。

這個積雲符號沿用了三十年，直到二〇〇五年，BBC氣象預報全部改爲3D立體動畫之後才功成身退。新的3D播報系統可以秀出即時的雲層覆蓋面積和雨量分布變化等等，雖然新系統可以更精確地顯示雲量，觀眾卻抱怨攝影鏡頭在電腦動畫前面移來掃去，害他們看得暈頭轉向。但或許這只是個藉口啦，就像我，一想到必須和這個熟悉的積雲符號說再見，著實有點感傷。

雖說觀天賞雲於閒暇時進行爲最佳，然而這種活動的樂趣人人皆可得而享之。雲是自然界中最佳的平等主義代表，任何人都可以自由自在、隨時隨地觀賞雲。位於高處當然更好，而這並非難事，高樓大廈或風景優美的山坡高崗都行，最要緊的是賞雲的心境；你又不是火車迷，勸你不要鄭重其事地跑到山上，端出紙筆、擺起架勢，想對每一種雲的形狀詳加記錄，最後只會敗興而歸。更別無聊到幫每種雲編列序號！

賞雲不需爲雲編製目錄。氣象學家正忙著將不同雲屬、雲類與各種變型分析歸類，你就省省工夫吧，這可是他們的工作哩！你要做的近似於一種冥想或禪修，會讓你的身心靈達到更通徹的境界。康斯塔伯（John Constable, 1776-1837）堪稱畫雲畫得最棒的一位英國畫家，他的風景畫作常以天空爲主題及「情感主體」，將雲彩風景畫得極爲活靈活現、劇力萬鈞，是我在其他田園風景畫中感受不到的。

康斯塔伯相信「除非深入了解，否則我們看不到眞相」，我也深有同感。各位賞雲迷如果能深入探索雲如何形成、爲什麼會長成某種形狀、它們如何雲移幻化、風起雲湧、風雲變色、風捲雲殘，則你所學到的將不只是氣象學原理而已。正如十七世紀法國詭辯哲學家笛卡兒（René Descartes, 1596-1650）所說：

> 人必須把眼轉朝天空才能仰望雲，因而我們把雲視為……上帝的寶座……這給了我一個期待，如果能解開雲的身世之謎……人們便可以很容易相信，就某方面來說，發掘出人世間任何奇妙事物的緣由確實是可能的。

那麼，積雲到底是什麼呢？如果說它只是水，你可能覺得不甚滿意。不過，眞的不蓋你，所有的雲全是不折不扣的水。好奇的賞雲迷或許會納悶，雲看起來和杯子裡的水差太多了吧?!其實，雲看起來白色不透光的外觀，是因爲水化身爲數不清的（精確來說是每立方公尺約一百億個）微小水滴，每個小水滴約只有一公釐的數千分之一那麼小。這無數的水滴表面將光線散射至四面八方，才會使雲看起來有著擴散開來、乳白色的外觀；至於裝

Gavin Pretor-Pinney 提供

中度積雲的高度與寬度差不多。

Stephen and Emily Bell（member 1869 & 2402）提供

一朵中型積雲的所有水滴加起來，重量與八隻大象差不多，但這朵雲看起來好像只有一隻象寶寶的重量。

在容器中的水只有單一表面，所以外觀上有明顯差異。這有點像粗糙的毛玻璃和光滑透明玻璃的區別，毛玻璃有許多角度各異的微小表面，將光線散射至各個方向，結果看起來像是白色的玻璃。

根據古印度與佛教的說法，大象對應到天界便是積雲，由於積雲可以爲印度焦枯的炎夏帶來雨水，所以人們崇拜大象。古印度文稱呼雲爲「Megha」，信徒祈禱時也用這個名稱來稱呼大象。古印度的創世神話也提到，大象在時間肇始之初爲何是白色的、牠們爲何擁有翅膀可以飛翔、可以任意改變形狀，甚至擁有造雨能力。雖然牠們現在已經喪失這種神奇的能力，但時至今日仍有人相信，早期神性大象的後代與雲有著密切關聯，尤其是白子大象。

一朵中型積雲的所有水滴加起來的重量，相當於八隻大象的體重；聽起來很不可思議吧[1]，這是因爲積雲裡的水滴雖然非常微小，但數量多到不行。既然普通的大象不可能會飛，那麼，等同於八隻大象的水滴，究竟是如何飛上天、變成積雲呢？

大晴天如何出現雲，有一線索可循。太陽照射使地面變暖之後，開始形成上升的「熱氣流」或「對流氣流」，當你坐飛機通過積雲時，這些空氣柱會讓你感覺到輕微的亂流。滑翔翼和老鷹都需要這種氣流，所以它們總是朝向積雲飛去，因爲這種雲就像天空中的路標一樣，可以指出哪裡有上升氣流、助它們一「舉」之力。熱氣流如同看不見的靈魂一般，賜予積雲生命；熱氣流在積雲內流竄，使積雲活躍起來，因此研究熱對流氣流的形成過程，便如同在窺探積雲的靈魂。一開始，是熱對流氣流將水分帶上天空，也是它們幫助雲中的水滴停留在空中約十分鐘，典型積雲的壽命大致就是這麼長。

這挺像熔岩燈中一團團油球的移動情形。燈裡面的油和有顏色的水混合在一起，油球往上浮起的原理，就和晴天時空氣的對流是同樣道理。雖然熔岩燈裡裝的是液體而非氣體，不過原理是一樣的。

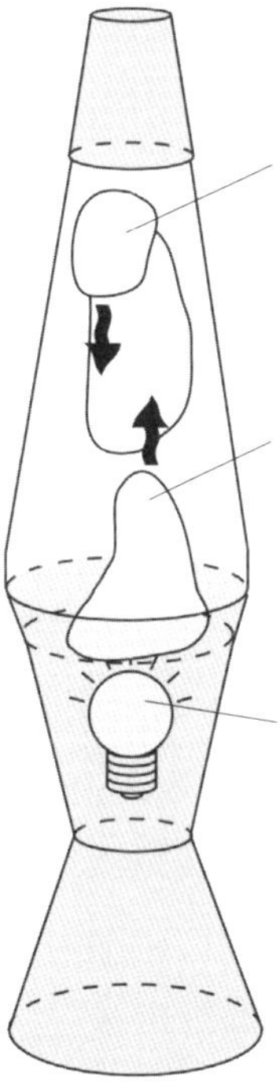
③油球從底座上升後便逐漸冷卻收縮，於是又往下沉降。晴天時地面上方較冷的空氣也會往下沉降，取代隨著熱氣流上升的空氣。
②油受熱膨脹，密度變得比水小，於是往上浮升，這種運動稱為對流。太陽曬熱農田，農田上方的空氣因熱膨脹變得較輕而往上浮升。
①熾熱的燈泡加熱熔岩燈底部的油。同理，太陽曬熱的農田也會使上方的空氣變暖。

雖然熔岩燈的模樣與夏天早上的農田完全不像，不過它確實能夠說明熱氣流裡的空氣如何夾帶水蒸汽上升而形成積雲。

燈裡面油的密度通常比水大了一點點，所以原本停留在底層，經過底座的燈泡加熱後，油受熱膨脹，密度變小，於是開始緩緩往上浮升。大氣的表現方式也是一樣，一片農田經太陽照射而變得溫暖，它所扮演的角色便如同熔岩燈底座的燈泡，使農田上方的空氣變暖，空氣熱膨脹變得比較輕，於是離開周圍較冷的空氣而往上浮升。上升的熱氣流順道夾帶了看不見的水分，後來即演變爲積雲，或者變成美國女詩人羅維爾（Maria White Lowell, 1821-1853）筆下「柔弱的小綿羊，放牧於藍色草原中……還有新剪的白色羊毛」。

請記住，積雲是一種獨立存在的雲，和諸位在陰天時看到的一大片雲層很不一樣。由於不同的地表狀況對於太陽能量的吸收與輻射效果不一，因此各地的空氣對流條件會有差異，某些地方的空氣很容易對流上升，某些地方則不然。舉例來說，柏油碎石路面加熱空氣的效率就比草原來得高，同樣的道理，向陽面山坡加熱空氣也比向陰面山坡來得快。以下的例子最能清楚說明這個道理：試想，晴天時駕船環繞一座小島航行，太陽輻射加熱小島的地面比加熱海面快，因此我們常能看見小島陸地上空冉冉飄浮著一朵胖嘟嘟的白色積雲，這全是來自地表的熱氣流把它「餵」成這樣的。南洋小島居民總是把積雲當成航海時的指標，在尚未看見陸地之前，對準天空中這群環礁般的雲朵航行準沒錯。

由於積雲是在這些獨立的對流氣流上方形成的，所以積雲常是單朵單團、各領風騷，這也是積雲和其他雲屬在外觀上的主要區別之一。每一朵積雲都像是一長條高聳無形空氣柱的有形頂峰，一如隱形巨人頭上戴著又白又亮的假髮；然而積雲很快便會脫離熱氣流的主宰，此時巨人頭上的假髮倏地掀落，彷彿慢動作般自我纏繞、盤旋、疊舞，隨著微風翩然輕掠而去。

話說積雲堪稱初級賞雲迷最適合觀賞的雲，還有一個理由，除了它總是伴隨著好天氣出現之外，積雲本身看起來就讓人感覺十分舒服。有誰不曾抬頭仰望積雲，幻想自己睡在那白胖胖、軟綿綿的雲朵凹處？這些雲就像是爲神仙量身打造的家具，難怪歷史上的宗教畫總是把積雲畫成聖人的沙發椅。早在中世紀時期，西洋藝術作品總是將上帝描繪成雲霧間浮現的一隻手或一隻眼睛，到了文藝復興時期之初，宗教繪畫作品則通常利用雲來襯托眾神的崇高地位。

我最近在羅馬住了七個月，雖然那裡的夏季天空幾乎都是萬里無雲，但我不久便發現，天空底下的地面城市比晴空更多采多姿。讓我驚訝的是，在每一個街角的巴洛克式教堂裡，內部的裝飾壁畫往往是波瀾起伏的團團積雲，雲上端坐著聖徒及天使們，俯視底下的信徒會眾。義大利雕塑家貝尼尼（Gianlorenzo Bernini, 1598-1680）著名的雕塑作品《聖德瑞莎的狂喜》（*St Teresa in Ecstasy*）以石灰石雕鑿而成，展現出聖女癱軟落入積雲凹處的情景。在此之前一百多年，拉斐爾（Raphael, 1483-1520）與提香（Titian, 約 1485-1576）留下的文藝復興繪畫作品也收藏在梵諦岡，描繪聖母瑪利亞將聖嬰耶穌抱在臂彎裡或升天加冕時，總是懸浮於一團濃密的雲氣之上。甚至回溯至第六世紀，羅馬廣場旁的聖葛斯默及達彌盎教堂（Basilica of Saints Cosma and Damiano）裡的馬賽克鑲嵌畫中，身著寬袍的耶穌也站立在映照著橙紅夕陽餘暉的雲霞之上。

Paulo Uliana（member 1598）提供

客氣的淡積雲從未傷害任何生靈。

飄遊在天地之間的雲彩，自然是區分神界與凡界的最佳宗教象徵，藉由氤氳雲氣的巧妙構圖，藝術家才能將凡人與聖人以同樣的形象畫在同一幅繪畫中。許多藝術家在創作基督教圖像時，總是利用豐滿無瑕的積雲來區分天上純潔的神界與地上有罪的凡塵。

Gavin Pretor-Pinney 提供

1892年羅馬天主教的祈禱卡，耶穌、約瑟夫和聖母瑪利亞坐在積雲上，下方是在煉獄烈火中受苦受難的可憐靈魂，積雲對他們來說彷彿是一種慰藉。

雲與基督教信仰密不可分。出自聖經的引文多不勝數，例如〈出埃及記〉記載，上帝出現在西奈山的雲彩中，雲彩同時讓上帝隱匿其中也顯現上帝的旨意，後來上帝化身爲雲柱（榮耀之雲），指引受到救贖的以色列人越過沙漠，在前方引領以色列人一路行進，雲柱一停下來，他們就紮營休息，雲柱一升起，便又繼續上路；〈使徒行傳〉中記載，耶穌復活之後，一朵雲彩接祂升上天國；而《聖母瑪利亞之死》（*The Passing of Mary*）一書則描述，耶穌基督的十二使徒騰雲駕霧來到聖母瑪利亞臨終床前，她便乘著這雲彩升上天國。猶太神話中，「雲之子」（Son of a Cloud）是救世主彌賽亞的稱號，而根據〈但以理書〉的記載，祂將駕乘一朵白雲而來。

不過，雲和神界之間的聯想絕不僅限於基督與猶太信仰，伊斯蘭祕教也認爲，眞神阿拉在成爲肉身之前原爲雲形；相傳在一二七四年，日本雷電之神爲了阻止蒙古人的侵略，從雲端射下無數閃電之箭，擊退了蒙古人的艦隊；《西遊記》中，美猴王孫悟空陪唐僧去西天向佛祖取經，他駕上觔斗雲，一翻十萬八千里，縱飛天際來去自如。

例子實在不勝枚舉：梵文「Parianya」意指「雨雲」，是古印度掌管雨和植物之神，祂與肥沃的大地婚配結合，化身爲一頭公牛；雷神柏勒庫納斯（Perkons）是波羅的海民

Mike Matthews（member 792）提供

低雲會平行於風向排成隊伍，形成輻射狀積雲，也就是所謂的「雲街」，像是雲界裡的「條條大路通羅馬」。

間宗教的重要神祇，主要的任務是滋養大地；恩蓋（Ngai）是肯亞與坦尚尼亞之馬薩伊人（Masai）信奉的造物主和主要神祇，發怒時會變成一朵紅雲，心情好的時候則變成黑雲；澳洲原住民的神話有個旺吉納（Wondjina），是雲和雨之神靈，祂們於神話中的「黃金時代」（Dreamtime）降臨在洞穴裡，其中一個神靈還飛上天空變成銀河……這些典故眞是族繁不及備載，不過我想大家應已心領神會。

小時候，我們尊崇父母——我們也確實是仰頭看著他們——父母親在小孩心目中難道不是宛如天神一般？也許這就是我們長大以後同樣尊崇天上諸神的原因。這也難怪，雨水和陽光是我們賴以生存不可或缺的元素，而它們來自天上，由不得世間凡人掌控。不管原因爲何，當我們瞻仰天上神祇的同時，也一併看到了雲，於是很自然把兩者聯想在一起。可惜的是，我們現在已經可以坐上飛機一窺究竟，卻沒瞧見雲的上面住了什麼神仙。

例如在十九世紀中葉，人們乘坐熱氣球來趟雲霄之旅一度頗爲風行，英國維多利亞時代的評論兼散文作家羅斯金（John Ruskin, 1819-1900）便寫道：

> 即便中世紀畫家畫雲主要是為了烘托高高在上的天使……我們還是很難信服，雲除了蘊含豐沛盈尺的雨水和冰雹之外另有他物。

乘坐氣球飛行的最初兩百年，比空氣輕的氫氣曾是提供升力的最普遍方式。然而如此易燃的氣體實在很危險，而且很難控制飛行高度，因此在一九六〇年代之前，載人氣球飛行通常是以「加熱氣球裡的空氣」作爲升空的動力。氣球裡面的空氣經加熱後膨脹、密度變小，變得比氣球外的空氣來得輕，因此氣球往上浮升。這和晴天時熱氣流上升的原理如出一轍。事實上，火焰上方也能形成積雲，此乃所謂的「火積雲」（pyrocumulus），即在農作物殘株焚燒或森林野火造成的煙柱上方產生積雲，這是因爲火焰的高熱導致空氣熱對流，同時將水分帶上天空。

不過，熱氣流上升時會「夾帶」水分，究竟是什麼意思呢？看不見的水分又是如何神奇地變成看得見的雲中水滴，從而造出一朵積雲來？回想一下，我們在天冷時呼出來的氣息，看起來不也如同雲一般？說穿了其實一點也不神祕。我還記得在秋天冷冽的早晨，父親帶我去公園收集板栗的果實，「呼氣成雲」的小把戲讓我著迷極了。我的雙手戴著手套，在呼出來的霧氣裡揮來舞去，這讓我一則欣喜一則失落，因爲我變出來的雲霧一下子就消失了，不像天上的雲可以持續停留。我多麼希望這些霧氣可以排成一連串如腳印般的「呼吸印」，一路跟隨我們回到車上，只可惜我就是留不住它們，轉眼間煙消雲散，逸入早晨的空氣中。但它們確實是如假包換的雲。姑且不論大小和高度，它們確實與積雲沒什麼差別。

Steve Maniscalco（member 1397）提供

森林大火會產生又溼又熱的空氣，並常在上空形成「火積雲」。

我們呼出來的氣體必定帶有水汽。我們的身體構造可以證實這一點，因爲支氣管是溼潤的，用來擋下灰塵和汙染物不致進入肺部。我們呼出的暖溼氣體中，包含許多個別的水分子，至少占了百分之四的重量，這些水分子一路和各種東西碰撞，例如空氣中所含的氧氣、氮氣及其他氣體等；水處於這種狀態時也是一種氣體，稱爲「水蒸汽」。然而，個別的水分子微小到根本看不見，所以不管空氣裡含有多少水汽，看起來依然是透明的，唯有水分子凝聚成團後，才能讓我們看得見。

這就是大冷天時爲什麼會「呼氣成雲」的原因。我們呼出的暖溼氣體與冷空氣混合之後，溫度會迅速降低，而任何氣體冷卻時，分子運動速率就會減慢，使得呼氣中的水分子比較容易凝聚在一起。

同理，熱氣流夾帶水汽從地面上升，等到上升至溫度夠低時，運動速率漸緩的水分子比較容易凝聚在一起，於是部分水分子便形成數不清的微小水滴，構成一朵積雲。

古希臘神話的宙斯是天空之主宰，擁有呼雲喚雨的神力。他與妻子希拉之間的關係有點火爆，主要因爲宙斯實在太風流了。希拉非常嫉妒宙斯的情婦，而宙斯也會對任何喜歡希拉的人展開報復。伊克西翁（Ixion）就是其中一個不知死活的傢伙，他接受宙斯的邀請，來到奧林帕斯山，竟然膽敢對希拉存有非分之想。宙斯耳聞了一些風言閒語，決定刺探伊克西翁的意圖，於是將一朵雲塑造成希拉的模樣，不明所以的伊克西翁果然和雲所變成的希拉私奔，宙斯便把他殺了。這朵雲後來生下了半人半馬的仙達烏爾斯（Centaurus），與他的後代「半人馬族」同樣難以駕馭。我想，這也給過度熱中的賞雲迷一個警惕：萬萬別和雲太過親密。

宙斯自己恐怕也有點「戀雲癖」，此話是依據十六世紀義大利文藝復興藝術家科雷吉歐（Antonio Correggio, 1489-1534）所畫的《朱比特與伊歐》（*Jupiter and Io*）來判斷，這幅畫呈現一位赤裸少女遭到一朵陰暗的積雲始亂終棄、痛苦掙扎的情景。

這幅畫是科雷吉歐於一五三〇年代創作的三連作之一部分，意在描繪「朱比特的愛人們」（朱比特是希臘天神宙斯的羅馬名稱）。伊歐是希拉的女祭司，科雷吉歐畫出天神與伊歐繾綣偷歡的情景。然而，根據古羅馬詩人歐維（Ovid, 43BC-17AD）重新詮釋的神話故事，縱慾無度的朱比特對伊歐難以忘情，於是在勒那（Lerna）草原上企圖占有她。朱比特生怕妻子希拉撞見他調戲良家婦女的不倫醜事，便藏匿於一朵烏雲之中。伊歐亟欲逃脫朱比特的魔掌，歐維寫道：

趁他說話時她飛奔，
迅速逃離勒那的牧草荒原，以及
萊席亞的濃密樹林。
可是天神召來烏雲
陰影籠罩整個大地，
她無處可逃
在雲中被奪走了貞操。

Kunsthistorisches of Vienna / photo Bridgeman Art Library 提供

科雷吉歐於1531年所畫的《朱比特與伊歐》，呈現出十六世紀「春宮雲畫」的情慾世界。

和歐維描寫的辣手摧花場景恰恰相反，在科雷吉歐的畫作裡，伊歐與雲的偷情卻是飄飄欲仙、很享受似的，這大概是有史以來把雲畫得最飽含淫慾的一幅油畫了。可惜這幅十六世紀的「春宮雲畫」也是空前絕後、僅此一幅。

那團遮掩住色狼朱比特的積雲，科雷吉歐把它畫成陰暗的藍灰色調。陰暗的積雲有幾種可能：一是從雲的背光處看，二是天空不夠亮，或者雲的後方還有其他的雲。雲中所含的水滴數量多寡也有影響，因爲雲滴會散射陽光，使一部分光線無法穿透雲層，因此背光的雲所含的雲滴數量越多，就越顯得陰暗。賞雲迷會發現，積雲從小型的淡積雲歷經中型階段，逐漸演變成又高又厚的濃積雲，而且底部變得越來越暗，這是因爲逐漸增厚的雲層會阻擋更多的陽光。如此看來，科雷吉歐倒是把荒淫無道的天神畫得挺恰當的，他對伊歐意圖不軌、色慾薰心，彷彿是灰暗的濃積雲：這可說是雲的雄性象徵，水分飽漲，蓄勢待發，汨汨豪雨即將噴洩而出。

由於有對流氣流在內部翻騰攪動，積雲其實是既善變又難以捉摸的。從地面看起來，積雲內部的運動似乎很平和，甚至有點遲緩，但大家可別忘了，遠方物體的移動總是顯得比較慢（高空的噴射機有時看起來簡直像蝸牛在爬）。實際上，雲裡面的亂流往往是很旺盛的，而且一旦開始成長，原本閒逸無害的晴天淡積雲，可能在幾小時內便發展成巨大的濃積雲，雲底越來越暗，警告人們得提防突如其來的猛烈陣雨。

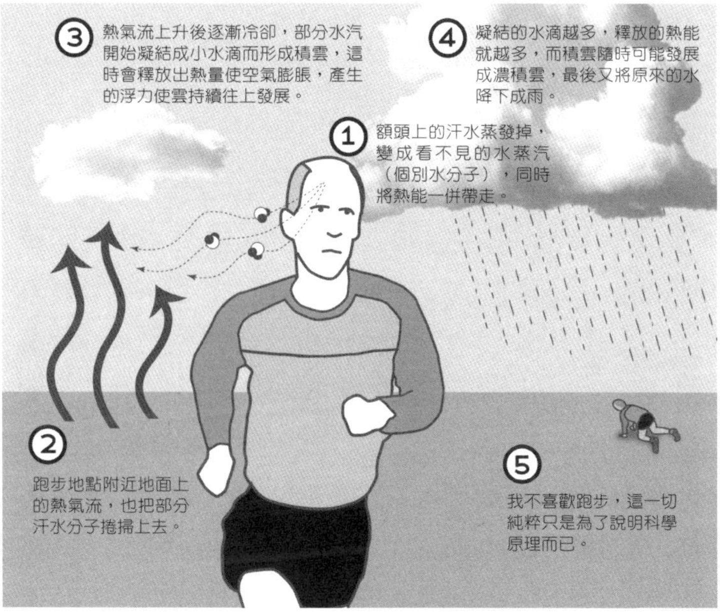
③ 熱氣流上升後逐漸冷卻，部分水汽開始凝結成小水滴而形成積雲，這時會釋放出熱量使空氣膨脹，產生的浮力使雲持續往上發展。
④ 凝結的水滴越多，釋放的熱能就越多，而積雲隨時可能發展成濃積雲，最後又將原來的水降下成雨。
① 額頭上的汗水蒸發掉，變成看不見的水蒸汽（個別水分子），同時將熱能一併帶走。
② 跑步地點附近地面上的熱氣流，也把部分汗水分子捲掃上去。
⑤ 我不喜歡跑步，這一切純粹只是為了說明科學原理而已。

我在外頭跑步，促成一朵積雲的過程。

每個賞雲迷一定忍不住要問：淡積雲究竟是如何發展成這副德行？積雲出現在地面升起的熱氣流上方，然後又被風吹著到處跑（一如低雲總是在空中飄來飄去），既然如此，雲裡面的氣流又怎麼會越升越高、發展迅猛高聳如巨塔？如果熱氣流不再是主角，那麼舉升力量的來源又是什麼？這用熔岩燈來比喻就說不通了，因爲熔岩燈的油球從底座上升後，接著逐漸冷卻、收縮、再次下降。爲什麼發展中積雲裡的氣流不會像這樣呢？

答案揭曉，這是因爲「潛熱」（latent heat）的緣故。如果諸位對於聽起來像物理課的任何東西有偏見，請先擱在一邊、耐心往下看，因爲這對了解晴天積雲無憂無慮的淘氣行爲是很重要的。還記得康斯塔伯的名言嗎：「除非深入了解，否則我們看不到眞相。」當然啦，任何人看見壯觀的雲景都會讚嘆不已，但是身爲賞雲迷，越是了解雲的來龍去脈，越能看出它們究竟美在哪裡。

當自由運動的水分子聚集成爲水滴時，釋放出來的熱能稱爲「凝結潛熱」。積雲在上升的熱氣流上方形成時也是如此，當水從氣態水凝結成液態水時，便會放出熱能至周圍的空氣中。

如果反過來想，可能比較容易了解其中的道理，也就是說，當液態水蒸發成爲氣態水時，會從周圍環境中吸收熱能。這樣說好了，就像我在某個夏日午後出外跑步，跑著跑著，額頭會開始冒汗。（其實這是虛構的汗、虛構的額頭、虛構的夏日午後，因爲我從來不跑步。）

我額頭上的汗水在微風中蒸發，過程中水分子帶走了熱能，讓我的額頭感覺涼爽一些（也才不會熱過頭）。其實不難想像，在我跑步地點附近，地面上的熱氣流也可能把我的汗水分子夾帶上去，與翻旋蒸騰的氣流一起往上升，然後在上升過程中逐漸冷卻。

上升至某個高度時，空氣冷到足以使許多水分子開始凝聚成雲中水滴，而我額上汗水蒸發時所帶走的熱能，會在汗水分子形成雲滴時又釋放出來。這種在水汽凝結時釋放的熱能，就是科學家所稱的潛熱，亦即小積雲成長爲大積雲的關鍵所在。

形成雲滴而釋放潛熱時，會稍微加熱周圍的空氣，使空氣些微膨脹、浮力增加，於是空氣又更容易往上飄浮。因此，積雲中釋放的潛熱乃是雲朵能夠垂直發展的主因，潛熱可以增加空氣的升力，也使積雲的頂部總是豐厚飽滿。

用這種方式，積雲就像是自發自願似的，一路從淡積雲發展成中度積雲，甚至成爲高聳的濃積雲。變成濃積雲後可能又會下雨，使水分再次落下來，而我可能會恰巧跑步經過那朵下雨的雲，於是從我的汗水蒸發出來的水分子，或許又剛好落在我的額頭上。

像這類白費力氣、忙了半天又回到原點的事情，正是我從來不跑步的原因。

雲會遮擋住親愛的太陽（有太陽的熱量才能生成雲），卻也讓我們得以看到太陽，因爲薄薄的層雲可讓我們直視太陽而不傷眼。多虧有雲的遮蔽，我們才不至於「見光死」。

中世紀基督教神祕主義者曾經寫下《未知的雲》（*The Cloud of Unknowing*）一書，把這種矛盾表達得絲絲入扣。如同書名，作者究竟爲何方神聖也是個未知之謎，學者猜想，作者應該是牧師或是修士，但沒人敢確定。《未知的雲》約莫是神祕人物在一三七〇年代所寫，不過就連這點也存有爭議。作者借用雲的形象告訴我們，世俗凡人想要認知上帝無異是緣木求魚。

我們暫時稱作者爲「X修士」好了，他是個「否定神祕主義者」（apophatic mystic），也就是說，不管你是多麼虔誠的基督徒，他認爲你永遠無法想像上帝眞正的樣子，無論怎麼用力想都沒用。我們的推理能力只能告訴我們上帝「不是」什麼，而非上帝「是」什麼。基督徒或許可以藉由苦讀聖經來領悟上帝的旨意，說不定也眞的可以透過禱告與上帝溝通，但是X修士宣稱，人絕不可能清楚明白上帝是什麼。人和上帝之間永遠會隔著一團未知的雲翳。

X修士主張，基督徒若想「看見」上帝，最好是趁早習慣這種無可避免的障礙：

> 無論汝如何盡力，黑暗與雲翳必定橫亙於上帝與汝之間，阻礙汝以良知灼見清楚注視祂，亦不得以親愛與熱情感受祂。

汝應當於黑暗中無盡等待，始終呼喊祂為汝之最愛。即使汝得以感受祂或注視祂，如同親身在此，實仍恆處於雲翳與黑暗之中。

他並沒有說基督徒應當爲此而放棄與上帝溝通，只是礙於這團無可避免的未知之雲，世人永遠無法以智慧和論理來揭示上帝的眞實面貌。這團雲是基督徒的陰霾，是障礙物、擋路石，如同現實中的雲遮擋了陽光一般，把基督徒與上帝隔開。X修士建議，基督徒最好放棄爭辯而選擇接受，唯有如此，或許還有可能以理性思維之外的方式來認識上帝。

基督徒應當拉近自己與這團雲的距離；是的，最好在理性與自我之間放上一片「忘雲」，必須遺忘、遺忘、再遺忘，如此才能讓無心插柳的愛萌芽、滋長，進而認識上帝。

應當將汝之愛提升至雲翳的高度：甚而，如吾所言為真，則蒙上帝擢升汝之愛至該雲翳，蒙祂垂憐幫助，勉力忘卻他等事物。

身處於未知的雲之中，反而更靠近上帝，比那些努力證明上帝卻徒勞無功的人還要接近。X修士想要告訴基督徒的是：接受自己理解能力的限制，透過無知來認知上帝。

如果你覺得這一切對於基督徒來說簡直像在說禪，你並不是第一個有這種想法的人，不過，否定神祕主義與東方禪學分別屬於完全不同的宗教系統。總之，儘管X修士提出的「雲翳將凡人與上帝的神聖榮光分隔開來」概念令人沮喪，卻是基督教信仰之奧義。

Tim Wright（member 519）提供

濃積雲是規模最大的積雲雲類，經常發展成積雨雲雷雲。

初級賞雲迷可能沒辦法在一時之間完全了解低層大氣的「溫度梯度」（temperature gradient），我們也不認爲有此必要。一朵淡積雲到底會不會發展成高聳的濃積雲，看來似乎有很多種可能的途徑。倘若眞的發展起來，它的爆發力就像是一對戀人之間的爭吵，一句漫不經心的話，往往會莫名其妙引起軒然大波。

這一切全要怪他們之間早有嫌隙，導致彼此關係緊繃，而且誰也不願意先低頭。同樣的，雲氣中有一股徘徊不去的張力，此時如果低層大氣有足夠的水分，如果太陽的能量強大到足以形成可觀的熱氣流，而且雲的上方沒有一層暖空氣像蓋子一樣蓋住對流氣流，則溫和的淡積雲便可能迅速發展，如同脫韁野馬一般，歷經中度階段，一躍成爲怒髮衝冠的濃積雲。

有一種東西能夠像蓋子一樣蓋住積雲、不讓它向上發展，氣象學家稱之爲「逆溫層」（temperature inversion），這層空氣的溫度會隨高度上升而變暖，因此遏止雲在垂直方向繼續發展。如果積雲上方碰巧有這種現象，積雲便無法往上發展，因爲溫暖的對流氣流上升達到某個高度時，便不再比周圍空氣暖而輕，於是停止上升；倘若逆溫層一直存在，則積雲會被迫往旁邊延伸，棉花般的雲肩與鄰近的雲肩互相磨蹭，進而融合在一起，成爲一大片蓬鬆雲層覆蓋住天空。

試問，戀人間的爭吵哪一種比較好：勃然大怒，唇槍舌劍，沒多久又煙消雲散、和好如初？還是雙方隱忍克制不發作，展開冷戰，形成僵局，看誰能撐得久？嗯，答案見仁見智，不過常看《傑瑞脫口秀》（*The Jerry Springer Show*，美國的八卦電視節目）的人都知道，怒氣衝天、互相叫罵的畫面似乎有趣多了。同樣的，積雲發展成濃積雲之後，不見得會停止發展。在適當條件下，它還會繼續成長，從低矮的積雲雲底不斷向上發展，直到一萬二千公尺以上的高空，在熱帶地區甚至可達一萬八千公尺高。它會變得越來越暗、越來越怒髮衝冠，直到不再是一朵積雲，而是有巨大雷雨雲頂（thunderhead）的積雨雲。這彷彿是《傑瑞脫口秀》節目進行到一半，戀人之間先出現一點口角，接著場面逐漸失控，兩人大打出手、愈演愈烈，結果主持人傑瑞的保鏢也紛紛衝出來插上一腳。

■注釋

1 此乃假設雲的體積為一立方公里，這對普通積雲來說並不算大，其中所含的水滴總重量約為二十萬公斤，而一頭亞洲象的平均重量為二千五百公斤。

第二章　積雨雲

令人嚇得魂飛魄散的高聳雷雨雲

毛茸茸的雲是人們的好朋友——或許只有一種雲例外：積雨雲。當極具破壞性的劇烈天氣正在上演時，積雨雲一定是戲分最重、演出最賣力的角色。巨大的雷雨雲會帶來猛烈的豪雨、冰雹、暴風雪、閃電、強風、龍捲風，導致不計其數的生命與財產損失。它早就惡名昭彰，轟隆隆的雷聲常令孩童們驚嚇不已。

積雨雲發展到成熟階段時，高度比世界最高峰埃佛勒斯峰還高。最高的積雨雲出現在熱帶地區，它們的雲底距離地面六百公尺，而雲頂可以成長至高達一萬八千公尺，如此巨大的積雨雲所蘊含的能量，據估計相當於十顆轟炸日本廣島的原子彈，難怪大家常稱積雨雲為「雲中之王」。

不過在我聽來，這個稱號還是太厚道了點。我個人認為，在雲的世界裡，積雨雲就像電影《星際大戰》的大反派黑武士，是眾多角色當中讓人看了最過癮的一個。黑武士擁有強大的邪惡力量，相形之下，他的兒子天行者路克就像晴天裡的積雲，簡直是個娘娘腔。如果附近天空裡有這樣一隻大怪獸，那你壓根兒無法躺在草地上、想像天空中有毛茸茸的

積雨雲
CUMULONIMBUS

積雨雲會產生大雷雨，外表特徵是非常高聳巨大，高度通常可達到對流層頂，在該處會形成冰晶粒子，一束一束地向外伸展，看起來顯得很平滑，如纖維般或條紋般。積雨雲的雲底很陰暗，會造成猛烈的陣雨，有時還有冰雹，並常伴隨打雷與閃電。

● **典型高度***：
600 – 14000公尺
● **形成地區**：
在熱帶與溫帶地區比較常見，極區很罕見。
● **降水型態（落至地面）**：
可造成豪大雨，有時會下冰雹。

禿狀積雨雲

鬃狀積雨雲

■積雨雲雲類：

積雨雲有兩種雲類，可以從雲頂外觀來辨別。

禿狀積雨雲：
雲的上半部爲鬆散柔軟的平坦丘頂，沒有任何纖維狀或條紋狀的外觀。

鬃狀積雨雲：
雲的上半部很像觸鬚，呈纖維狀或條紋狀，形狀如打鐵用的鐵砧、羽毛或一頭凌亂的白髮。

■積雨雲變型：

無。

■積雨雲容易錯認成：

雨層雲：
雨層雲是陰暗且參差不齊的降水雲層，籠罩整個天空。當積雨雲正好在頭頂上時，兩者看起來很類似（積雨雲也會遮蔽頭頂大部分天空），但雨層雲的降水較持久、穩定，積雨雲則是短暫而猛烈的陣雨。如果出現打雷、閃電或冰雹，那必定是積雨雲。

濃積雲：
積雨雲往往是由濃積雲發展而來，從遠距離看，如果雲的上半部邊緣變得模糊不明顯，就表示雲頂的水滴開始變成冰晶，亦即濃積雲已經變成積雨雲，會出現打雷、閃電或冰雹。

*：這些估計高度（距離地面的高度）乃以中緯度地區爲例。

左上圖：Bob Jagendorf（member 1480）提供。右上圖：Mike Davies（member 1633）提供。左下圖：Paul Cooper（member 1523）提供

小綿羊。如果積雨雲是雲中之王，那肯定是個殘忍的暴君。

對飛機而言，積雨雲具有致命的危險性。積雨雲裡的冰雹如果太大，便足以嚴重損害機身，閃電也會使飛機失去電力。雲頂區域形成的「過冷水滴」（supercooled water droplet）[1]會在機翼表面覆滿一層冰，使飛機的空氣動力性質產生要命的變化；最危險的是，雲團中心的深厚區域有強烈亂流，可能使飛機如同「鍋子裡的煎餅」整個翻過來。

無怪乎飛行員總要盡量避開這些暴風雨雲，離它們越遠越好。如果沒辦法避開，飛機的性能又可以飛到更高的高度，那他們通常會讓飛機爬升至雲頂之上。一九五九年夏天，美國海軍陸戰隊飛行員藍欽（William Rankin）中校就做過這種事，沒想到他那架噴射戰鬥機的引擎完全卡住、無法動彈，必須彈射跳機逃生，結果他成為有史以來唯一曾經直搗「雲中之王」心窩、最後還能活著回來述說那段恐怖經歷的人。這段「積雨雲歷險記」使他一時聲名大噪，全球皆知。

當時，藍欽中校從美國麻薩諸塞州的南韋茅斯海軍航空基地（South Weymouth Naval Air Station）起飛，將要飛往位於北卡羅來納州波福港（Beaufort）的中隊總部，進行七十分鐘的例行巡航任務。起飛之前，他曾和空軍基地的氣象專家討論天氣狀況，得知飛行途中可能會遇上暴風雨，雷雨雲的高度將高達九千至一萬二千公尺。對於參加過第二次世界大戰與韓戰、戰勛彪炳的老將藍欽來說，這是很稀鬆平常的，他知道他的戰鬥機可以爬升

The Man Who Rode the Thunder, taken from William H. Rankin

藍欽中校，攝於他和積雨雲「發生親密關係」之前。

至一萬五千公尺的高度，因此自信滿滿能夠輕而易舉飛到任何暴風雨之上。當然啦，這是假設他在暴風雨上方飛行時，飛機引擎不會突然失靈。

飛行將近四十分鐘、接近維吉尼亞州的諾福克（Norfolk）時，藍欽看見前方有一團形狀相當特殊的積雨雲，其暴風範圍正往下肆虐整個城鎮，而且往上高高隆起一坨龐大濃密的對流雲頂，像香菇一樣往外長出一個寬扁的圓罩，最高處大約有一萬三千七百公尺高，比先前南韋茅斯的氣象專家預期的還要高一些。於是他開始往上飛，準備爬升到一萬四千六百公尺的高度，心想這樣應該足以避開那團雲。

藍欽直接飛越雲的上方，飛到高度一萬四千三百公尺、飛行速度爲〇點八二馬赫[2]時，他聽到後方引擎傳來一陣轟隆巨響。令人不敢置信的是，儀表板上的轉速表竟然瞬間下降至零，而且「FIRE」（著火）的訊號燈也跟著緊急閃了起來。

像這樣突如其來、毫無預警的引擎失靈，是千百種緊急情況中最危急的一種，藍欽心知肚明，他得迅速應變，因爲分秒必爭。失去動力的戰鬥機開始失控，他本能地伸手去拉輔助動力裝置的控制桿，試圖重新啓動緊急電力，沒想到整支控制桿被他扯掉握在手上，他一看嚇壞了，那簡直像是冷面笑匠的搞笑畫面一樣，可是藍欽一點也笑不出來。他只穿著輕薄的夏季飛行裝，之前從來沒聽過有人在這種高度、這種要命的時刻彈射逃生，而且他又沒有穿上抗壓衣，這樣做根本就是自找死路。

「機外的氣溫接近攝氏零下五十度，」藍欽後來回憶當時的情景說，「或許我可能僥倖只是凍傷，不至於終生殘廢，但是在一萬六千公尺以上的高空瞬間減壓，會不會使身體脹破爆炸？在底下虎視眈眈的那團雷雨風暴會如何吞噬我？如果連飛機都無法逃過一劫，那麼人的血肉之軀又如何能倖免？」

已經沒時間顧慮危不危險了，頃刻之間，藍欽知道自己別無選擇，只能把手伸往頭部後方，死命猛拉彈射椅的控制把手。時間大約是晚上六點整，他整個人彈出駕駛艙外，往底下的茫茫雲海墜落。

據估計，全世界每天約發生四萬多次的雷雨或雷暴，其中挑大梁的主角便是積雨雲，而且往往包含了很多團積雨雲。這種雲可說是「野心勃勃想要占據整個世界的積雲」。一朵朵客客氣氣的對流雲垂直往上成長，從中度積雲發展成濃積雲，最後如果停不下來，便可能成爲這副不可一世的模樣。別種雲也能發展成積雨雲，但通常是從能量驚人的積雲發展成的積雨雲才會這麼來勢洶洶。

一團成熟階段的積雨雲，典型的形狀像是一個巨大的垂直圓柱，橫跨數公里寬，高度可超過一萬八千公尺，而且雲頂會往外擴展，形狀像是鐵匠用的鐵砧，這種頂部的雲篷稱爲「砧狀雲」（incus，鐵砧的拉丁文），裡面全都是冰晶，不像雲的其他部分是由小水滴所組成。砧狀雲可以綿延超過數百公里，這是高層大氣的強風造成的，從遠處看起來有種

Nick Lightbody（member 95）提供

你絕不會認錯的砧狀積雨雲，那特殊的鐵砧形頂部稱為「砧狀雲」。

平靜而雄偉的美感。

然而若是身處積雨雲中心雲柱下方的區域，上面這句話可就大錯特錯了，因爲積雨雲會帶來強風、冰雹、閃電甚至龍捲風。成熟階段的積雨雲眼看就要引爆沸騰，狂風暴雨在此毫不留情，彷彿要將大氣所有的能量傾洩而出，向全世界恣意咆哮。

賞雲迷如果仔細觀察雲頂的樣子，便可以區分積雨雲和它的「小老弟」濃積雲。假如雲頂的形狀仍有明顯像是晴天積雲的花椰菜狀頂部，那就是濃積雲；等到雲頂區域開始結冰，亦即液態水滴開始凍結成固態冰晶，才會演變成積雨雲。積雨雲的雲砧整個都是冰晶，看起來比積雲頂端明亮，且邊緣顯得較爲鬆散。

當雲團大小達到積雨雲的規模時，必須隔著一段遙遠的距離觀看，才能判別雲的整體形狀和雲頂的外觀。最佳距離大約是八十公里。若從接近積雨雲底部的任何地方觀看，賞雲迷只會看見烏雲密布的陰鬱天空，而且很可能正下著傾盆大雨；以這種角度來觀看，很容易會把積雨雲和雨層雲（Nimbostratus）搞混，雨層雲也是一種陰暗且下雨的雲層。雨層雲的高度不像積雨雲那麼高，而且水平擴展的範圍通常超過數百平方公里，但如果身處於雲團底下，其實很難分辨這兩種雲。不過，積雨雲下方的天氣型態還是可以透露一點端倪：如果帶有冰雹、雷聲、閃電且颳著強風，那麼賞雲迷便可以很自信地說，他們正與「雲中之王」結伴同行。

一團獨立的積雨雲從開始到消散可能持續一個多小時，帶來一場算是「短命」的暴風雨；不過一般的暴風雷雨往往持續更久，這是因爲窮凶惡極的積雨雲常常一團接著一團輪番上陣。它們喜歡成群結黨，造成最強大的破壞力，於是一團積雨雲才剛消散，另一團又接踵而來，狼狽爲奸的結果，組成一個龐大且不斷自我增長的惡劣天氣犯罪集團，所到之處滿目瘡痍。

Barclay Fisher（member 1664）提供

從遠處看，積雨雲彷彿很平靜，然而身處其下卻一點也不平靜。

積雨雲這種複雜且逐步演化的結構，就像一個活生生的有機生物；事實上，氣象學家正是以積雨雲的組成份子「雷雨胞」（cell）來描述暴風雨。只有單獨一團雲、生命期短的暴風雨，稱爲「單胞」（single cell）；「多胞」（multicell）更爲普遍，尤其在熱帶及副熱帶區域時常出現，因爲一團雲的對流發展及衰減往往會引發另一團雲的形成。一連串積雨雲的組成份子若結合成很有組織的結構，往往可使暴風雨持續好幾個小時。

有時候，幾團單獨的積雨雲會以某種方式組成巨無霸般的獨立結構體，這就是所謂的「超大胞」（supercell）。超大胞通常形成於溫暖潮溼的海洋上空，積雨雲組織中的上升氣流與下沉氣流聯合起來，變成一個既凶猛又沒完沒了的天氣系統，範圍可連綿數百公里遠，持續時間更可長達幾個小時甚至一天以上。當天氣出現極具破壞力的大冰雹、猛烈狂風及驚人的龍捲風時，其罪魁禍首十之八九是超大胞。此時，積雨雲不再是獨行俠，而是加入了龐大的颶風組織，彷彿凶神惡煞一般，引發大規模的天氣暴動。

看到積雨雲的破壞力如此驚人，一旦你知道「如入九霄雲端」（to be on cloud nine）這句形容一個人極度喜悅的話竟然是在說積雨雲，你一定會很訝異。欲知其典故，就必須回溯至一八九六年；我很喜歡回顧這一年，因為這一年是「國際雲年」（International Year of the Clouds）。

這個名稱由國際間一群氣象學家命名，而將大家召集一起的是瑞典烏普沙拉大學天文臺（University Observatory of Uppsala）的希爾德布蘭德森（H. Hildebrand Hildebrandsson, 1838-1925），以及英國皇家氣象學會（Royal Meteorological Society）的阿培克朗比（Hon. Ralph Abercromby, 1842-1897）。兩位大師邀集了當時氣象學界的重量級人物，給他們一個稱號叫做「雲委員會」（Cloud Committee），共同任務就是要將各種雲分門別類。

雲的基礎命名法則是在那之前將近一個世紀，由英國業餘氣象學家兼貴格會教徒何華特（Luke Howard, 1772-1864）所建立。一八〇二年，何華特前往他家附近一個科學社團演講，他在演講中提出一種類似林奈系統的拉丁文分類法，沿用植物和動物分類法已經建立的「屬」和「種」為基本分類原則。想來或許有些不可思議，在何華特之前，竟然從未有人花工夫幫各種不同的雲取名字，因此像是 Cumulus（積雲）、Stratus（層雲）、Cirrus（卷雲）以及現已不再使用的 Nimbus（雨雲），全都是何華特首創的名詞。

何華特的分類法很快便獲得廣泛的讚賞，但是到了希爾德布蘭德森和阿培克朗比的時代，他們意識到，世界各地的氣象機構發展出各種新的雲分類法，這種缺乏一致性的現象令人憂心。他們清楚知道，若要深入了解天氣，必須仰賴不分國界、跨國合作的觀測研究才行，因此必須制訂一套各國公認的專用術語。在「雲委員會」的鼎力支持及「國際雲年」的響亮名號下，他們在一八九六年於法國巴黎舉行「國際氣象會議」（International Meteorological Conference），同時出版了一部文圖並茂的雲參考書。

這部《國際雲圖集》（*The International Cloud Atlas*）以三種語言出版，收錄了許多雲的照片，詳細說明委員會認定的十種雲屬。積雨雲在雲屬名單中排在第九位，是所有雲屬中高度最高的一種，因此「如入九霄雲端」就是「身在雲的最高處」之意。

Gavin Pretor-Pinney 提供

在1896年出版的《國際雲圖集》雲屬名單中，積雨雲排在第九位，由此衍生出「如入九霄雲端」的說法。

自一八九六年之後，英文版的《國際雲圖集》已有七次改版，最新一版是一九九五年版，目前由「世界氣象組織」（World Meteorological Organization）負責出版。這部書毫無疑問是雲分類法的權威著作，所有認眞的賞雲迷都應該擁有一本。可惜的是，從第二版之後，雲屬分類的順序重新調整過，積雨雲從此歸類成第十屬，儘管如此，「九號雲」似乎已成爲固定名詞。

時至今日，這個名詞仍然廣受大眾引用，這要歸功於一九五〇年代美國的熱門廣播劇《錢強尼》（*Johnny Dollar*），劇情是關於一位保險調查員的故事，每次這位調查員一被打得不省人事，就會飛到「九號雲」上，清醒之後才又回到地面。當然啦，後來還有一九六九年夏天由

「誘惑合唱團」（The Temptations）所唱紅、風靡大西洋兩岸的暢銷歌曲〈九號雲〉（Cloud Nine）。

除了將雲屬的分類做了統一，《國際雲圖集》也根據雲的高度，將雲分成幾個「族」。大多數的雲都出現在大氣最底層的區域，即對流層（troposphere），而對流層可細分爲低、中、高三層；法國生物學家拉馬克（Jean-Baptiste Lemarck, 1744-1829）曾以這樣的概念提出另一套分類系統，與當時何華特的分類法打對臺，因此這些「族」有時也稱爲「層」（etages，層的法文）。對流層的高度隨緯度不同而有差異，若以全球的中緯度溫帶地區爲例，這三種雲族高度的定義如下：

低雲族：大多低於二千公尺。
中雲族：大多介於二千至七千公尺之間。
高雲族：大多介於五千至一萬四千公尺之間。

身爲雲中之王的積雨雲，當然不甘心被這種小裡小氣的分類慣例所侷限，它們總是大剌剌地縱跨這三層。即便如此，積雨雲仍然歸類爲低雲族，因爲它的雲底好歹也是在低層形成，然後才逐漸扶搖直上。

「剛開始沒有墜落感，只感覺到我在空氣中高速移動。」藍欽回想剛從戰鬥機彈射出來的情景時說。沒多久，他便感受到身處一萬四千三百公尺高空惡劣環境的痛苦。「我感覺自己像是一大塊牛肉，將被丟進酷冷嚴寒的冰窖，」他回憶說，「身體的裸露部分，像是臉部周圍、脖子、手腕、雙手和腳踝，立刻被嚴寒刺得很痛。」更難受的是「減壓」，這是當他成爲自由落體往下掉、直到降落傘自動張開之前，由於對流層頂的氣壓較低所造成的狀況。因爲身體內部體積膨脹，他的眼睛、耳朵、鼻子和嘴巴開始流血，身體也鼓脹起來。「我朝腹部瞄了一眼，驚訝地發現肚子竟然高高隆起，像是懷孕即將臨盆似的。我從來不知道有這麼可怕的痛楚。」此時的酷寒倒有一個好處，他的身體開始冷到麻木，漸漸失去知覺了。

雖然他如同自由落體般連滾帶轉、急速墜落，幸好嘴巴還能牢牢啣住緊急氧氣罩；像這樣從高空墜落，若想死裡逃生，一定要保持清醒才行。墜落到暴風雲的上層時，四周的能見度越來越差，他看看手錶，從彈射逃生到現在已經過了五分鐘，應該通過三千公尺的高度了；在這個高度，降落傘的壓力偵測啓動閥應該會自動張開才對，但降落傘一點也沒有要張開的跡象。這位可憐的飛行員實在是禍不單行，噴射機引擎在一萬四千三百公尺的高空故障，輔助動力裝置的控制桿又被扯下來，還得在這麼恐怖的暴風雨上空彈射逃生，更慘的是，看來他得綁著失靈的降落傘，從空中猛衝墜地。

積雨雲的上層區域布滿冰晶粒子，能見度爲零，放眼望去一片漆黑。藍欽這時完全不知所措，不知道自己所在的高度到底是多少，他只知道，如果降落傘不張開，他隨時可能直接摔落地面。突然間他感覺猛然一顛，降落傘終於張開了，這才大大鬆了一口氣。

吊帶的張力足以讓他確認降落傘已經完全張開，更令他欣慰的是，雖然緊急氧氣已經吸完了，但這個高度的空氣濃度足夠，不需要依賴氧氣罩便可以呼吸。在陰沉的巨大雲團中，此刻似乎燃起了一線生機。「那種情況居然能夠九死一生，令我高興極了，而且我意識清醒，正安全地緩緩降落，即使空氣中亂流增強也不算什麼了。我以爲這一切就快要結束，不會再有苦難來折磨我。」但是，迎面而來的亂流和石塊般的冰雹向他展開攻擊，意謂這時候才正要接近暴風雨的中心。

十分鐘過去了，藍欽早該降落到地面上，但是一波接著一波的氣流從雲的內部推湧上來，阻止他往下掉落。不久，亂流變得越來越劇烈，在昏暗中，他無法目測此時的相對高度，不過可以清楚感覺到自己不是在下降，而是被一陣又一陣上升氣流造成的強風往上拋去，強風甚至越來越猖狂。就在那時候，他生平第一次感受到雲的驚人威力。

「說不出有多突然、多猛烈，如海嘯般的空氣擊中我，一陣狂風怒吼，像是瘋狂的大砲正對著我狂轟猛炸似的，……我不斷向上飛竄、越飛越高，它的威力彷彿永無止盡。」其實並不是只有藍欽被亂流拋上又甩下，在他周圍的黑暗之中，成千上萬的冰雹正陪著他一起受苦受難，前一刻還往下掉，順便把一些空氣也往下拉，下一刻又被雲裡的強烈對流氣流給刮捲上去。

冰雹就這樣上上又下下，一路黏附更多水冰，層層包裹的結果變得越大越堅硬，像是捲心糖球一樣，而且這些石頭般的冰塊一直冷酷無情地射擊在藍欽身上。此刻他因猛烈的旋轉與重擊而嘔吐不已，於是他閉上眼睛，無法再看這可怕的惡夢一眼。然而有一刻，他還是睜開了眼睛，發現自己正俯視一條鑽過雲團中心的漆黑甬道。「那裡簡直是大自然的瘋人院，」他說，「一個又醜又黑的籠子，關著一群正在高聲尖叫、充滿暴力、精神錯亂的瘋子……他們用扁平的大棍棒打我、對我咆哮、發出尖銳刺耳的聲音，還想用手把我擠扁、撕爛。」這時，周圍閃電與雷聲大作。

閃電看起來像是一柄巨大的藍色刀鋒，厚達好幾公尺，彷彿要將他狠狠劈成兩半。雷聲劈里啪啦轟然巨響，此乃強大的閃電電流穿透空氣、使空氣膨脹爆炸所致，令人無法招架，而且由於靠得太近，打雷反而像是實體的衝擊而不是聲響。他說：「我不是『聽』到雷聲，而是『觸摸』到雷聲。」他不時還得屏住呼吸，以免被滔滔狂瀉的冰雨給溺死。這時候他仰起頭，正好看到一道閃電劃過他的降落傘後方、照亮了傘篷，那景象看在已經精疲力盡的飛行員眼裡，彷彿一座巨大的白色圓頂教堂似的。這個影像一直停留在他的上方揮之不去，他以爲自己終於上天堂了。

大氣若要提供理想的環境，讓初生之犢的積雨雲成長爲怒氣沖沖的龐然大物，有三個必要條件：

一、雲的周圍必須不斷供應溫暖潮溼的空氣作爲能量來源，激發雲不斷成長。雲的中央核心含有劇烈的上升氣流，上升速度可能高達每小時四十至一百一十公里。提供上升氣流的這道空氣稱爲「入流」（inflow），入流空氣既溫暖又潮溼，一旦凝結成水滴，便有大量熱能釋放到雲裡面，這些能量爲雲團中央的空氣提供上升的浮力，進一步加強上升氣

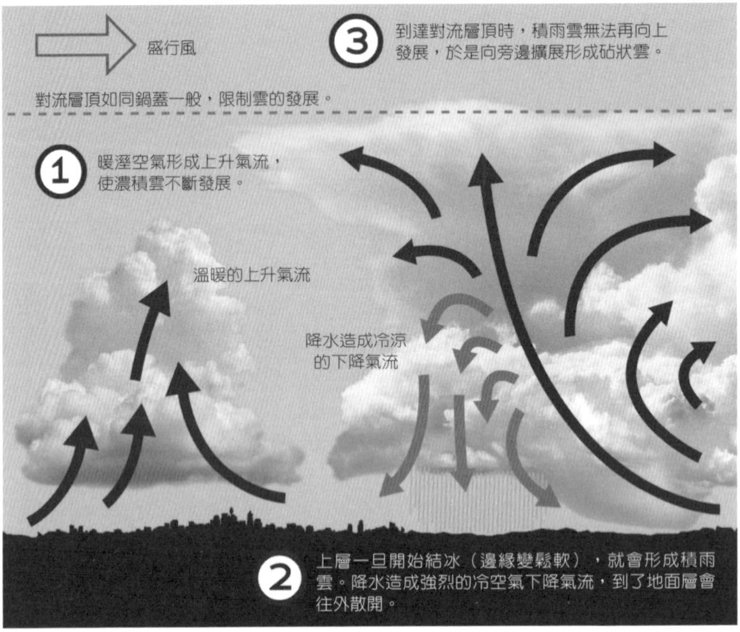

盛行風
3 到達對流層頂時，積雨雲無法再向上發展，於是向旁邊擴展形成砧狀雲。
對流層頂如同鍋蓋一般，限制雲的發展。
1 暖溼空氣形成上升氣流，使濃積雲不斷發展。
溫暖的上升氣流
降水造成冷涼的下降氣流
2 上層一旦開始結冰（邊緣變鬆軟），就會形成積雨雲。降水造成強烈的冷空氣下降氣流，到了地面層會往外散開。

對雲的發展來說，對流層頂像一個隱形的鍋蓋，
此乃積雨雲擴展成鐵砧形狀的主要原因。

流，雲也就越長越大。

二、積雨雲附近對流層的風速必須隨高度增加而顯著遞增，而且風向要和雲的移動方向一致，才能促使積雨雲向前傾斜。這對於延長雲的生命期是非常重要的，因爲雲區的中央部位並不是只有強烈的上升氣流，這裡同時是降水最劇烈之所在，冰雹也在此處越長越大。當這些降水在雲中落下時，除了有一部分蒸發而使空氣溫度降低，同時也會「順手」把一些空氣往下拉。如果雲團是垂直發展，這些俯衝的下降氣流將與上升氣流相抵銷，等於阻斷雲團的能量供應來源，很快便可扼殺雲的小命。此外，這些下降氣流到達地面會擴展開來，就像是把水灑在桌面一樣，而且經常在前緣形成一條低低的雲線向前移動。不過，如果附近的風向使積雨雲向前傾斜，則降水會落在上升氣流的前方，減少與上升氣流相互抵銷的機會，就不會遏止雲的發展了。

三、雲團周圍的大氣必須「不穩定」，也就是說，大氣必須隨高度增加而越來越冷。如果周

圍的溫度隨高度增加而陡降，則入流區的暖溼空氣上升而冷卻時，仍會比周圍空氣稍微溫暖一些，因此可繼續保持浮力，激勵雲團繼續成長。對流層必定會隨高度增加而逐漸變冷，這種情形在熱帶地區接近地面的空氣層又特別顯著，因爲溫暖地面容易使低層大氣升高溫度，也使大氣比較不穩定。這是雷雨雲在熱帶地區相當普遍的原因之一。

順帶一提，積雨雲顯著的雲砧形狀，也是由於氣溫隨高度改變而造成。對流層最頂部的定義，是指大氣此處的空氣不再隨高度增加而降溫，即所謂的對流層頂（tropopause），該處的氣溫幾乎維持不變，大約是攝氏零下五十度，再往上即爲下平流層，氣溫變成隨高度增加而上升。有這種溫度梯度的變化，就像是形成了天花板一般的「溫度上限」，會阻礙雲的發展。積雨雲到了這裡便「碰壁」，無法再往上發展、繼續長高，只好在天花板底下往旁邊流竄。

如同積雲有幾種不同的雲類，包括淡積雲、中度積雲、濃積雲及碎積雲，積雨雲也可分爲兩種可能的雲類，稱爲禿狀雲（calvus）和髮狀雲（capillatus），可由雲頂冰晶區域的外觀來區別。禿狀積雨雲的雲砧邊緣平滑鬆軟，髮狀積雨雲的特徵則是上方區域呈纖維狀或條紋狀，它是以「頭髮」的拉丁文來命名，看起來挺像是剛在遊樂場打完架的小孩，頭髮亂七八糟的。

雲中之王總是喜歡成群結夥，這並不令人訝異。而除了頂部的砧狀雲，還有一大票王公大臣般的「附屬雲」（只會伴隨十個雲屬出現或與之結合，不會單獨出現）和隨扈跟班似的「副型」（各種奇形怪狀，附於其中一種雲屬）。

有如寬大樹幹的「雲牆」（wall cloud）便是其中一種，形成於積雨雲雲底下方，常出

James Gaskell（member 1618）提供

有時在暴風雨的前方會出現捲軸般的弧狀雲，這是下降氣流的冷空氣在地表散開後，將暖空氣往前推擠所形成的。

現在上升氣流區的中心周圍。破片雲（pannus）看起來很陰暗，形如衣衫襤褸的破爛布片，常出現於暴風雨雲的雲底下方，該處空氣由於有大雨而達到飽和狀態。在暴風雨前面、凌駕於冷空氣流出區的前方之上，有時會出現一厚層或滾軸般的弧狀雲（arcus）。幞狀雲（pileus）則彷彿是一層平滑的帷幕或頭巾，籠罩著積雨雲的最頂端，此乃高層的潮溼空氣被上升中的雲體中心強迫舉升而造成的，通常不會持續太久，因爲積雨雲一旦向上發展，幞狀雲就會被主要的雲體吞併掉。帆狀雲（velum）也是類似的情況，不過形狀比較像一大張平坦的帆布，看起來較鬆軟，它是由一連串個別的雲體同時將大範圍的潮溼空氣推擠上升所造成的；積雨雲消散之後，帆狀雲還可能停留相當長的時間。另外還有管狀雲（tuba），這是積雨雲下方即將出現龍捲風的徵兆。管狀雲像是從積雨雲雲底伸出一根雲指頭，出現在渦旋的中心，此乃空氣在旋轉所造成的低氣壓中受到冷卻而形成。

在所有雲的隨從當中，造型最誇張的該算是看起來如同豐滿胸部的乳房狀雲（mammatus）。它們垂掛於積雨雲的砧狀雲下方，顯示雲頂附近的大氣非常不穩定，經常伴隨著特別劇烈的暴風雨。此外，經常有一連串成長中的濃積雲，在暴風雨雲的入流區排成一列，它們是一群覬覦王位的人，正伺機等待雲中之王退位那一刻，準備好要登基奪位、君臨天下。

Graeme Ferris（member 1591）提供

眾雲之母「乳房狀雲」，形狀如豐滿的乳房，可能出現在積雨雲雲砧的底部。

積雨雲身處於一群嘈雜喧鬧的王公大臣之中，不但本身被毀天滅地式的猛烈風暴所糾纏，且在它所統御的疆界中，周圍不穩定的大氣無疑是火上澆油。此情此景全然呼應莎士比亞的名劇《李爾王》（*King Lear*），劇情揭露了暴君行為背後的內幕，故事的主人翁李爾王正是被自己陰晴不定的性情給逼瘋了。

> 李爾王：風啊，吹吧，在你臉頰甩個耳光吧！狂嘯吧！吹吧！
> 你傾洩飛瀑龍捲般的暴雨，
> 直到淹沒了塔尖，溺死了塔尖上的風向雞！
> 你施放迅捷如思想的地獄電火，
> 以雷霆先鋒之姿劈裂橡樹，
> 燒焦我的白髮吧！而你，震撼一切的迅雷，
> 殛平這圓厚的大地吧！
> 擊碎大自然塑出的模型，把製造出忘恩負義人們的所有種子
> 全都潑翻了吧！

誠然，李爾王精神錯亂的主因源於他與女兒失和、遭到奸佞驅逐而拱手讓出王國政權的慘境，倒不全是遭到有如「對流層般不穩定之溫度分布」的壞脾氣所害。撇開這個不談，他實在是積雨雲的絕佳寫照。

印度古詩常將雨季的開始視爲一段極其浪漫的時間，這種說法和歐洲浪漫派詩人對春天的看法如出一轍。雨季的雨水爲印度炎熱焦枯的夏季帶來甘霖的滋潤，使花園裡的花朵蓬勃開放、萬紫千紅、馥郁飄香，也刺激野生孔雀展開華麗炫耀的求偶儀式。宣告這種季節轉變的報馬仔，不是別的，正是積雨雲，它在印度人的心目中也因此有著崇高的地位。約在公元五世紀，偉大的梵文詩人迦梨陀娑（Kalidasa）寫了一首意境絕美的詩來描寫此情此景，無人能出其右。

這首詩名爲〈雲使〉（The Meghaduta），是關於一位夜叉（Yaksha，神和人所生的後代）的故事，他負責保護印度財富之神俱毗羅（Kubera）所掌管的寶物和花園。這位無名的夜叉沒有善盡職責——詩中並未言明，可能他忘了將神收藏的無價之寶鎖好——因此主人對他施了咒語，將他逐出喜馬拉雅山上的家園，處罰他獨自到印度中部的溫迪亞山脈（Vindhya Mountains）流放一年。

夜叉無所事事、漫無目的，從一座荒山流浪到另一座野嶺，終日思慕他家裡的妻子，數算著還要度過多少寂寞歲月才能回家團圓。歷經八個月離鄉背井，他發現一團昏天暗地的積雨雲雷雲正緊依著山峰，讓他振奮不已。

夜叉心知，雨季一到，異鄉遊子便能返回妻子身邊，而這團雲的出現，讓他渴望回家的心情更爲急切。他發現，南風正好會將雲吹向他喜馬拉雅山上的家，便決定請雲幫他捎個音信給妻子。

雲呀！你是受難者的庇護所：所以，請將我的口信攜去給我的摯愛，只因財富之神的憤怒將我倆遙遙分隔……

你出現在天空中整裝待發，不像我這般身不由己，命運掌握在他人手裡，有誰能忘懷因分離而飽受折磨的妻子？

他爲暴風雨雲指出明確的方向，告訴它如何找到他北方的家鄉。他爲雲指出沿路經過的河流，讓雲可以停駐、飲水，還建議它可以在哪些山峰的懷抱裡休憩。夜叉文情並茂地描述雲在旅途中可能遇到的景象，例如來到優禪尼城（Ujjayini）的時候，它會發現女孩們正在溼婆神的聖壇上跳舞，當她們感覺到「第一滴雨水落在她們的指甲上」，必定會興奮地抬頭仰望天空，因爲她們知道，自己的愛人很快就要回家了。

夜叉向雲說明，到了他的家鄉要如何找到他的家。他的妻子會坐在屋裡，夜不成眠、食不下咽。毫無疑問，她必定衣帶漸寬，由於日夜思念丈夫，也許看起來有些蓬頭垢面：

想必我那愛人的臉，正倚在她的手上歇息，因垂淚不止而雙眼浮腫，吁嘆的溫熱氣息使下唇變了顏色，受到散落的髮絲遮掩而若隱若現，彷彿淒涼的月貌，清輝受到你的擾亂而朦朧迷離。

他警告雷雨雲，千萬不要驚動妻子，只能吹送一陣微風撩醒她，灑下幾點雨滴帶給她清涼，並且要雲團裡的閃電節制一點。他拜託雲，以低沉的雷聲安慰她，告訴她絕不能放棄，要堅持到底等他回來，因爲害他遠離家園的詛咒就快要解除了。等到雲完成了傳達訊息的任務，便可任意飄遊，盡情享受雨季的迷人風光。

迦梨陀娑的夜叉給了他的積雨雲使者一個臨別祝福：雷雨雲將永遠不會遭受與摯愛伴侶——閃電——分離的痛苦。誰能了解別人的婚姻是如何維持的呢？有誰敢說愛的火花能永遠維持不滅？或者說眞格的，爲什麼一句無心之言就會引發激烈爭吵？這些問題都是婚姻關係的大哉問，同樣也適用於積雨雲和閃電之間的結合。藍欽中校首先證實，雷雨雲的內部絕不是個適合審慎觀察、精確測量的環境。在一團混亂之中，要預測何時何地會亮起一道閃電是非常困難的，這使得有關閃電的科學研究特別艱難。

相形之下，打雷的現象目前倒是已有相當的認識。雷聲並非如同亞里士多德的主張，來自冷卻的雲團撞擊周圍的雲所產生的「乾蒸發」（dry exhalation）；也不是如同笛卡兒的想法，是由兩團雲之間的空氣產生共振而來，就好像管風琴風管裡的空氣振動一樣，笛卡兒認爲當一團雲沉降到另一團雲上就會產生共振。不過我倒是很樂於想像，氣象學家正面紅耳赤地大聲辯論：究竟轟隆隆的雷聲是不是日本的雷電神製造出來的？雷電神看起來像個紅色妖怪，有著尖銳的爪子，最喜歡吃人類的肚臍眼。日本小孩一聽到打雷，就會趕

Ashley Gibbs（member 563）提供

積雨雲正在炫耀自己的威力。

緊用手摀住肚臍，讓雷電神吃不到。

哎呀，氣象學家不可能這樣爭辯的啦！我們已經知道，閃電的極度高熱才是造成雷聲轟隆巨響的原因。閃電瞬間將空氣加熱至攝氏二萬七千七百度，是太陽表面溫度的四倍以上，而且閃電發生的時間約在數百萬分之一秒以內，造成閃電路徑附近的空氣瞬間爆炸、劇烈膨脹，產生的空氣波動便是我們所聽到的霹靂雷鳴聲。

然而到目前爲止，我們對閃電成因的細節還是一知半解，不過基本原理還算大致清楚。閃電是流經空氣的電流，由於雲的發展區出現電荷差異所致。

積雨雲產生電荷的方式，和你走過人造纖維地毯會獲得電荷有異曲同工之妙。你的鞋子會從地毯纖維收集到電子，造成你和環境之間的電量不平衡，等到你觸摸電的導體，例如金屬門把，負電荷便會從你的手指頭流走，產生靜電火花。

雖然積雨雲沒有穿鞋，但它也會有電量不平衡的現象，主要因爲在暴風雨雲的強烈亂流環境中，大冰雹和小冰晶之間的碰撞會使電荷分離。當它們互相碰撞時，通常較大的雹塊會從較小的冰晶拉走電子（因此雹塊帶負電），如此一來，雹塊的負電荷越積越多，較小的冰晶粒子則相對帶有正電。

對流雲的上升氣流會使較小且輕的粒子懸浮在雲的上端，

較大且重的雹塊則掉落分布在雲的下方。積雨雲就是以這種方式變得電量不平衡，根本不必大老遠去走什麼人造纖維地毯。

雲裡面的電荷分離現象絕對不是穩定的狀態。在積雨雲中心，劇烈的對流氣流正處於劍拔弩張、一觸即發的局面，只待巨量的電流重新分配、電光一閃，才能倏而突破僵局。

小時候，我家住在一棟公寓大樓裡，從大樓高處放眼望去，可以看見倫敦西區的房舍屋頂。高樓本來就是看雲的最佳場所，每當上床時間之後有暴風雨來襲，我都會善用這個絕佳位置好好看雲。房間裡黑漆漆的，我站在窗簾和冷冰冰的窗玻璃之間，緊盯著外頭的傾盆大雨，很想一眼看穿暴風雨的中心。我在心裡暗暗琢磨，在這一團混亂的雲雨之中，到底下一道閃電會在哪裡現身？每每我目光定在這邊，閃電偏偏閃向那邊。

在等待下一道閃擊出現時，我會在玻璃上畫畫，我的呼吸在窗玻璃上早已凝結成一片溼溼的畫板，我一面畫，一面看著外頭雨水在玻璃上滴流成小河，時而合流、時而分開。我揣想著，不知下一次的閃光會是分叉樹枝狀？還是整片雲幕一閃而亮？亦即是「枝狀閃電」（fork lightning）還是「片狀閃電」（sheet lightning）？事實上，兩者是同一種閃電，片狀閃電只是因爲正好有雲體將枝狀閃電遮住，看起來才會像是整片雲都在閃爍發光。

然而事實上，閃電眞的有許多種不同的形式，最基本的差別便在於閃電的走向。我們總以爲閃電都是從雲中竄到地面，但這種「雲對地閃電」（cloud to ground lightning）只是其中一種路徑，甚至還不是最常見的。

「雲內閃電」（in-cloud lightning）是最常見的閃電，即閃光從雷雲的某部分竄至另一部分，使雲裡面的不平衡電荷重獲均勢。比上述兩種閃電更不常見的是「雲間閃電」（cloud-to-cloud lightning），電荷是在一團雲的負電區與鄰近另一團雲的正電區之間釋放出來。另外還有一種閃電從地面上不太容易看到，當然也了解得最少，稱爲「雲對空閃電」（cloud-to-air lightning），其電荷的傳播路徑則是在雲頂與上方大氣之間。

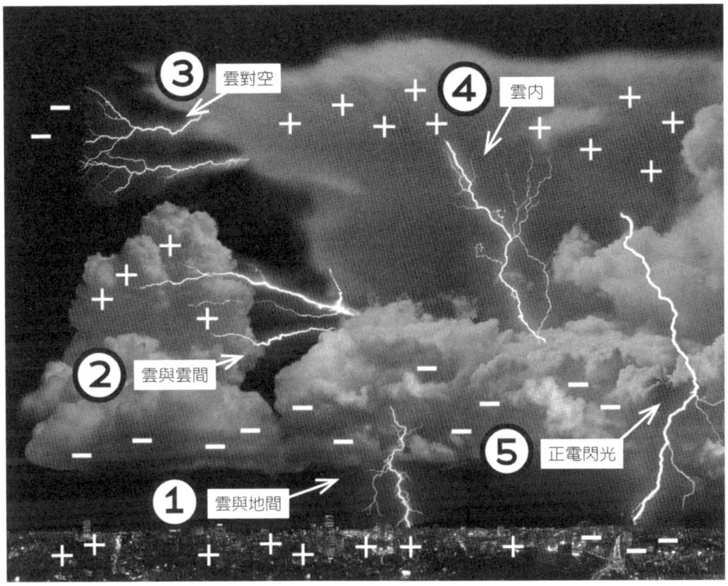

這張示意圖顯示正電區和負電區之間有幾種可能的閃電路徑。

利用高速連續攝影來記錄閃電擊向地面的過程，顯示出電荷的移動可分爲幾個階段。首先，鋸齒狀分叉的「步進導閃」（stepped leader）會帶著負電從雲區往下走，但在其中一個分支到達地面之前，一道帶正電的「向上閃流」（upward streamer）會從底下冒出來和它撞個正著，兩者一接觸的瞬時便形成電流通路，此時電子流迅速由上往下衝，使電荷重新分配，於是通路從下方開始發出電光，稱爲「回閃」（return stroke）。閃電看起來之所以閃爍不定，是因爲雲中其他區域的電荷也會流經同一個通路，緊接在第一次放電之後造成連續多次的回閃。

這些便是我們對閃電的基本了解，不過和積雨雲有關的部分則尚未釐清。比如說，是什麼因素驅使閃電在某時某地發生、而非他時他地？「球形閃電」（ball lightning）是什麼？有人在觀測報告中提及，這種閃電形如葡萄柚大小，會在雷雨期間於接近地面處懸浮好幾秒鐘。正如帶領美國佛羅里達大學布蘭丁營國際雷電研究試驗中心（Camp Blanding International Center for Lightning Research and Testing）的烏曼（Martin Uman）所說：「對於閃電，我們不了解的地方還多得很。」

過去幾十年間，科學家已經發現一系列神祕的光電現象，有時會出現在非常大規模風暴系統的上方大氣中。如同過去的許多科學研究，此項發現也是純屬意外。一九八九年，美國明尼蘇達大學教授溫克勒（John R. Winckler, 1916-2001）正在測試一種非常靈敏的低光度攝影機，想測試拍攝火箭升空的效果。溫克勒檢視錄影帶時發現，有一格畫面恰巧捕捉到一團雷暴之上出現兩道巨大光柱，從雲頂向上延伸，地點位於美國與加拿大邊境附近。他的同事萊昂茲（Walt Lyons）當時正在學校裡發展一個閃電偵測網絡組織，兩人一起看了影片後，都確定這應該不是技術上出了差錯，顯然是某種尚無人知的放電現象。

隨後幾年，萊昂茲在他位於科羅拉多州大平原的家中設置了一個觀測臺，拍攝影片捕捉這些極爲難得的光電現象，結果成爲相關領域的世界級權威。有好幾年時間，科學家一直無法決定要如何稱呼這些現象，直到一九九四年，有位教授用了「精靈」（sprite）這個名稱，結果廣受歡迎，因爲相當適合這種美麗而短暫、吾人知之甚少的神奇現象。「精靈」

卡門米蘭達精靈。精靈是一種神祕的光電現象，可能出現在雷雨雲上方八萬公尺處。

出現的時間極爲短暫，僅零點一秒之譜，時間正好足夠肉眼來得及看見，它的形狀常像是一隻巨大的紅色水母，有著微帶藍色的尾端捲鬚。

紅色精靈一開始出現在七萬二千公尺左右的高度，可向上延伸至八萬八千至九萬六千公尺、向下伸展至二萬四千至三萬二千公尺。照片顯示它們並未接觸到下方的雲，而是出現在巨大的風暴系統上方，往往在一種特別的閃電之後立即出現，這種特殊的閃電稱爲「雲對地正閃電」（positive cloud-to-ground lightning），和典型的閃擊不同，僅占所有閃擊的百分之五到百分之十。雖然水母形狀最爲常見，但精靈還有很多種可愛的造型，例如花椰菜精靈、章魚精靈和卡門米蘭達精靈[3]等。

時至今日，科學家還不太清楚精靈到底是什麼東西，尤其它們發生的地方比對流層和平流層更高，那兒稱爲中氣層（mesosphere），一般認爲這層大氣是不帶電的。

在溫克勒的意外發現之後，大氣科學界的研究人員紛紛組團前往萊昂茲的觀測中心朝聖，那裡已成爲著名的「精靈中心」。研究人員利用架設在地面、飛機和太空梭上的攝影機，又發現了另外兩種出現在雷雨上方的放電現象，顯然與精靈有關，它們的名字也和精靈一樣引人遐想：淘氣精靈（elves）和藍色噴流（blue jet）。

單憑肉眼無法看見淘氣精靈，因爲它們持續的時間比零點零零一秒還短。它們和精靈一樣，也是在「雲對地正閃電」之後出現，如果淘氣精靈不是如此短命以致無法看見，大概也是紅色的。淘氣精靈的形狀像是超大的胖甜圈，出現在九萬六千至十萬四千公尺的高空，直徑可向外延伸達數百公里。

藍色噴流則正好可讓肉眼來得及看見，它們從積雨雲的頂端向上噴射，速度

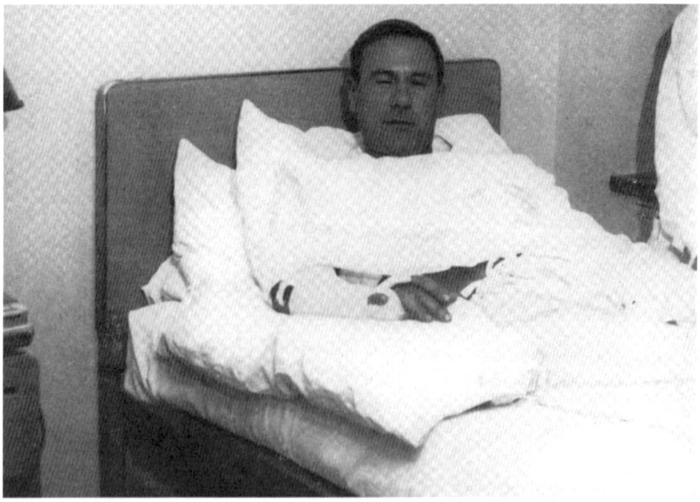

The Man Who Rode the Thunder, taken from William H. Rankin

藍欽在醫院休養，逐漸康復。他將賞雲的境界帶到了一個新的高度。

約為每秒八十至一百六十公里，在散逸之前可長達四十公里。藍色噴流和淘氣精靈一樣，不如精靈那麼常見，目前看來，它們雖然與特定的雲對地閃電沒什麼關聯，但似乎傾向出現在閃電極為頻繁的暴風雨上方。

科學家依然繼續苦苦思索，在那樣高的地方，這些神祕的光電產物究竟如何形成？不過有件事是肯定的，積雨雲和閃電之間的關係，顯然不如表面上看起來那麼單純。

賞雲迷得知藍欽中校竟然大難不死，一定都會鼓掌叫好。藍欽將上方翻來覆去的降落傘看成一座大教堂之後，慢慢注意到空氣變得不再那麼狂暴洶湧，雨和冰雹的威力也沒那麼強烈；他總算逃脫積雨雲底部的煉獄了。

儘管吃了這麼多苦頭，藍欽總算是突破重重難關，順利降落在一片松樹林裡。暴風雨繼續肆虐，但是和他在空中所經歷的一切比起來，地面上的風雨只能算是小兒科。幸好，他發覺四肢骨頭都沒斷，於是勉強撐起身，蹣跚地找路求援。

後來，他在北卡羅來納州亞哈斯基市（Ahoskie）的醫院進行檢查，醫生在檢查報告上寫著，他的身體因凍傷而變色，全身布滿雹塊撞擊造成的瘀青和挫傷。此外，由於跳機後空氣急劇減壓，身體內部膨脹的張力導致身體變形，他身上也出現飛行夾克的縫線所造成的壓痕。醫生很驚訝藍欽竟然能夠死裡逃生，他自己也這麼覺得。

藍欽落入樹林後不久，在暴風雨的微弱光線中，只能隱隱看見手錶指針發出的螢光。在正常狀況下，降落傘從一萬四千三百公尺的高度降落到地面，大約只需要十分鐘。他還記得跳機時正好是晚上六點整，此時看到手錶指著六點四十分，他簡直是目瞪口呆；也就是說，他在積雨雲的劇烈亂流裡「上沖下洗」，整整被折磨了四十分鐘。而在「雲中之王」冷酷的心中，他只不過是一個形狀宛如飛行員的大冰雹而已。

■注釋

1編注：溫度低於冰點的水。

2編注：馬赫（mach）為飛行速度與音速之比，由奧地利物理學家馬赫（Ernst Mach, 1838-1916）之名而來。小於一馬赫時稱為亞音速，大於一則稱為超音速。

3譯注：米蘭達（Carmen Miranda）是一九四〇年代著名的巴西森巴舞女王，這種精靈的樣子和她誇張的頭飾造型極為神似。

第三章　層雲

低垂朦朧的雲氈霧毯

層雲是一種平坦、灰暗、整片模糊的雲，沒什麼形狀可言。它沒有乾脆俐落的花椰菜頂部可以輝映太陽的光芒，僅僅如同一層遮遮掩掩的薄紗，瀰漫著死氣沉沉的陰鬱幽光。

與狂野任性的對流雲相比，層雲的「雲性」沉悶得多。層雲很難得宣洩它的水分，頂多只是一陣濛濛細雨或一場輕雪罷了。它慢條斯理地悄悄降臨，而且通常一來就賴著不走。層雲不是那種急驚風似的雲，不會在人們野餐到一半、正打開三明治鋁箔紙的當兒，冷不防下起傾盆大雨，淅瀝嘩啦地引起一陣騷亂。當天空出現一層厚厚的層雲時，人們絕對不會想出去野餐，倒寧可去看場電影。

身為「賞雲協會」的創辦人，照理說我應該是不管哪一種雲都喜歡才對，然而此時此刻，倫敦二月一個冷冽的早晨，頭頂上的層雲實在是讓我的心情沉重無比、鬱卒到不行。

很多雲都能賦予天空一種廣遠而深邃的靈性，這是晴天所不能給予的感覺。抬頭仰望各種層疊交錯、形形色色的雲，賞雲迷總能領略感受天空的廣闊無邊，但是層雲卻讓我感覺像是患了幽閉恐懼症。這聽起來不太妙，尤其你人明明在戶外卻有這種感覺。這讓我不

辨認雲類小撇步

層　雲
STRATUS

層雲是灰暗的層狀或片狀雲，邊緣顯得非常散漫模糊。在十種雲屬中，層雲是形成高度最低的雲，有時候會出現在地面層，稱爲霧或靄。

●**典型高度***：
0－2000公尺
●**形成地區**：
全球各地，沿岸與山巒附近最爲常見。
●**降水型態（落至地面）**：
只會偶爾下毛毛雨、小雪花或小雪粒。

透光霧狀層雲

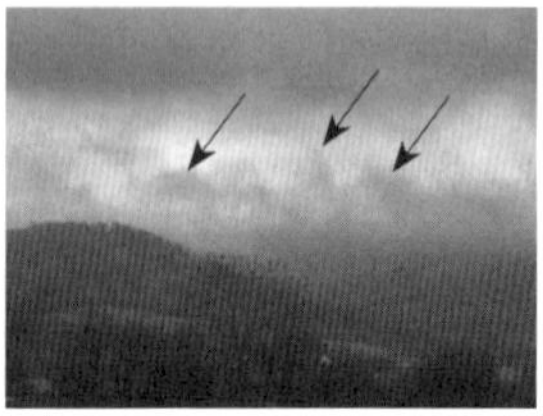
碎層雲

■層雲雲類：

霧狀層雲：
最常見的一種層雲，爲一大片灰暗而無形無狀的雲。

碎層雲：
爲一小片一小片灰色的雲，像是破爛的布片般零零落落。出現在降雨雲下方區域的稱爲「破片狀層雲」。雖然雲層不見得很厚，但在上方雲底襯托下，這些破片看起來相當昏暗。

■層雲的變型：

蔽光：雲層很厚，足以完全遮蔽太陽或月亮。
透光：雲層較薄，足以顯露出太陽或月亮的輪廓。
波狀：較爲罕見，雲層表面像是層層起伏的波浪。不過層雲的表面常常看不清楚，不容易看出波狀表面。

■層雲容易錯認成：

卷層雲：很高的一大片雲層，看起來和非常薄的層雲很類似。卷層雲是由冰晶所組成，所以顏色看起來比較白。

高層雲：屬於中雲族，也和層雲一樣，通常是由水滴粒子所構成。透過層雲看太陽時（如果看得到的話），太陽的輪廓並不會太模糊，而如果透過高層雲來看太陽，則像是隔著一層毛玻璃。

雨層雲：是一層很厚很暗的降雨雲，容易與較厚的層雲混淆。但是層雲的雲底不像雨層雲那樣參差不齊，降雨也較輕微。

*：這些估計高度（距離地面的高度）乃以中緯度地區爲例。

左圖：Bob Jagendorf（member 1480）提供。右圖：Gavin Pretor-Pinney 提供

禁聯想到，太熟的朋友堅持要與你形影不離，結果侵犯到你的私人空間；更糟的是，那層雲讓我完全不曉得太陽究竟跑到哪裡去了？

我走在昏暗的街道上前往辦公室，雖然是早上，天空看起來卻和下午沒什麼兩樣。這片層雲屬於一種稱爲蔽光雲（opacus）的變型雲，亦即它會完全遮蓋太陽；假如是透光雲（translucidus），至少還能看見一點微亮的光或者柔和的輪廓，可以知道太陽的位置。

這片層雲除了可說是蔽光雲，也可分類爲霧狀層雲（nebulosus），也就是說，這種雲的光度與色調沒有任何變化，沒有較亮或較暗的區塊，下部亦無明顯隆起或任何形體，只是一團平淡無形、結結實實的灰，廣闊綿延直到看不見爲止。層雲屬於低雲族，距離我們不遠。如此想來，我豈不正漫步在一汪污濁不堪的洗碗水中？難怪它讓我感覺那麼悽慘。

這當然是一則可能有害的新聞。想像一下，如果有人向媒體爆料，「賞雲協會」的主事者因爲層雲而情緒低落，那豈不成了國際間一大醜聞？我的確是雲的忠實粉絲，但在今天，我多麼渴望見到一絲燦爛的陽光，眞的，就算只是驚鴻一瞥也好。困罩在這片蔽光霧狀層雲底下，感覺就像是上帝決定要刪除祂的能源預算，只准點一盞小小的螢光燈。

賞雲迷應該知道，層雲只有兩種雲類，無可名狀的霧狀層雲是其中一種，另一種則稱爲碎層雲（fractus），即低層的層雲碎裂成模糊斑駁的碎塊或碎片。霧狀層雲通常只會耗在那兒久久不散，碎層雲的輪廓可就變化多端了，基本上與「破片雲」這種附屬雲很類

Gavin Pretor-Pinney 提供

霧狀層雲絕不會讓你有興高采烈的感覺。

似，破片雲會出現在積雨雲下方的飽和空氣中。

各雲屬除了區分成各種雲類，還可能出現一些變型，主要參照雲貌呈現的常見特徵而得名。除了蔽光雲和透光雲是以「透過雲層能否看見太陽或月亮的位置」來區分，層雲還有第三種變型，稱為波狀雲（undulatus），其表面有如波浪起伏一般，這是雲所在高度的風所造成的傑作。

層雲的形成過程，與前述積雲或積雨雲的對流形式全然不同。基本上，當空氣溫度降低、足以使所含的部分水汽凝結成液態水滴時便會產生雲，這在所有的雲都一樣；不過，層雲是一整層大範圍的空氣都降溫，而不是個別的空氣塊隨著熱對流上升而冷卻。

怎樣才能使一整層空氣都降溫而凝結成雲呢？方法之一是使整層空氣全部同時抬升。比如說，當整層空氣飄移接觸到另一區較冷的空氣時，較冷的空氣因密度較大，傾向於繼續停留在近地面處，較暖的空氣則緩緩移行至冷空氣上方。上升之後，這層空氣變冷、氣壓降低，如果整個變化過程是平和的，那麼天空便會出現一層均勻、無形的雲毯。與對流雲的紊亂氣流相比，層雲總是伴隨著相當穩定的大氣，這也是層雲總是徘徊不去的原因，如同今天我上班途中天空那片層雲一樣。

層雲偶爾也會降下小雨或小雪，不過我今天看的這片雲連一滴雨也沒有；如果能下點雨，或許我還會感覺舒暢一點。一場猛烈的傾盆大雨會讓人想要生起爐火，享受那種內熱外冷的快意。不過，這並不是蔽光霧狀層雲的風格，如果有層雲卻下起大雨，通常是因爲層雲遮住了較高層的降雨雲所致。

層雲之所以成爲雲族中特殊的一員，就在於它一點也不特殊。我愛雲，因爲它們爲天空帶來無窮無盡的變化，如果我們日復一日只能仰望藍天，生活肯定會枯燥乏味到極點。不管是令人愉悅的晴天積雲，或是狂暴雄偉的積雨雲，總是此消彼長、不斷在天空舞動。如同英國詩人濟慈（John Keats, 1795-1821）所言：「壯觀的雲霧象徵著偉大的浪漫傳奇。」雲是大自然的詩篇，在天空中洋洋灑灑大筆一揮，所有的人都能看見；相反的，這蔽光霧狀層雲則極度缺乏詩意。

記得有一次，我躺在交通繁忙的馬路中間，仰望著同樣是灰暗無比的層雲；當時我十七歲，騎摩托車發生車禍摔倒在地。我媽媽總是說，會發生這樣的意外，都是因爲出門前和家人吵架，所以騎車沒專心看路。我躺在柏油路上，一條腿嚴重扭曲成一個可怕的角度，只能仰望著天空，等待救護車來救我。當時天空籠罩著厚厚的層雲，和今天一模一樣：低沉、灰暗、壓得人喘不過氣……

車禍後不久，朋友的父親哈金森（Neville Hodgkinson）告訴我一件事，和我的車禍似乎有點關聯。哈金森力行一種東方的修行方式，稱爲「勝王瑜伽」（Raja Yoga），由布拉瑪庫馬利斯（Brahama Kumaris）所傳授，這是一九三七年在印度海德拉巴市（Hyderabad）成立的一個國際心靈組織。哈金森告訴我，雲對於某些瑜伽信徒有某種象徵意義：當瑜伽信徒在心靈旅程中迷失方向時，雲會在天空停留。雲象徵一種困惑，一種來自瑜伽信徒與神的「至高無上的光」之間的困惑。

哈金森並沒有說明這些困惑是什麼，只說布拉瑪庫馬利斯的瑜伽信徒都是絕對禁酒的素食主義者，也不吃大蒜（他們認爲大蒜會引起性慾），而且立誓嚴格實行獨身主義，一點邪念都不能有。反正，這些困惑有時候會變得深遠而持久，使瑜伽信徒集體迷失心靈的方向，這種現象稱爲「馬雅風暴」（storm of Maya）。他們會集體產生幻覺，感覺自己和「至高無上的光」之間有了隔閡。哈金森說，瑜伽信徒在這種時刻便會提醒自己：即使太陽躲在雲的背後，也絕不會停止照耀。

這又讓我回憶起小時候搭飛機時的異想天開：我總以爲，每個飛行員上班時一定都是晴天；不僅如此，從他們上班時的「雲霄辦公室」窗戶看出去，肯定是一幅變化萬千、美不勝收的雲景。至於我們這些成天待在雲底下爲五斗米折腰、心靈充滿困惑的芸芸眾生，看到的又是什麼？在這樣一個淒涼、灰暗的二月早晨，實在很難不渴望陽光快點露臉，帶給我們一線光明。

我該不會得了「季節性情緒失常」（Seasonal Affective Disorder, SAD）吧?!這種症候

Bob Jagendorf（member 1480）提供

工廠的煙囪把層雲給戳破了嗎？

群由羅森索醫師（Dr. Norman Rosenthal）命名，他是美國馬里蘭州北貝什斯達（North Bethesda）的臨床心理醫師。羅森索醫師把季節性情緒失常定義爲：由於季節轉變，導致心情低落及一連串特有身體症狀的綜合現象。有些「冬季憂鬱症」（winter SAD）患者發現，在天色較陰暗的月份裡，他們除了感覺情緒低落，也會比平常容易精神不濟、感覺活動力和創造力降低、需要更多睡眠，而且較難控制口腹之慾。

我也曾有這些症狀，但通常只出現在一夜狂歡之後，所以我不敢說這些症狀有沒有季節性。而在患有季節性症狀的人當中，患者數目確實隨著緯度越高而增加。距離赤道越遠，便有越多人抱怨自己出現冬季憂鬱的症狀。

羅森索醫師發現，美國患有季節性情緒失常的人數，在佛羅里達州占了人口比例的百分之一點四，到了較高緯度的新罕布夏州竟高達百分之九點七。女性比男性更容易受到影響，有證據顯示這種差異可能與荷爾蒙有關，因爲青春期之後荷爾蒙增加，停經之後則逐年減少。

誘發冬季憂鬱症的因素可以歸咎於人們所受的日照多寡，羅森索醫師發現，讓患者每天早上坐在一萬勒克斯（lux，照明度單位）的光箱前，閱讀或寫東西三十分鐘，通常患者的情緒及精神都有顯著改善。

嗯，我可不會因此而每天早上坐在一個什麼光箱前，就爲了這一片蔽光霧狀層雲。我的問題其實不是缺少光線，而是一整天抬起頭都沒什麼可看。

反過來說，有沒有可能一「藍」無遺的天空也會造成這種現象？羅森索醫師果眞定義了另一種季節性情緒失常問題，稱爲「夏季憂鬱症」（summer SAD），有這種困擾的人會在夏季幾個月裡感覺情緒低落。有趣的是，冬季憂鬱在美國和歐洲較爲普遍，日本和中國則有較多人容易於夏季產生季節性憂鬱的現象。

我們常說倒楣或不快樂的人是「烏雲罩頂」，而稱樂天派的人是「外表很陽光」。在辦公室腦力激盪時，大家不能批評那些很愚蠢的意見，美其名說是「藍天式空想」[1]。

相反的，在伊朗形容一個人很幸運時會說「祥雲繞頂」（dayem semakum ghaim）；對伊朗這樣一個終月晴空萬里的國家來說，「外表很陽光」一點也不稀奇，藍天式空想更不是什麼優點。在當地，雲的出現代表即將普降甘霖，珍貴的雨水可舒緩太陽的烘烤曝曬。然而在溫帶地區，雨水並不稀罕，因此雲帶給人們的感受可說五味雜陳，既是遮擋生命之光的障礙物，也是讓天空美不勝收的泉源。畢竟，夕陽如果少了雲彩的襯托，還有什麼好看呢？只會是一顆大光球消失在地平線之下，就是這德行。

如果這片蔽光霧狀層雲繼續占領天空，感覺就像是永遠再也見不到夕陽了。這就不只是不知好歹的朋友黏人黏得太緊，根本是不懂什麼時候該打道回府。

等一下……我突然想起一件和層雲有關的事。啊哈！說起這事兒令人心情頓時好轉，讓我願意原諒層雲所帶來的種種憂思愁緒。

如果不是層雲，我不可能會有「漫步在雲中」那種奇妙而歡愉的經驗。層雲是所有雲高度最低的，雲底很少形成於四百八十公尺以上；層雲也是唯一樂於「紆尊降貴」來到我們地面層的雲，像這樣落入凡塵的層雲，就成了霧或靄。

一覺醒來，發現外面的世界輕輕掩上一層虛無縹緲的雲霧，年少時沒有什麼比這更令人心神陶醉的了。沒有暴風雨的喧囂，也沒有突如其來的微風輕拂，這樣的轉變來得神不知鬼不覺。霧的降臨毫無徵兆，有如貓爪般輕巧，就像美國詩人桑德堡（Carl Sandburg, 1878-1967）所寫的詩：

坐望著
環顧海港與城市
悄悄弓起了腰
又踮步向前。

Gavin Pretor-Pinney 提供

層雲是唯一願意「紆尊降貴」來到我們地面層的雲。

我很喜歡輕柔薄霧改變所有事物的方式。這種時候，當我們家的寵物貓「百事」走上庭院小徑時，看起來彷彿是從一片迷茫中逐漸融聚出來的，又像是一下子蹦出一隻貓的樣子。我也很喜歡聲音在霧中傳播的方式，脫離本體的聲音像是在千里之外，也彷彿就在你身邊。如果不是層雲，我永遠不可能經歷這般薄霧輕攏的奇妙晨景。

法國詩人雨果（Victor Hugo, 1802-1885）曾寫道：「赤裸的女人是碧藍的天空。雲與衣裳同樣是凝思冥想的障礙物。毫無遮掩才能看透美麗與無垠。」這話讓我很驚訝，原來雲和衣裳同屬誘惑的工具。作爲「凝思冥想的障礙物」，兩者都能刺激我們對於美的欣賞，一種是人體的美，一種是天空的美。漫步在霧中，好比是揭開雲之誘人面紗的前戲。

十六世紀義大利美學家里帕（Cesare Ripa, 1560-1623）著有《圖像學》（*Iconologia*）一書，討論藝術與雕塑的象徵手法。他在書中寫道：「要畫美女，就該把她的頭畫成消失在雲中，因爲用塵俗的語言無法詮釋，人類的智慧也無從了解。」

二〇〇二年瑞士博覽會主場館的設計靈感，便是來自於「漫步在霧中」的空靈之感。遊客們沿著一百二十公尺長的斜坡橋，走近這座位於依佛登鎮（Yverdon）紐夏特湖（Lake Neuchâtel）畔的建築物，舉目所見盡是雲霧瀰漫，整棟建築似乎建立在水面上。這棟「模糊建築」（Blur Building）是由紐約建築師迪勒（Liz Diller）與史柯菲迪歐（Ric Scofidio）所設計，它無形無狀、無空間維度、無外表可言，也沒有牆和屋頂。它是一棟由雲建造而成的建築；更精確地說（我認爲有必要講明），它是由地面的層雲建造而成的。

一九九九年，迪勒和史柯菲迪歐的主場館設計由競圖中脫穎而出。他們的構想是建造一個懸浮於紐夏特湖面的金屬架構，上面布滿極爲細密的噴嘴，可從紐夏特湖裡將水抽出、過濾，然後噴灑出一片細緻的薄霧，這些人造的霧氣即構成所謂的「模糊建築」。模糊建築顛覆了我們對於「何謂建築物」的整體概念，然而它並不是在建築物使用人造霧的首例。

早在一九七〇年大阪舉辦萬國博覽會時，日本雕塑家中谷芙二子便曾利用噴射水霧，將百事可樂展覽館的測地圓頂包覆於裊裊雲霧之中。但是，當時的建築物至少還有個實體的外殼，迪勒和史柯菲迪歐提出的設計則更爲前衛。模糊建築並沒有堅硬實體，而是如同一朵眞正的雲，從天上被誘騙至塵俗湖畔，隨著風向、風速和溼度的變化，忽而膨脹、忽而收縮，在湖上度過短短六個月的黃粱一夢。而建造這棟建築的過程也是一場惡夢。

二〇〇二年五月，噴霧裝置正式啓動，一朵活生生的雲於焉成形，模糊建築終於呈現在世人眼前。它的金屬架構上布滿三萬一千四百個高壓噴嘴，水從噴嘴射出來，霧化成極微小的水珠，直徑只有四至十微米，與眞正的霧滴大小相仿。

水壓是由一組複雜的電腦系統負責控制，系統會根據環境中空氣的溫度、溼度、風速與風向來調整水壓。例如起風的時候，爲了確保包覆著整體架構的雲裳不會被大風吹散，迎風面的噴嘴就會比背風面的噴嘴噴出更多雲霧，於是刮大風時，霧氣（或者該說是建築本身）便能夠優美地展延，跨越整個湖面。這套系統會自動感應隨時變化的大氣狀態，確保能產生足夠的霧氣裹繞住整個架構，而且站在下風處也不會遭殃。

遊客們沿著湖上的橋向前行，將岸上牢固的實體拋諸腦後，遙望著消失在雲霧漩渦裡的另一端，心中既期待又興奮，走向這團無形無狀的模糊迷霧之中。

兩位建築師解說他們的設計理念時，用的完全是「建築師」的語言。迪勒解釋：「模糊化是要營造出一種不明確的、朦朧的、遮蔽的、雲霧般的、曖昧的、迷濛的氛圍。我們的文化被高解析度／高精確度的視覺所主導，模糊等同於失敗……雲霧的視覺效果給了我們許多想像空間。我會聯想到倫敦的開膛手傑克，還有埋伏在濃霧中的殺手。迷霧重重或隱晦不明總是給人一種懸疑感。」她想表達的意思應該是說，漫步在霧中是很刺激的。

「模糊建築」的建設工程遭遇到許多困難，霧本身的製造和控制在技術上就是很大的挑戰，此外工程進行到一半時，經費預算竟遭到大幅刪減，這個計畫眼看就要胎死腹中。更糟的是，準備不甚完善的造霧測試當場出狀況，令世界各國前來採訪的媒體大失所望。「世界上最貴的雲宣告失敗，」瑞士發行量最大的《展望報》（*Blick*）砲轟，「花費高達

Image © Beat Widmer

迪勒和史柯菲迪歐為2002年瑞士博覽會所設計的「模糊建築」，隱身於一團層雲之中。

一千萬，竟然只得到一團霧！」

等到最後總算大功告成、順利開幕時，民眾對於「模糊建築」的反應卻是喜愛有加，媒體似乎也忘了過去所有的難關。「多麼瘋狂且匠心獨運的玩意兒！」二〇〇二年五月瑞士的《星期日報》（*SonntagsZeitung*）這樣寫著，「魅力無法擋！……這團雲已然風靡全國。」

地面的層雲何時稱爲「霧」（fog）？何時稱爲「靄」（mist）？就科學上的說法，差別在於你身處其中能看到多遠的距離。如果能見度不到一公里，氣象學家就說那是「霧」；如果能見度在一至二公里之間，則是「靄」。（如果只能看見不到一公里遠的東西，而眼前沒有層雲，那你就是近視啦！）兩者的差異是由於水滴的大小和密度不同所致。我要解釋霧和靄如何形成時，都是以「霧」來做說明，其實它們的形成過程基本上相同，因此諸位隨時可以把以下文中的「霧」改成「靄」。

霧有兩種主要的類別，即平流霧（advection fog）與輻射霧（radiation fog），這兩種霧的形成過程明顯不同。一九八〇年的恐怖電影《鬼霧》（*The Fog*）有一幕，在安東尼奧灣（Antonio Bay）以詭異的速度滾滾而來的那種霧就很像平流霧。那部電影其實不怎麼好看，真可惜，那是我所看過唯一一

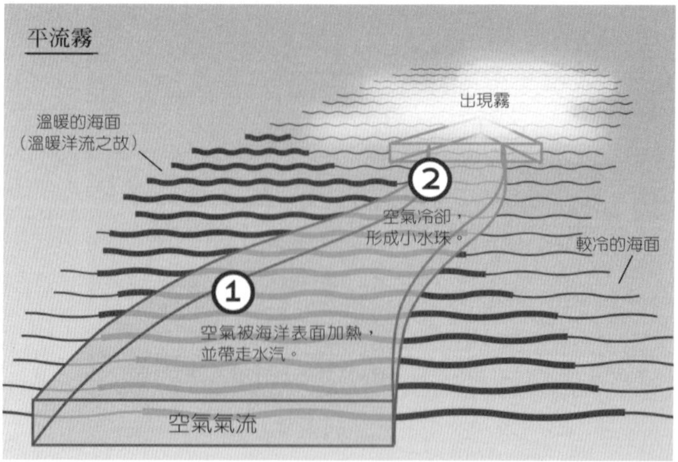

溫暖海面上的空氣移行至較冷海面時，便會形成平流霧。

部和層雲有關的恐怖片，不過它倒是爲平流霧的形成過程提供了很有用的說明。

午夜時分，海邊小鎮正在準備舉行一百週年慶典的前夕，被一陣從海上席捲而來的濃濃怪霧給吞沒了。更令居民恐慌的是，大霧帶來了死人的陰魂，這些陰魂變成一群可怕的殭屍，回來報復奪走他們性命的小鎮鎮長。原來當年鎮長強迫大家出海，結果害得所有人慘遭不測，而當時的濃霧就和現在一模一樣。「你看不見的事物並不會對你造成傷害……」預告片中嘶啞的嗓音令人毛骨悚然，「……只會讓你沒命！」

安東尼奧灣的小鎮居民看見殭屍魂煙朝向他們而來時，平流霧也隨著移動的氣流逐漸形成，當低層的潮溼空氣移經較冷的表面，便會形成平流霧。平流霧通常發生在春天及初夏的海上，此時空氣從溫暖地區的海面移行到較冷地區的海面，而先前空氣從溫暖的洋面獲得水分，一旦冷卻就會形成霧滴。平流霧與海洋關係密切，這就是一般所說的「海霧」（sea fog）。

相反的，輻射霧絕不會在水面上形成，只會出現在陸地上，而且通常出現在晴朗無風的夜晚。它並不是空氣在不同環境中移行所造成的，而是由於地面的輻射冷卻效應，使一團停滯的空氣變冷而形成輻射霧。基本上空氣不需要移動，但是和緩的移動有助於將冷卻過程遍及整個低層空氣，使輻射霧達到一定的厚度。

Debra Hill Prods / The Kobal Collection 提供

電影《鬼霧》，當層雲開始使壞……

這種形式的地面層雲一出現，常讓人覺得輻射霧好像遭到天上的雲族兄弟所排擠，成了雲界裡的獨行俠。雲就像一層保溫毯，在夜晚可讓地面溫度不至於降得那麼低，因爲毯子可將地球輻射出去的一些熱能又輻射回來，減少夜間降溫的程度。而每逢晴朗的夜晚，沒有了「雲」這層毯子，地面熱量散逸至太空（輻射冷卻）的速率加快，等於提供了理想環境，使地表空氣層的水汽凝結成霧，尤其是秋冬兩季夜晚較長的時候最爲常見。

風一吹起，將較乾的空氣帶進來與霧混合，輻射霧很快就會消散掉。不過在秋冬季節，即使平靜無風，早晨太陽出來使地面溫度升高之後，輻射霧也會很快消散，這是因爲水分子從空氣中得到熱量，水分子脫離霧滴的速率變得比聚合成霧滴的速率還快，於是霧滴蒸發成水汽、變成看不見的水，這些個別的水分子就會四處飛逸。

如果霧層特別濃厚，像這樣消散之後，可能會在低層天空形成一片層雲。當霧開始慢慢消散、變成淺淺一層的時候，很像是一片薄薄的玻璃，可以在地面上方停留一段時間。我記得曾在澳洲看過一次這種非常奇特的例子。某個晴朗夜晚過後，一大早便形成輻射霧，厚度大約到我的脖子那麼高；隨著旭日東升、地面升溫，近地面的霧開始逐漸消散，直到我的胸部高度。走在這層飄浮於半空中的雲霧裡，此情此景實在詭異到不行，我感覺自己彷彿是一縷幽魂，在幾百年前老房子裡下陷的迴廊間飄來飄去。我呢，肯定是個「有血有肉」的幽靈，而房子呢，當然是純屬虛構的空中樓閣！

平流霧與輻射霧是最常見的兩種霧，但霧當然不是只有這兩種而已。

輻射霧

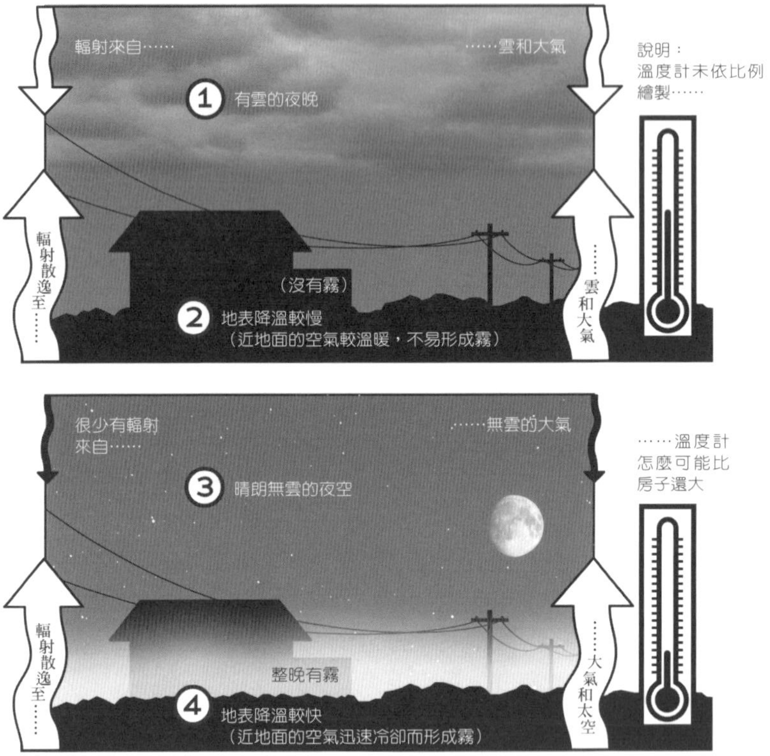

輻射霧發生在晴朗的夜晚，因地面的輻射冷卻效應，使空氣迅速降溫，
水汽便凝結成霧。

蒸汽霧（steam fog）是冷空氣流經溫暖水面時（和平流霧正好相反），使水面上蒸發的水汽迅速變冷凝結而成的霧滴。盤旋而升的霧滴使蒸發作用變成看得見，因爲雖然海面表層的水本來就會不斷蒸發成水汽，但是在正常情況下是看不見的。這一類型的霧在極區最爲顯著，亦即所謂的「北極海煙霧」（Arctic sea smoke）。

升坡霧（upslope fog）則是潮溼空氣被一陣微風吹上了小山丘或山坡，因氣壓下降、溫度變低，使空氣中的水汽凝結成霧滴所致。谷霧（valley fog）則是夜晚山谷附近較高地面的空氣降溫、密度變大，沉降到較低的地面，若是空氣溫度冷到足以使水汽凝結成霧，便會充滿山谷內形成谷霧，氤氳的雲霧景觀宛如冰河一般。

凍霧（freezing fog）是當溫度驟降時，霧滴接觸到固體物質而結冰，形成「霧凇」（rime）。可別把「凍霧」和「冰霧」（ice fog）搞混了，冰霧是霧滴在空氣中直接凍結成冰晶，這種情形只有在溫度極低時才會發生，通常是低於攝氏零下三十度。冰霧在陽光下會閃閃發光，非常漂亮，至於它的近親「鑽石塵」（diamond dust）則是再大一點的冰晶飄然而落，與陽光交相輝映，產生一種極其炫目的光學效果，和高雲族的卷雲與卷層雲中的冰晶很類似。在所有霧的種類當中，這種如寶石般晶瑩閃爍的冰霧非常罕見，無疑是最神奇奧妙的一種。

我很喜歡看雲的照片，喜歡的程度幾乎和喜歡看眞正的雲一樣。感覺上，它們可說是未經人工修飾的照片中最接近抽象藝術的了，一方面記錄這個世界的面貌，同時也闡釋一種心靈的感受。

美國攝影家史蒂格利茲（Alfred Stieglitz, 1864-1946）[2]也有同感。一九二二年開始，他陸續拍攝了一系列的雲景照片，後來把這些照片稱爲「同値」（Equivalents），成爲第一位純粹爲了藝術價値而拍攝雲景照片的攝影家。「同値」系列都是高反差的黑白照片，剛開始幾年的照片中還包含一些景物，但是自從一九二五年起，他直接將鏡頭對準天空，整張照片就只有雲。他將這些攝影作品視爲個人的心情寫照。「我對生活有一些願景，」他在給朋友的信上寫著，「我想從照片中找到與其同値的東西。」

史蒂格利茲不只是攝影家，他也在紐約第五大道經營一家名爲「291」的藝廊，因而成爲極具影響力的抽象藝術家。他居中穿針引線，將戰前歐洲一些所謂的前衛藝術家引介給美國社會，此外在一九〇八至一九一四年之間，他的「291」也是美國第一個展出馬蒂斯（Henri Matisse, 1869-1954）、盧梭（Henri Rousseau, 1844-1910）、塞尚（Paul Cézanne, 1839-1906）和畢卡索（Pablo Ruiz Picasso, 1881-1973）等新興天才藝術家作品的藝廊。

史蒂格利茲對抽象藝術（他形容爲「一種新的表達手法——眞實的手法」）有如此大的熱情，堅信攝影本身是一種藝術形式，兩者可以相提並論。人們或許認爲這兩者似乎互相矛盾：所謂「前衛」藝術是因爲它反對現實主義，而攝影本質卻是再「具象」不過了。

「同値」系列的雲景照片就是史蒂格利茲試圖解開這種矛盾的作品。雲是大自然的抽象藝術、是天空的心情，也是利用攝影來表達抽象情感最完美的主題素材。「我知道我做

Stephen Cook（member 132）提供

谷霧。望景生「名」，毋庸多言。

了一些從未有人做過的嘗試。也許在音樂方面有人用過這種手法，」史蒂格利茲在給朋友的信上這麼說，他的訴求是「藉由雲來記錄我的生活哲學——我的攝影作品並不是要表現題材——不是特定的一棵樹、或臉孔、或內在、或特權，雲是屬於所有人的，而且不用繳稅，完全免費。」

倫敦的這一天已接近尾聲，我走在回家的路上。影響我整個早上心情的蔽光霧狀層雲已經慢慢轉變了。午後下了一陣濛濛細雨，灰壓壓的雲層底部變成胖胖的一團，有些部分變亮了，看起來白白的，有些地方則變得更陰暗。層雲已經轉變成起起伏伏的「層積雲」了，這是一種過渡性的雲，出現在層雲開始消散之時。

我回到家時，夕陽正好從雲縫中露出臉來，從雲縫中我可以看見高空纖纖縷縷的冰晶雲，那便是卷雲。低雲已落入陰影中，但高層的卷雲還能抓住最後的陽光，金黃色的夕陽餘暉四射，在逐漸昏暗的冬季天空襯托下閃耀著光芒。

我感覺心情好多了。隨著令人沮喪的層雲逐漸雲消霧

David Fuller（member 62）提供

層雲，從山頂眺望視野絕佳，雲景旖旎令人嘆為觀止。

散，我想起了美國詩人洛威爾（James Russell Lowell, 1782-1861）寫的詩：

誰知悉雲蹤何處？
飄過無瑕天空未曾留下痕跡，
雙眼忘卻了曾經流淌的淚水，
心靈遺忘了悲傷與痛苦……

對一個賞雲迷來說，一旦雲開天清，天空就顯得格外遼闊。我會悼念那化身爲霧靄、來到凡間探訪我們的層雲嗎？如果天空一整天都是這種雲霧繚繞的景象，我會開心嗎？不！不可能的。層雲就像是魔術師手上的絲巾，倏而掀起，我們還以爲所有東西都不見了，結果卻再一次展露出天空的奇觀美景。

■注釋

1編注：blue-sky thinking，指空想、不切實際的想法。在腦力激盪時，任何不切實際的想法都可能變成好點子。

2編注：美國傳奇女畫家歐姬芙（Georgia O'Keeffe, 1887-1986）與史蒂格利茲結縭將近四十年，兩人相差二十三歲，在藝壇相輔相成的故事成為一則傳奇。

第四章　層積雲

低淺而豐滿的雲層

前一刻，雲才讓人沉悶到快要窒息，下一秒又成了人們作白日夢的泉源。有誰不曾抬頭仰望天空裡的城堡，想像那裡是遠離塵囂的另一個世界？一旦層雲演變成層積雲，雲層漸漸裂開了縫隙，碧藍的天空碎片也開始顯露出來；幾個小時之前，太陽幾乎窒息而死，而此刻，迷迷濛濛的雲層卻開始融聚成像是白雪覆蓋的雲峰，接著又融化出藍色的蜿蜒河流。天上另成一個世界，那是個懸浮於天空的疆域，有著冰川峽谷及連綿起伏的雲峰，是充滿希望、遠離世俗的一片樂土，擁有自成一格的雲理建構法則。

阿里斯多芬尼士（Aristophanes，約 448-380BC，古希臘喜劇作家）的喜劇《鳥》（*Bird*）於公元前四一四年首演，劇中兩位主角對於他們的家鄉雅典感到厭煩，瑣碎的繁文縟節與不停的法律紛爭讓兩個老傢伙吃不消，如同現今許多城市居民的感覺一樣，所以他們決定搬出城外，希望能過點平靜的日子。他們要遠離城市和積欠的一大筆債務，前去找尋特柔斯（Tereus），他是希臘神話的一個角色，天神把他變成一隻戴勝鳥。他們認爲，特柔斯曾經是人而現在變成鳥，因此只要找到他，便可找到「一座很舒適的城市，如羊毛

層積雲

STRATOCUMULUS

層積雲是低層或片狀的雲，雲底的輪廓相當明顯。它們通常成團或成捲，而且顏色變化多端，從亮白到暗灰都有。有時雲塊連成完整無缺的一整片雲，有時雲塊中間會出現一些裂縫。

- **典型高度***：
600－2000公尺
- **形成地區**：
出現在全球各地，是一種很常見的雲。
- **降水型態（落至地面）**：
偶爾下小雨、小雪或小雪粒。

蔽光層狀層積雲

漏光層積雲

■層積雲雲類：

層狀層積雲：
最常見，爲一大團或一大捲的雲層，延伸範圍相當廣。弧狀雲是其中一種特別的雲狀，像是獨立的巨大雲管。

莢狀層積雲：
一團或數團雲塊，形成平滑如杏仁狀或透鏡狀的雲。

堡狀層積雲：
雲塊的頂部呈鈍齒狀。

■層積雲的變型：

蔽光：雲層很厚，足以完全遮蔽太陽或月亮。
透光：雲層較薄，可顯露出太陽或月亮的輪廓。
漏光：雲塊之間有裂縫，可露出光線。
重疊：雲層出現在不同高度，有時一部分融合交疊。
波狀：雲塊上出現許多近似平行的線條。
輻射狀：雲塊緊密地排成一串一串，看起來似乎往地平線的方向聚攏成束。
多孔：雲塊相互交織成許多大網孔般的網子形狀。

■層積雲容易錯認成：

積雲：積雲也是一團一團的，輪廓很清晰，形成於同樣的高度，但是層積雲比較傾向於彼此連成一片，而且頂部較爲平坦。

高積雲：屬於中雲族，望向地平線上方仰角30度，它的雲塊比層積雲小：層積雲的雲塊比「手臂伸直、三根手指頭併攏」的寬度還要大一些。

層雲：低處而模糊的雲層，顏色沒什麼變化，不像層積雲那樣輪廓分明。

*：這些估計高度（距離地面的高度）乃以中緯度地區爲例。

Gavin Pretor-Pinney 提供

毯般柔軟，我們可以蜷居在那裡。」

然而，等他們終於找到特柔斯的時候，卻發現與想像中差距甚遠。他們領悟到，城市並不是無憂無慮的地方，而既然鳥兒喜歡無憂無慮的生活，就不會住在城市裡。於是，其中一個老傢伙向鳥兒們提出一個建議：大家何不共同在天上建立一座城市，一座位於雲端的城市，好遠離地上的所有煩惱？他解釋說，這座新的城市將擁有無上的權力，因爲地上凡人祭祀眾神的貢品香火能否送到宙斯及其他諸神那裡，將由鳥兒們來決定，因此牠們可向眾神要脅、勒索。當然啦，這座城市也將成爲兩個雅典人遁世安居之所。鳥兒們欣然接受他的提議，並擁立他爲領袖。

他吃了一種神奇的草根，竟然長出翅膀，顯然這可以幫助他在這座新城市裡任意遨遊。然而，他們逃避現實、躲到這樣一個烏托邦，過程中也曾遇上難題。這位眾鳥的新任領袖和他的朋友，不僅得忙著趕走一大群奸商與招搖撞騙的金光黨（這些人也想「移民」到他們的雲城），還得應付氣急敗壞的奧林帕斯山眾神。

最後的結局倒是頗爲圓滿。他們費了一番唇舌，說服眾神賜給鳥兒們一些法力，不久後，兩個老傢伙果眞在這座夢寐以求的天空之城裡統御眾鳥，成了百鳥之王。不過你可能會認爲，作這種春秋大夢的人，簡直和那些住在「雲仙杜鵑窩」（Cloudcuckooland）裡的人沒兩樣。嗯，那你猜得不算離譜，這個名詞果眞是從希臘文「Nephelokokkygia」翻譯而來，正是那兩個雅典人爲他們的夢想烏托邦所取的名字。

下回賞雲迷在等待層雲轉變成層積雲、好從雲縫裡窺望天空時，該如何消磨這段時光呢？沒錯，抬頭看看天空，作個「飛越雲仙杜鵑窩」的白日夢吧！

層積雲是低層的雲，在溫帶地區，形成高度通常介於六百至二千公尺之間，包含一團團或一堆堆的雲塊。層積雲的外觀有時看起來很像積雲，只是層積雲的雲塊常聚集成一整片連續的雲層，或間有裂縫。不管是一整片或有裂縫，層積雲的顏色明顯比層雲變化多端，而且雲底幾乎都有很清晰的輪廓結構，色調從明亮的白色到陰暗的藍灰色都有。層積雲通常不太會伴隨降雨，但若是雲團長得夠高，便可能下些小雨或小雪；如果層積雲產生強烈的陣雨，通常是因爲有濃積雲甚至積雨雲隱藏其中，它們的雲頂向上伸展，不過從地面上看不到。

我們可以把層積雲想成是介於「獨立自由飄浮的積雲」和「無形無狀的層雲」之間的一種雲。在所有低雲族當中，層積雲是外觀最多變的一種雲屬。

層積雲的雲類和變型主要根據形狀和雲塊的排列方式來區分，分成三種容易辨識的雲類，最常見的爲層狀層積雲（stratiformis），雲層團團疊疊覆蓋大半片天空，不僅僅是一片或數片獨立的雲塊；堡狀層積雲（castellanus）則是個別雲塊的雲底較爲平滑，而雲頂的形狀有如城堡高塔上的城堞；另外還有莢狀層積雲（lenticularis），形狀如同平滑的透鏡或杏仁（有時看起來不像一層雲團，反而像是單獨一片形如杏仁的雲）。層積雲並非一定是這三種之一，其他雲屬也是同樣的道理；如果看起來和前面所形容的都不像，反正只要是一堆高度不高的塊狀雲，你管它叫層積雲就對了。

Gavin Pretor-Pinney 提供

層積雲，看起來彷彿有人忘記關掉製造棉花糖的機器。

賞雲迷如果堅持要爲每種雲「驗明正身」，請記住，任何一種雲屬在某個時刻只能視爲某一種雲類，不過每種雲類還是綜合了許多常見的外觀特徵，因此雲往往是這些變型的組合體。身爲一種變化多端的雲，層積雲可神氣了，它擁有七種可辨識的變型：

一、重疊：雲層不只一層，而且出現在不同的高度。

二、漏光：雲塊之間有裂縫，從雲縫中可以看見天空或更高層的雲。

三、多孔：較爲罕見，和漏光雲正好相反，雲塊之間的雲洞較大，雲塊本身像是鬆散呈蜂巢狀的雲河。

四、輻射狀：積雲也有這種變型，乃雲塊排成一連串的平行線向遠處延伸，看起來似乎朝地平線方向聚攏成束。

五、蔽光：與下面兩種變型都可用來描述層雲。蔽光雲的雲層很厚，足以完全遮蔽太陽或月亮。

六、透光：和蔽光相反，其雲層較薄，足以顯露出太陽或月亮的輪廓（透光和蔽光是唯一兩種互不相容的變型）。

七、波狀：雲塊排列成許多近似平行的線條，可能是一捲一捲的、彼此間有縫隙，也可能合併在一起，所以雲層底部看起來有著彼此平行、如波浪般的起伏。

層積雲竟有這麼多種不同的造型，變來變去令人眼花撩亂，簡直和西洋流行歌曲天后雪兒（Cher）不相上下，她每次演唱會的舞臺變裝秀堪稱一絕，總見她飛快離開舞臺一會兒，回來時便已換上另一套更令人瞠目結舌的服裝。瞧瞧層積雲的雲裳變裝秀，儀態萬千亦不遑多讓！其中最引人注目的應該算是弧狀雲了，這種層積雲的形狀看起來像一根長長的管子，有時表面如冰河般平滑，有時則毛茸茸的，像是極爲瘦長的積雲。

大家聽了可別笑，有一次我還專程搭飛機，大老遠飛到地球另一端去看弧狀層積雲呢！那是所謂的「晨光雲」（Morning Glory），在澳洲昆士蘭北部，春季的九月、十月間經常出現這種雲。

一般來說，這種巨大的雲比英國國土的長度還要長，它穿越澳洲卡本塔利亞灣（Gulf of Carpentaria）的海岸線，形成於一波非常巨大的空氣波動之中，移動速度高達每小時六十五公里。由於會出現晨光雲，該地從原本只是個澳洲內陸的小村子，搖身一變成爲滑翔機玩家的朝聖地，他們就像衝浪一樣在「衝雲」。這種層積雲的形成過程十分獨特且極具戲劇性，本書最後一章便是有關晨光雲的介紹。毫無疑問，在一九七九年專輯《帶我回家》（*Take Me Home*）的唱片封套上，身穿黃銅盔甲比基尼、頭戴金黃色維京海盜頭飾的雪兒，就是那「最炫的晨光雲」。

這似乎有點荒謬，雖然同樣屬於層積雲，晨光雲像是又長又不滑的大管子，而漏光層狀層積雲則像是一團團獨立的雲塊綿延而成，兩者實在天差地遠。

但賞雲迷可別忘了，任何低雲族（低於二千公尺）倘若不是單獨一朵的對流雲（例如幾種積雲），也不是霧茫茫、沒有形狀可言的層雲，則多半是層積雲了。凡是不願和其他雲屬沾上邊、自由變化不受拘束、對於我們用來分類其低雲兄弟的慣例嗤之以鼻，這類低雲統統可歸類爲層積雲。

說得也是，我們爲雲硬性規定了許多行爲規範，其實它們根本甩都不甩；它們迷霧般的本質混沌難解，又總是無所不用其極拚命搗亂，枉費我們爲雲　一歸類的苦心。像雲這樣朦朧不明、瞬息萬變且稍縱即逝的物體，怎麼可能願意一個蘿蔔一個坑、任人分門別類？但是賞雲迷終究會愛上雲的叛逆不羈——當人們以爲好不容易認出一種雲狀、喜孜孜正要拍板定案時，它卻又瞬間變臉，對人們的企圖嘲弄一番。

一八〇二年，何華特以「論雲的各種變形」（On the Modifications of Clouds）爲題發表演講，提出他的雲分類系統；他早就察覺到，把雲視爲固定的形式是行不通的，這正顯示他的聰明睿智。雲的不變之處就是永遠在變，這是任何照片或繪畫都無法表達的特質。何華特雖然首創積雲、層雲、卷雲和雨雲等名詞，奈何雲的形狀變幻莫測，這些命名只能追溯「過往雲煙」。

水會轉變成各種型態，在這個時而蒸騰、時而灑落的水循環中，雲只是個短暫的過客，如同網球選手擊出一記高吊球，當球飛到最高點時，它彷彿優雅地懸凝於半空中。

層積雲形成的途徑之一，是由積雲擴展、聚集而來。賞雲迷可能會很好奇，究竟大氣結構發生了什麼樣的改變，使得原本自由飄浮如孤島般的積雲，開始聚集成綿延起伏如山脈的層積雲？答案揭曉：當積雲遇到了氣象學家所謂的「逆溫層」，就會發生這種情況。

逆溫層是看不見的，它和空氣的溫度分布方式有關，其來龍去脈並非一時半刻就可以弄清楚。就算如此，每一位明智的賞雲迷仍應該下點工夫把它搞懂，因爲逆溫層在其他雲屬的擴散過程中也扮演了相當重要的角色，並不只針對層積雲而已。

對流層的特徵是「空氣的溫度隨高度升高而逐漸變冷」，這是指平均狀態而言，但也有例外。全球各地的冷暖空氣都會到處移動，而且日夜之間大氣的熱量會由一處傳遞至另一處，有時會導致一團較暖的空氣跑到冷空氣之上，於是空氣溫度變成隨高度升高而暫時變暖；這段期間，正常的溫度分布型態出現逆轉現象，因此稱爲「逆溫」。對流層在任何高度都可能發生逆溫現象，有時只是局部地區，也可能涵蓋數千平方公里的範圍。

逆溫層之所以和雲的形成有密切關聯，是因爲逆溫層就像個看不見的天花板，能夠遏制雲繼續向上發展。促成積雲的上升熱氣流一旦遇到逆溫層，突然發現自己不再比周圍的空氣暖而輕，因此只能往旁邊發展。於是，雲團開始在逆溫層下方聚集起來，彷彿是溫室裡照顧番茄的園丁正抽著菸斗，他呼出的團團煙圈往上飛，最後聚集在溫室屋頂的下方。

同樣的原理也可以解釋積雨雲頂端向外拓展的雲砧。對這種高聳如山巒的雲來說，逆

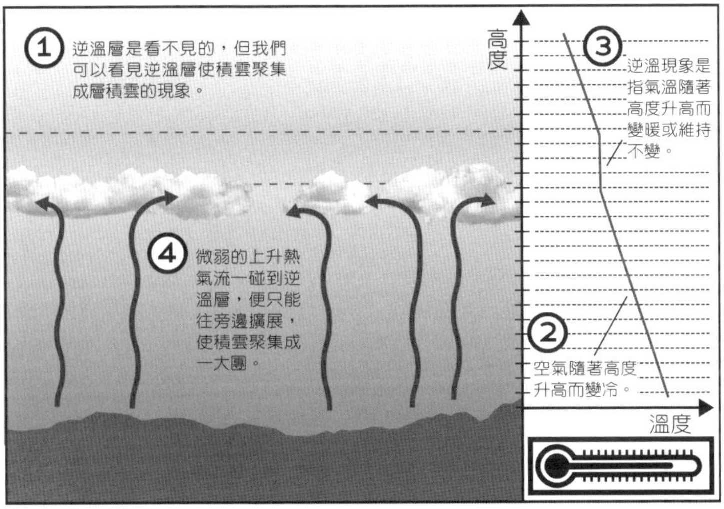
1
逆溫層是看不見的，但我們可以看見逆溫層使積雲聚集成層積雲的現象。
高度
3
逆溫現象是指氣溫隨著高度升高而變暖或維持不變。
4
微弱的上升熱氣流一碰到逆溫層，便只能往旁邊擴展，使積雲聚集成一大團。
2
空氣隨著高度升高而變冷。
溫度
逆溫層是積雲擴展聚集成層積雲的原因之一。

溫現象造成的隱形天花板通常就是「對流層頂」，也就是對流層的最高處，那裡的氣溫不再隨著高度上升而變冷，因爲那裡有某些氣體（例如臭氧）會吸收太陽的紫外線。

至於高度稍低的晴天積雲，如果上升的熱氣流能量不足，無法突破局部地區的逆溫層，就會往旁邊擴展，併入逐漸聚集的其他雲團，形成一大片層積雲。

我們都需要偶爾放鬆調劑一下，但我指的不是去機場排隊、準備擠上飛機，如同其他度假旅行的遊客一樣，去某某沙灘曬什麼日光浴。對賞雲迷來說，有一種放鬆的方式不用離家太遠，不但不用花半毛錢，而且對於心靈絕對有意想不到的好處。

我稱這種方式爲「觀天冥想」，它的效果與是否採取正確的心境及適當的姿勢有莫大關聯。賞雲迷應該找個高一點的地方，比如小山丘或高樓窗前，而且最好躺下來，這樣才能看到頭頂上方和後方的雲。滿布層積雲的天空最是變幻無窮，非常適合觀天冥想。

觀看雲的時候，最好還要時常變換視覺的焦點。以仰躺的有利角度來看雲，感覺彷彿不再是由下往上仰望著雲，而是顛倒過來，變成由上往下俯視著雲、倒懸於連綿至遙遠天邊的一片夢幻雲土之上。

賞雲迷還應該花點工夫，把這片奇妙的雲土描繪下來，因爲同樣的雲絕不會出現第二次。最好能仔細觀察雲形的輪廓線條，繪製其高低起伏、勾勒其蜿蜒山谷，最後把筆觸停在陰暗的頂峰上。光線在雲土上呈現的效果迥異於平常，雲谷會閃耀出光芒，而將陰影投射在雲峰上。事實上，雲土的光芒是從內部散發出來的。

那麼，觀天冥想時該聽什麼樣的音樂呢？這個問題終於有人解答了。加拿大蒙特婁魁北克大學的李維教授（Nicolas Reeves）發明了「雲琴」（Cloud Harp），可以根據雲的形狀演奏出音樂。到目前爲止，雲琴已經在六個城市演奏過，包括加拿大阿莫斯（Amos）和蒙特婁、法國里昂、德國漢堡、波蘭格濟茲科（Gizycko）及美國匹茲堡。

當天空一片碧藍如洗時，雲琴是發不出聲音的，但只要有一絲雲跡出現，音樂就會響起。「它使用了『雷射雷達』（lidar，亦稱光達），」李維解釋說，「那是一種對準雲發射出去的雷射光束，樂器會偵測雷射碰到雲所反射回來的訊號，由此可得知雲的亮度與高度。」於是，「雲演奏家」把樂器設置好，利用接收到的訊號來啓動並控制特定的樂音，雲琴便可自動爲路過的聽眾演奏來自雲端的音樂。

有時音樂家會將管弦樂和聲錄製成音源，作爲雲琴的音色。「也就是說，我們可以演奏美國密蘇里州聖路易市的雲樂，不過是由德國漢堡市的音樂家巴爾鐵（Trillian Bartel）負責編曲。」李維解釋說。

Photograph © Nicolas Reeves & NXI GESTATIO

2004年設於加拿大蒙特婁藝術與科技協會（Society for Arts and Technology）的「雲琴」。琴音是由光達驅動，透過光達測出上空的雲量變化，依此訊息演奏出音樂。

「雲琴」在魁北克北部的阿莫斯演奏時，設置於公園空地上，四周都是樹林。「滿月的時候，」他回憶道，「人們會自備睡袋，在雲琴旁邊待上一整夜，躺著傾聽來自雲端的音樂，那感覺真是夢幻極了。」

賞雲迷來觀天冥想一下吧，縱使只有短短幾分鐘也好，藉此暫時忘卻現實生活的緊張與壓力。讓其他人去曬太陽、作白日夢吧，賞雲迷的方法更脫俗，他們彷彿親身體驗美國自然主義作家梭羅（Henry David Thoreau, 1817-1862）所描繪的世界，在一日將盡的微光中細細觀察：

> 在兩座巍峨的山巒間，在滿天紅霞之下，低處的地層披著略帶玫瑰色的琥珀光影，延伸越過一個壯麗的峽谷，直到極遠極遠處，彷彿偶然在照片中看到由地中海遙望西班牙沿岸的景觀一般，我看見一座城市，一座不朽的西方城市，一座虛幻的城市，街道上沒有旅行者的足跡，拉著太陽的馬匹已然越過街道急馳而去，在那幻想中的沙拉曼卡。[1]

在史蒂芬．史匹柏（Steven Spielberg）導演的電影《第三類接觸》（*Close Encounters of the Third Kind*）最後幾場戲中，一個巨大的幽浮降落於美國懷俄明州的魔鬼塔（Devil's Tower），李察．德瑞佛斯

Ian Watterson（member 1524）提供

層積雲的雲層高度通常低於二千公尺。這幅照片的雲很難判斷其高度，
但是波浪狀的雲紋十分討人喜歡，就當它是層積雲好了。

（Richard Dreyfuss）飾演的雷納瑞（Roy Neary）與一群來自不同領域的美國科學家一起爬上幽浮，準備飛往不可知的地方。

對於還沒看過這部電影的人來說，我可能破壞了電影的神祕感，但我的理由是很充分的，因爲幽浮母艦即將降落前有一段特殊的視覺效果，可以幫忙解釋「逆溫層如何導致層積雲」。

幽浮母艦出現之前，有一群較小的太空船先行降落，它們從一層厚厚的雲浪中冒出來，雲浪則以慢動作在一片寂靜遼闊的天空中蔓延開來。那些效果極爲逼眞的雲浪，都是由電影特效先驅川柏（Douglas Trumbull）創造出來的，堪稱電影史上的創舉。說實在的，這些雲在太空船後方鼓脹起來的樣子不太符合氣象學原理，但它們在天空擴散開來的方式，倒是和眞正的層積雲十分相似。川柏爲了製造以假亂眞的雲，絞盡腦汁研發出一套專門用來造雲的設備，稱爲「雲槽」（cloud tank），徹底改革了雲的特效製作方式，而且是根據逆溫層的原理來運作。

川柏所製造的雲跟眞正的雲不一樣，並不是懸浮於空氣中的小水滴，而是懸浮於水槽裡的微小顏料球滴。爲了確實控制雲的變化及打光的效果，他知道自己要做的必須是小型的迷你雲。他在一九七七年《美國電影攝影師》（*American Cinematographer*）雜誌的一篇文章裡寫道：「我想到，或許可以在液體環境裡做出幾可亂眞的迷你雲，像是在裡頭注入一些乳白色液體。」他在特效工作室裡建造了一個二公尺見方的玻璃水槽，附有一具遙控機械手臂，可以向下伸進水槽裡，注入一種特殊的白色廣告顏料混合液。

這個水槽很像大型的水族箱，正是你拿不定主意要養冷水魚還是熱帶魚的那種水族箱。水槽的下半部注滿了冷水，上半部則是溫水。當然啦，水溫理應傾向於達成平衡溫度，但他們裝了一套包含抽水、加熱及過濾功能的複雜系統，讓特效工程師得以維持水中的逆溫狀態，亦即下面爲一層密度較大且較冷的水，上面則覆蓋密度較小且較暖的水。工作人員很小心地操控機械手臂，伸到兩層不同水溫之間的邊界區域，以白色顏料噴射出人造雲的效果。水槽上方以燈光來模擬月光，再以光纖探針伸入水槽中製造閃電的效果，這時導演史匹柏便可將攝影機架設在水槽下方，由下往上拍攝這些人造雲。

顏料溶液的溫度正好介於溫水與冷水之間，意思是密度也同樣介於兩者之間。將溶液注入兩層水的邊界時，顏料會向上隆起，但只能隆起至上層暖水所形成的「天花板」，往下也只能沉降到下層冷水所形成的「地板」爲止。如同我們無法看見空氣中的逆溫層，攝影機也看不到水中的逆溫層；層積雲在逆溫層下方會擴展成一整層雲，川柏的雲也以同樣的方式聚集和擴散。

「由於每一個鏡頭都需要全新、乾淨、濾過且加熱（或冷卻）過的水，」川柏解釋說，

「因此拍攝過程相當緩慢且困難，我們就這樣時拍時停，用了一年多的時間，才達到導演要求的效果。」

在令人抓狂的魚缸裡以白色顏料製造雲團，看起來還得像是在懷俄明州的天空飄來飄去的樣子，整個過程肯定煞費苦心，不過川柏爲《第三類接觸》的努力付出，讓他榮獲一九七八年奧斯卡最佳視覺效果獎項的提名。我可能有點偏心，覺得他沒有得獎實在有欠公允、惹人非議；他能夠製造出如此有說服力的雲著實不易，至少也該頒給他一座「最佳利用逆溫層配角獎」吧？

幾年前，我去倫敦的泰德英國美術館（Tate Britain）參觀一個藝術展，展覽名爲「美國的雄偉：美國風景繪畫，一八二〇至一八八〇年」（American Sublime）。每一間展覽室都掛滿了美國十九世紀偉大畫家的巨幅畫作，每一幅畫都是雄渾壯闊、引人入勝的山水景色，有荒野、未經開墾的大草原、湖泊、一望無際的山岳等。展覽目錄解釋說，這些畫作反映了歐洲移民來到這片處女地的開創與拓荒精神。不過，我的興趣當然還是集中於畫中的天空景色。

我欣賞著這些畫作，例如丘奇（Frederic Edwin Church, 1826-1900）所畫的《荒野中的微光》（*Twilight in the Wilderness*），以及比爾斯塔（Albert Bierstadt, 1830-1902）的《洛磯山脈—羅莎琳山的暴風雨》（*Storm in the Rocky Mountains - Mt. Rosalie*），畫中夢幻也

Olana State Historic Site, Huston NY. New York State of Parks, Recreation and Historic Presenation 提供

丘奇的《巴爾港的落日》（1854）。如果把這幅畫顛倒過來掛，會有人發現嗎？

似的雲景如鏡子般映照出地貌，那樣的表現手法令我驚嘆不已。跟地景本身比起來，有時候壯觀的天空似乎更能表達對於雄偉大自然的禮讚。這些繪畫在地平線以上的部分，甚至比地平線以下的部分更能表現拓荒精神。

我突然有種強烈的衝動，想要效法「觀天冥想」來個「看展冥想」，於是買了展覽目錄，試一試把這些畫顛倒著看會是什麼樣子。嘿嘿，丘奇和比爾斯塔倘若地下有知，說不定會死不瞑目哩，不過這確實是個頗具啓發性的實驗。

將這些壯麗雲景顛倒過來當成地景觀看，其實和正向觀看的感覺並沒有多大差別。我忍不住想，如果這些偉大鉅作有某一幅不小心掛反了，觀眾要花多少時間才會發現？比方說，把畫家丘奇的《巴爾港落日》(*Sunset, Bar Harbor*)超級逼眞的朱彤雲彩看成地景，而把黝黑的山丘地形剪影看成徘徊於天空的雲，會如何呢？

就我個人而言，把這些繪畫顛倒過來看，似乎更能深刻體會美國這個新興國家想要進一步開拓版圖的野心。高積雲和卷雲通常形成於層積雲上方數公里處，它們渲染了落日餘暉，一旦倒過來觀看就會讓我產生一種錯覺，好像是從極高處俯視著廣邈壯麗的遠景。

我不知不覺迷失在自己的想像空間裡，正如同賞雲迷躺在地上「雲遊」一般，結果冷不防發現四周人們都在盯著我看，簡直糗死了。我看起來肯定像個對藝術一竅不通的土包子，站在莊嚴的泰德英國美術館裡頭，上下顛倒翻看那本目錄。

積雲在逆溫層下方擴展開來，其實並不是形成層積雲的唯一方式。另一種方式是從穩定且平坦的層雲發展而來，即平靜而霧茫茫的雲層逐漸聚集成一團一團的雲。

是什麼原因將低垂的層雲雲毯攪亂成這樣呢？原因之一是起風了，在雲的所在高度製造出亂流；另一個原因是層雲很薄，足以讓陽光穿透照射地面，使得溫和的熱氣流逐漸上升而攪亂「一池春水」。然而有時候既沒什麼風，雲層也很厚，熱氣流無從發展，層雲卻也可能成群結夥形成層積雲。

在這種情形下，雲狀的轉變乃是由於雲的吸熱與放熱過程所造成的。和逆溫層一樣，這個道理也是每一位明智的賞雲迷都應該學會的，因爲這在雲的一般形成過程中是很重要的因素，不僅限於層積雲。

熱的傳遞有四種途徑，每一種都對雲的形成過程產生影響。「對流」（convection）是指暖空氣在熱氣流中攜帶熱量上升的方式，像熔岩燈的例子就可以說明熱量如何藉由液體

Nick Lightbody（member 95）提供

層積雲凹凸崎嶇的雲貌，遵循著自成一格的「大氣地質學」原理。

的移動來傳遞，氣體也是同樣的道理。「傳導」（conduction）則是熱量經由物體之間的接觸或沿著某個物體的長度來傳遞，因爲較暖部分含有較活躍的分子，會使鄰近的分子開始運動，直到所有分子的運動速率相近爲止；雪球會在手中融化就是一種熱傳導，此外在晴朗的夜晚，空氣接觸到冷冷的地面、把熱能傳遞給地球，空氣變得夠冷就會形成霧，這也是傳導作用所致。「蒸發」（vaporization）則是汗水從皮膚上消散、讓人感覺涼爽的作用，這是因爲液態水轉變爲氣態水時，會從皮膚帶走熱能；而當雲滴開始形成時，此時釋出的熱量則使空氣稍微變暖，於是空氣在積雲的花椰菜雲團裡不斷上升，造成積雲持續擴張、往上飄浮。最後一種途徑則是「輻射」。

這越來越像在上物理課了，但是如果你想蹺課，那可就失策囉！賞雲迷可得快快從腳踏車棚回來上課，花點時間學學什麼是「輻射」。這是四種途徑中最重要的一種，等一下你就知道爲什麼這樣說了。它所扮演的角色當然不只是驅使層雲轉變爲層積雲；如果沒有輻射作用，地球的溫度將會冰冷到生物根本無法生存。太陽的能量穿越眞空狀態的太空到達地球，傳遞的方式便是輻射作用。輻射作用和其他三種方式很不一樣，因爲輻射是以「電磁波」形式來傳播的。

從太陽輻射出的電磁能量中，我們肉眼只能看見所謂的「可見光」，這僅占很窄的波長區間，然而可見光的能量卻占了太陽全部放射能量的百分之四十五左右。有百分之九的能量來自波長較短的區間，例如紫外線輻射，我們看不見紫外線，它卻會導致皮膚灼傷。另外百分之四十六的能量分布於波長較長的區間，稱爲紅外線，我們也無法看見紅外線，但可以感覺到它的溫暖。所有物體都會放射出輻射能量，物體的溫度越高，短波長的電磁輻射占的比例就越多（這也是物體溫度逐漸升高時會先發出紅光，接著黃光，最後爲藍光的原因）。地球的溫度比太陽冷得多，所以地球發出的輻射大部分集中在波長較長、看不見的紅外線光譜。

雖說所有物體都會發出電磁輻射，但每種物體只會吸收特定波長的輻射，吸收的波長則根據物體特有的原子或分子型態而定。雲滴傾向於吸收波長較長的紅外線輻射，並把大部分波長較短的可見光和紫外線反射出去，這也是白天有雲比較涼快（雲會把太陽光中占多數的短波輻射絕大部分反射回太空，因此地面不會太熱）、夜晚有雲比較溫暖的原因（因爲雲會吸收地球發出的大部分紅外線長波輻射，而且將其中一部分放射回地面）。

以上的說明還眞花了不少時間，不過我們終於可以開始解釋，在沒有風及熱氣流等外力的影響下，平坦的層雲如何轉變爲一團團層積雲。

層雲的頂部會慢慢變冷、底部則變暖，這是因爲雲層頂部只吸收一點點來自上方的太陽短波輻射（大部分都反射掉了），但是雲的底部卻會吸收很多來自下方的地球長波輻射。對任何雲屬來說，下暖上冷都是一種不穩定的狀態，因爲低層的暖空氣膨脹之後會開始往上浮升，穿越上方密度較大的冷空氣。一旦有部分暖空氣開始上升，原本靜謐、平坦、穩定的層雲，便開始發展出對流的小旋渦，這些翻騰攪動導致層雲的各個區域此消彼長，於是形成層積雲。

其實並沒有想像中那麼困難，對吧?!

十八世紀愛爾蘭作家斯威夫特（Jonathan Swift, 1667-1745）寫了一部諷喻小說《格列佛遊記》（*Gulliver's Travels*），在格列佛曾經到訪的所有奇妙國度裡，小人國是最爲人津津樂道的一個，因爲小人國的居民個頭雖小，思維卻極其浮誇自大。不過，格列佛在另一座島嶼上遇到的人，才是賞雲迷會特別感興趣的。

格列佛因緣際會來到飛島國，這裡有座名爲「拉普達」（Laputa）的島嶼，他很驚訝地發現，這座島竟然是懸浮於雲端的天空之城，它之所以能在空中保持懸浮，是因爲島嶼底部有一塊巨大的磁石，飛島國人可以改變磁石的方向，使這座飄浮之島在國王領土內移動自如。飛島國人眞是一群怪胎：

> 他們的頭全都歪斜一邊，不是歪向左邊就是斜向右邊；他們的一隻眼睛是鬥雞眼，另一隻眼睛卻是斜眼看著天頂。他們的外衣裝飾著太陽、月亮和星星的圖案。

住在雲端的飛島國人也是有點精神錯亂的阿達一族，他們的心思總是被晦澀難解的數學與音樂給占滿了。有關飛島國人的奇聞妙事很多，格列佛最先發現的是他們的隨從，這些隨從帶著一個裝了小石頭的袋子，綁在一根短木棍的一端，每當有人要跟他們主人講話

Azhy Chato Hasan（member 1687）提供

終日埋首雲中無所事事，這樣有什麼不對嗎？

時，隨從就用這玩意兒敲敲主人的耳朵，該回答時再敲敲主人的嘴巴：

他們的心靈彷彿都讓極度專注的沉思給占滿了，他們既不講話，也無心傾聽別人談話，除非有外來的碰觸喚醒他們用來講話和聆聽的器官。

格列佛一點也不喜歡這群古怪的人，雖然很佩服他們的數學與音樂天分，但他們太陶醉在自己的世界裡了，與格列佛完全沒有交集。

賞雲迷任由思緒在變幻無窮的天際四處遨遊，也常被人說成「終日埋首雲中無所事事」，就像飛島國的居民一樣。

他們彷彿漫不經心，事實上也確是如此。然而，這樣有什麼不對嗎？

■注釋

1 譯注：沙拉曼卡（Salamanca）是西班牙西北部的一座城市。

中雲族
THE MIDDLE CLOUDS

第五章　高積雲

天空裡一層層的麵包捲

高積雲屬於中雲族，通常由彼此間隔距離差不多的小雲塊（clcudlet）組成一整片或一整層雲。高積雲的形成高度正好位於地面與對流層頂的中間附近。

或許有人會覺得納悶，既然是中雲族，爲什麼叫「高」（Alto-）積雲呢？換成「中」（Medio-）積雲豈不是更恰當？這樣想是沒錯啦，但是早在一八五五年，法國聖莫爾與蒙蘇喜公園氣象臺主任雷諾（Emilien Renou, 1815-1902）便以「高積雲」來命名這個高度的雲，隨後於一八七〇年代獲得氣象學界的普遍認同。

對流層的中間高度該如何定義呢？這個問題難以回答的程度超乎想像，因爲對流層的高度端視你所在的位置而定。整體而言，大氣層的高度在熱帶地區比極區來得高，主要是由於赤道附近的地表比較溫暖，大氣的膨脹程度也就比其他地區顯著。如此一來，對流層在熱帶地區一般可以延伸到大約一萬八千公尺高，在極區卻只有大約七千六百公尺高。

對流層的高度隨著緯度變化而不同，這意謂中雲族的高度也沒有固定的範圍。但是爲了簡化起見，我們只針對中緯度地區來看，這地區的對流層高度約爲一萬四千公尺，因此

辨認雲類小撇步

高積雲
ALTOCUMULUS

高積雲屬於中雲族，為許多小雲塊集合成一整層或一整片雲，雲塊形如圓球狀、捲軸狀或杏仁／透鏡狀，顏色多為白色或灰色，遠離太陽的背光側會有陰影。高積雲通常是由微小水滴所組成，但有時也含有冰晶。

- **典型高度***：
2000 – 5500公尺
- **形成地區**：
全球各地
- **降水型態（落至地面）**：
偶有小雨

■高積雲雲類：

層狀高積雲：最常見，雲塊可延伸涵蓋一大片廣闊區域。

莢狀高積雲：為一片或數片獨立的杏仁狀或透鏡狀雲塊，看起來很濃密，有明顯的陰影。

堡狀高積雲：雲塊頂部呈鈍齒狀。

絮狀高積雲：雲塊像是一小簇一小簇的積雲，雲底參差不齊，正在掉落的冰晶可能會在雲底下方形成纖維狀雲尾，稱為「雨旛」。

波狀層狀高積雲

莢狀高積雲

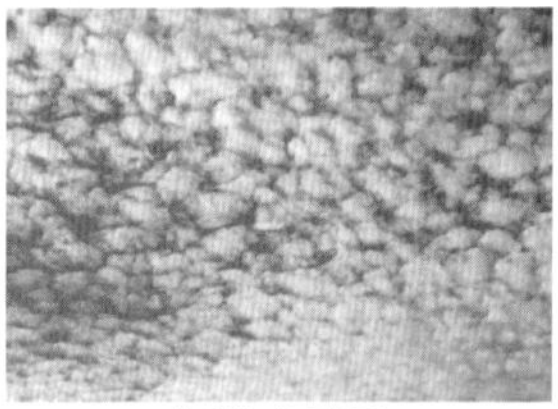

絮狀高積雲

■高積雲變型：

蔽光：雲層很厚，足以完全遮蔽太陽或月亮。
透光：雲層較薄，顯露出太陽或月亮的輪廓。
漏光：雲塊之間有裂縫。
重疊：雲層出現在不同高度，有時會有一部分融合交疊。
波狀：雲塊排列成許多近似平行的線條。
輻射狀：長長的雲線看起來似乎往地平線方向聚攏成束。
多孔：雲塊相互交織成具有許多網孔的網子形狀。

■高積雲容易錯認成：

卷積雲：卷積雲是高度更高的雲塊，看起來像是小小的顆粒。往地平線仰角30度看去，將手臂伸直，通常高積雲最大雲塊的寬度約與一至三根手指頭併攏的寬度相當。另外，高積雲的雲塊會顯現出陰影，卷積雲則沒有陰影。

卷雲：卷雲是高雲族，其下方掉落的冰晶條紋很類似高積雲的雨旛，不過卷雲的頂部不如高積雲看起來那麼濃密。

*：這些估計高度（距離地面的高度）乃以中緯度地區為例。

上圖：Stephen Cook（member 132）提供。左下圖：Mike Cook（member 1690）提供。右下圖：Terry Falco（member 1592）提供

可以說，高積雲與其他中雲族的形成高度距離地表約爲二千至七千公尺之間。

這高度通常在熱氣流（太陽加熱地表所產生的局部上升氣流）的影響範圍之上，因此熱氣流對於高積雲的形成過程並不像對積雲那麼重要。賞雲迷必須記住，各種雲屬、雲類及變型的名稱大多取決於雲的外觀和典型高度，而不是雲的形成方式。你別被名稱給弄糊塗了，「高積雲」是中雲族，形狀又正好是一團一團的，這並不表示它們的形成過程和積雲一樣，積雲的形狀也是一團一團的，但是形成過程和高積雲截然不同。

Gavin Pretor-Pimney 提供

這究竟是最早的幽浮照片，還是賞雲迷的成果？

一九〇七年七月二十七日，在挪威奧斯陸（Oslo）南方約三十公里的德勒巴克鎮（Drøbak），有人在這裡拍了一張取景很棒的照片，遠望奧斯陸峽灣對岸的賀姆士布鎮（Holmsbu）。這張黑白照片的影像粒子很粗，前景有幾道棧橋，遠處有數艘帆船停泊在深水區。在這些景物的上方，還有一個黝暗的碟狀物掛在天空中。這張照片拍攝後過了六十年之久，才刊載於義大利的《週日報》（*La Domenica del Corriere*），作爲最早出現的幽浮照片之一。「即使到了今日，」標題寫著，「此現象仍是一個謎。」

雖然不明飛行物可能眞的存在，但照片中的碟狀物絕對不是飛碟；事實上，那是一種特殊的高積雲雲類，稱爲「莢狀雲」。雖然從照片上看不太清楚，只看到一個碟形的陰影，不過來自後方山丘的線索，可讓我們確認那是一片雲。

之前說過，高積雲通常是由間隔相當整齊的雲塊所組成的一整層雲或一整片雲，因此把獨立的莢狀雲視爲一種高積雲，似乎有點奇怪，它看起來一點也不像層狀的雲。莢狀高積雲的外觀確實和典型的高積雲大不相同，反而像是高度較低的莢狀層積雲。

事實上，這兩種莢狀雲都是「地形雲」（orographic cloud），換言之，當空氣流經障礙物如山丘或山岳時，會受到地形作用影響、被迫舉升而形成雲。這類雲在高山地區相當常見，雖說如此，當你碰巧看見如此奇幻瑰麗的雲，還是會有一種莫名的興奮之情。說不定二十世紀初那位無名氏攝影者，本身就是位賞雲迷呢！抑或他只是恰巧捕捉到莢狀高積雲的倩影而已？我想像著，他興致勃勃架設好三腳架和照相機蛇腹，急急忙忙調整角度和焦距，然後按下快門，留下那朵雲的永恆紀錄。畢竟，莢狀高積雲絕對稱得上是最引人遐想的美麗雲類之一。

莢狀高積雲看起來似乎比其他雲狀堅實些，那是因爲它也由大量的極微小水滴組合起來的緣故，與一朵新生的蓬鬆積雲很類似；雲滴越小、數量越多，看起來就越不透光。但是和對流雲的蓬鬆雲團相比，在滑翔翼玩家口中稱爲「小藍尼」（lennie）的莢狀高積雲，有著更爲平順、柔滑如絲綢般的表面。

莢狀的拉丁文「Lenticularis」原意爲「透鏡狀的」，有時看似一片極瘦長的藥錠，有時又像一疊薄煎餅，但最經典的形狀還是飛碟形。賞雲迷到阿爾卑斯山玩滑雪板時，夠幸運的話或許就會碰巧看見「飛碟雲」，你會想，說不定那是外星人完成星際

John Lamb（member 1478）提供

紐西蘭庫克山（Mount Cook）背風面的莢狀高積雲。

任務、準備穿越銀河之前，將太空船停靠在馬特洪峰（Matterhorn）的背風處，先下船喝杯熱燒酒（Glühwein）再打道回府！當然外星人之說只是子虛烏有啦。這些飛碟雲不過想提醒我們，雲是大自然的詩篇，在層巒疊嶂間、在高遠空中呢喃低語。

有一年夏天，我在義大利托斯卡尼的阿雷佐（Arezzo）度假，也曾看見同樣的飛碟雲，令我大爲驚喜。它們並非正好飄過我的頭頂上空，而是出現在聖方濟大教堂（Basilica di San Francesco）牆面的壁畫上，盤旋在法蘭契斯卡（Piero della Francesca，約1414-1492，義大利文藝復興時期重要畫家）十五世紀名作《聖十字架的傳說》（*The Legend of the True Cross*）的天空裡。

這一系列溼壁畫所述說的故事是關於製作耶穌十字架的木頭，一般認爲這些作品對此傳說做了最精細的描繪，包括木頭如何從亞當墳上的樹木砍下來，之後所羅門王如何藏匿這塊木頭，而所羅門王雖已預知其可怕的命運，但後來木頭還是被人找到、做成了十字架，接著世世代代的皇帝和國王又爭來奪去云云。姑且不論故事如何，我之所以喜歡這些溼壁畫，乃是由於畫中的雲。

出於某種原因，法蘭契斯卡在蔚藍的天空裡畫滿了莢狀高積雲。同時期壁畫家畫的都是普通的積雲，但對法蘭契斯卡來說，積雲顯然不夠好，他想要畫更炫的雲。那麼，他爲何會選擇「小藍尼」，亦即與後來義大利《週日報》錯認爲「第一張幽浮照片」同類型的雲呢？法蘭契斯卡成長於聖色波克羅村（Borgo San Sepolcro），或許他的成長環境與畫中的雲有某種關聯。

法蘭契斯卡的家鄉位於亞平寧山脈（Apennine Mountains）的山腳下，此處正是觀看莢狀高積雲之類「地形雲」的好地方。這位藝術家小時候，會不會正好有一天抬頭望見一連串漂亮的「小藍尼」，在他眼前山脈的背風處盤旋徘徊？會不會因爲他偶然凝望著雲，一念之間突然頓悟，冥冥中主導了他後來藝術家生涯所畫的雲形？

San Francesco, Arezzo / photo Bridgeman Art Library 提供

這幅畫位於義大利阿雷佐的教堂牆上，是法蘭契斯卡繪製的壁畫，天空裡畫著同樣的雲。

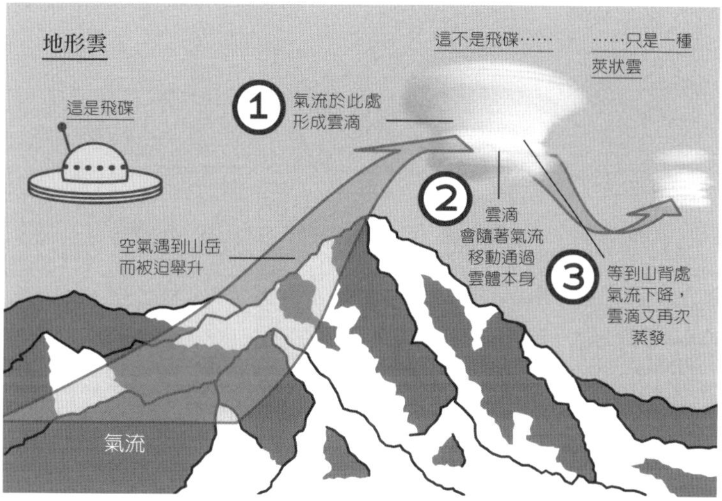
地形雲
這不是飛碟……
……只是一種
莢狀雲
這是飛碟
1
氣流於此處
形成雲滴
2
雲滴
會隨著氣流
移動通過
雲體本身
3
等到山背處
氣流下降，
雲滴又再次
蒸發
空氣遇到山岳
而被迫舉升
氣流
當空氣流經障礙物（例如山岳）被迫舉升而冷卻時，便會形成地形雲。

是的，確實有這種可能。

我不想花太多工夫討論莢狀雲，因爲還要介紹其他很棒的高積雲，但我想再花一點時間，把這個話題做個了結。莢狀雲身爲地形雲，很適合用來解釋雲的主要形成途徑之一。

當太陽曬熱地面、空氣隨著熱氣流上升，便會形成對流雲，例如積雲。而當一大片暖溼空氣接觸到冷空氣時，暖空氣會上升，於是形成層狀的雲，例如層雲。至於地形雲，例如莢狀高積雲，則是由於風或氣流遇到障礙物（像是山丘或山岳等）、被迫舉升越過阻礙物而形成的。每一種雲的形成過程都包含了上升運動，空氣上升時體積膨脹、溫度變冷，一旦變冷，分子運動就會慢下來，於是部分的水分子（水汽）便聚集凝結成小水滴；如果溫度更低的話，則可聚集凍結成冰晶。

假設有幾位賞雲迷開車上山看風景，他們可能覺得耳朵隨氣壓降低而啵啵作響。同樣的，氣流沿著山脈地形上升時，也會遭遇這種氣壓逐漸下降的情況。

於是，賞雲迷停下車，將輪胎的胎壓調低，好讓車輪的抓地力更能適應積雪路面，此時他們可能會發現，當空氣膨脹而衝出輪胎噴嘴時，噴嘴會變冷。氣流沿著山坡而上、氣壓降低時，空氣也會因膨脹而冷卻。

等到賞雲迷終於站在山頂上勝利歡呼時，他們應該會注意到，嘴裡呼出來的氣息與周圍空氣混合而冷卻，變成一小團霧氣。如果沿著山脈上升的氣流含有充足的水汽，則上升至足夠高度時，一部分水汽便會凝結成雲滴，形成令人讚嘆不已的地形雲。

這就是形成地形雲的主要原理。然而之所以會產生莢狀雲的特殊造型，則是因爲氣流在山頂背風面會產生一種波動，這與湍急的水流經過大石頭所造成的「駐波」很類似；在河中障礙物的下游處，水面可能會出現駐波的波形，即使河水不斷快速流過，駐波的波紋還是固定不變。

同樣的狀況也發生在山脈或山丘後方的氣流，而且氣流所產生的駐波波峰可能比山本身的高度還要高；正常情況下，每一個波峰處都會形成透鏡狀的雲。眼尖的賞雲迷應該看得出來，即使強風吹個不停，莢狀高積雲仍很明顯幾乎維持不動，與多數的雲團不一樣。

事實上，空氣確實往雲的方向吹去，並在上升到波峰之前形成小水滴；流經波峰之後，空氣開始向下沉降，隨著氣流向下運動的水滴便又重新蒸發成水汽。雖然小水滴在雲裡面快速移動，但因爲氣流的移動速度維持不變，所以水滴形成的位置和蒸發的位置也隨之固定，整體看起來，雲的形狀彷彿文風不動。

不管空氣在雲身上如何奔流，小藍尼既然在背風面找到了「停車位」，便會在那兒賴著不走，因爲「雲」心惶惶，生怕一走開，就再也找不到這麼好的停車位了。

Jean Cassidy（member 250）提供

大多數高積雲都不是飛碟形狀的莢狀雲，
而是像這種由許多雲塊組成的雲層，屬於層狀高積雲。

莢狀雲是典型的地形雲，但因應地形而生的雲當然不只這一種。空氣流過隆起的地面而不得不舉升時，也會產生其他一些常見的雲。比方說，經常有幾片層雲在山邊迷迷濛濛流連不去，彷彿陰魂不散的孤魂野鬼，此乃潮溼空氣沿著斜坡緩緩盤旋而上所致，比起莢狀雲裡快速流過的氣流要慢條斯理許多。山巒頂峰也常飄懸著美麗的帽狀雲（cap cloud），時而像是白色的猶太帽，時而展開成扁平的圓盤狀，彷彿是山巒正在表演轉盤子特技似的。有時旗狀雲（banner cloud）會在山頂後方展開旗幟，「白旗」在風中飄揚，似乎是山想轉盤子不成，於是舉白旗投降吧？

蓬鬆的層積雲有時會在高原頂部發展起來，例如南非開普敦的桌山（Table Mountain）便經常瀰漫著名的桌布雲（tablecloth cloud），這樣的外觀可以用「道格特角風」（Cape Doctor）來說明。夏天從東南方吹來的風，能夠將開普敦城市上空的汙染物吹

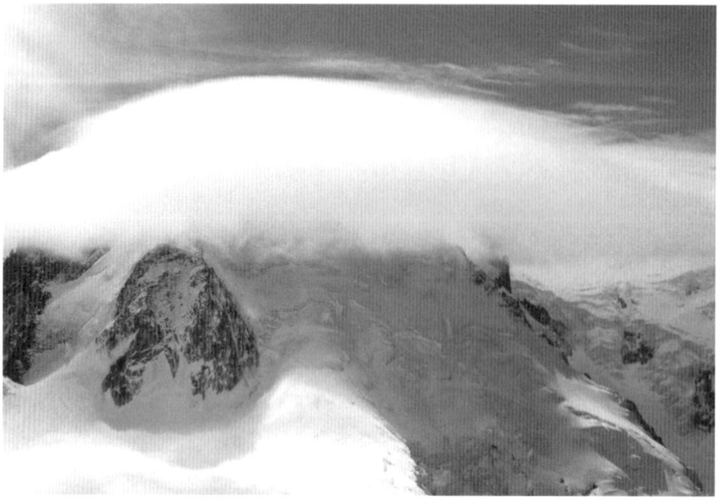

Roger Colbeck（member 68）提供

「帽狀雲」籠罩在法國境內阿爾卑斯山的白朗峰高地上空。

走，這股強風就是所謂的道格特角風，而氣流從溫暖海面聚集了水分朝城市吹來，舉升至桌山上空便冷卻凝結成雲。桌布雲平鋪在山的表面上，像極了厚厚的織花檯布。不過，這並不是唯一的解釋。

另一個解釋與范杭克斯（Jan Van Hunks）有關，他是十八世紀的荷蘭海盜，從忙碌的海上亡命生涯退休後，便在桌山的山坡上安頓下來。范杭克斯的老婆很嘮叨，所以他三不五時會上山抽抽菸斗、圖個清靜。

有一天他坐在山上，一個陌生人前來搭訕，並向他要些菸來抽。這兩個人哈著煙消磨了老半天，接著陌生人向范杭克斯挑戰比賽抽菸。范杭克斯答應了，勝利者的獎品是一整船的黃金。

好幾天過去了，兩個人始終被濃濃的煙霧包圍著，最後范杭克斯終於露出臉來、又咳又喘的，他贏了。然而沒多久，他的成就感與驕傲就被潑了一大盆冷水，原來陌生人竟然是魔鬼撒旦，撒旦怎麼可能認輸呢？撒旦馬上翻臉不認帳，召來雲霧將范杭克斯團團包圍，電光咻地一閃，范杭克斯魂歸九天矣。

這場抽菸比賽的結果只留下一團巨大的煙雲，變成那片桌布雲。當地十一月到隔年二月間的夏季月份，每逢桌布雲出現時，人們便說范杭克斯和撒旦又在那兒比賽抽菸、再次一決勝負。

雲是屬於夢想家的，凝望著雲的形狀，進而達到心靈的超脫，這種「望雲冥想」的境界，值得每一位賞雲迷好好追求。雲是天空裡的「羅夏克影像」（Rorschach images，一種圖形式心理測驗），我們可以將想像力盡情投射於那些抽象圖形；花在領悟這些雲彩幻影的時間，保證抵得過看心理醫師的費用。

對孩子們來說，「看雲找形狀」的遊戲算是一份全職工作。爲什麼大多數人長大以後會放棄這份工作呢？任何看到雲的形狀會特別有感覺的賞雲迷，實在應該重新自我檢討一下；你應該把理性的心靈暫時放下來，好好學習異想天開。我還希望諸位賞雲迷不要人云亦云，千萬別像莎士比亞名著《哈姆雷特》（*Hamlet*）那位諂媚的御前大臣波洛尼烏斯（Polonius）一樣：

哈姆雷特：你有沒有看見那朵雲，形狀幾乎像是一隻駱駝？

波洛尼烏斯：可不是，的確像一隻駱駝。

哈姆雷特：據我看來像隻鼬鼠。

波洛尼烏斯：它拱起了背，正是一隻鼬鼠。

哈姆雷特：還是像一頭鯨魚呢？

波洛尼烏斯：非常像一頭鯨魚。

也許他們還會看見「半人馬、或豹、或狼、或公牛」，如同阿里斯多芬尼士的劇作《雲》（*Clouds*）裡的角色「蘇格拉底」所說。又或許他們會憑直覺推測那是「巨人的面容……高山及巨岩……在他們身後有一些怪獸正在拉扯其他的雲」，如同羅馬詩人盧克萊修（Lucretius，約99-55BC）在他的哲學史詩《物性論》（*De Rerum Natura*）所述。

希臘人和羅馬人似乎對這種娛樂最爲熱中。希臘哲學家菲洛斯特拉托斯（Philostratus, 170?-245?）可能是寫雲寫得最好的人，他寫哲學家阿波羅尼奧斯（Apollonius of Tyana，約40-120）的生平傳奇，這位阿波羅尼奧斯和哥兒們達米斯（Damis）先對雲的形狀品頭論足一番，最後決定不再追求幻影、不再相信神蹟。

他們認爲，就像繪畫除了顏料之外，事實上並無他物，人們從雲裡見到的形象也同樣是虛幻的。阿波羅尼奧斯提出質疑：我們能假設上帝是藝術家，閒來沒事喜歡在雲裡亂塗鴉嗎？我自己倒是很贊成這個說法，但阿波羅尼奧斯卻有不同的主張，他認爲雲的形狀是隨意產生的，不需要任何怪力亂神插手干預，只不過人們喜歡幻想，才以爲自己在雲裡看見臉孔或動物什麼的。

其實，傳統上對於雲影的關注並未表現在古典藝術作品中，古早風景畫裡的天空完全沒有我們的雲「蓬」友。要看藝術作品中的雲形，只能到文藝復興時期的畫裡去找了。

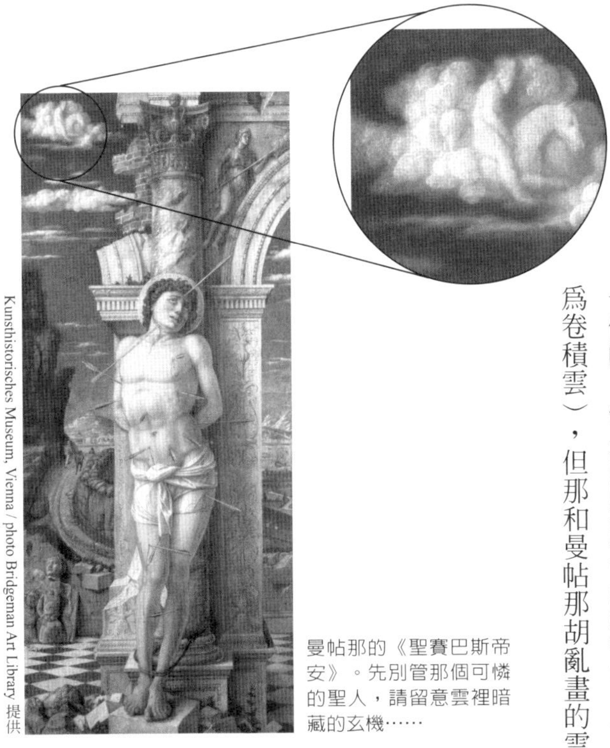

Kunsthistorisches Museum, Vienna / photo Bridgeman Art Library 提供

曼帖那的《聖賽巴斯帝安》。先別管那個可憐的聖人，請留意雲裡暗藏的玄機……

一個最早的例子是曼帖那（Andrea Mantegna，約 1431-1506，義大利藝術家）的畫作《聖賽巴斯帝安》（*St Sebastian*）。賞雲迷如果前往維也納藝術史博物館（Kunsthistorisches Museum）參觀這幅文藝復興時期的壁畫，一定會忽略前景那位全身插滿箭的可憐聖人，而將目光集中在他後方的天空。曼帖那絕對稱不上是最偉大的雲畫家之一，因爲他老是把雲的型態糊裡糊塗亂畫一通。他總把雲的中心畫成非常扁平的積雲團，卻把兩端畫成一條一條的，像是高層的冰晶狀卷雲。會形成卷雲的高度確實也可能形成一團一團的雲（稱爲卷積雲），但那和曼帖那胡亂畫的雲顯然大不相同。

不過在聖人賽巴斯帝安的身後，曼帖那倒是很難得畫了一朵頗爲傳神的積雲，而且眼尖的賞雲迷會發現那朵雲隱含玄機：在雲的對比陰影裡，曼帖那畫了一個人騎在馬背上的圖案。他爲什麼要這樣畫，始終是個未解之謎，因爲與其他畫面並無任何明顯的關聯。也許這是個無傷大雅的小玩笑，只是參照希臘人和羅馬人對於雲影的偏愛而已，因爲這幅畫還包含許多古典的元素，曼帖那甚至用希臘文簽名！

曼帖那完成《聖賽巴斯帝安》時只有二十多歲，直到他高齡七十一歲，才又再一次於雲中隱藏了一個圖形。後來的這幅畫寓意深遠，名爲《智慧女神將邪惡驅出善德園》（*Minerva Expelling the Vices from the Grove of Virtue*），原畫現今珍藏於巴黎羅浮宮。這次他畫的是一個側臉，從壁畫頂端的積雲裡浮現出來。

以氣象學家的立場來看，曼帖那的雲還有許多待商榷之處，不過嚴格說來，所有文藝復興時期畫家所畫的雲都不夠寫實逼眞。要等到巴洛克時期最引人注目且才華洋溢的荷蘭大師雷斯達爾（Jacob van Ruisdael, 1628?-1682），才算是把雲畫得栩栩如生的第一人。

然而，精確並非全部。誠然，曼帖那的「拼貼雲」比不上雷斯達爾任何一片活靈活現的層積雲和積雲，但是他玩這種藏圖遊戲顯然玩得很起勁。許多觀畫者都未曾發現他所隱藏的雲影玄機，他肯定對這件事竊喜不已。

我猜大多數人都不會發現，賞雲迷除外。

除了飛碟形狀的莢狀雲，高積雲還有其他型態。賞雲迷可以將高積雲視爲高度較高的層積雲；典型的高積雲（地形雲除外）由許多獨立雲塊展延而成，很像一整層幾何鑲嵌圖形，它與較低之層積雲的主要差別之一，便在於組成高積雲的雲塊通常比較平滑，雲塊大小與空間分布也比較均勻，這是因爲它們的高度較高、較不易受到地表熱氣流和小渦旋的擾動。說實在的，高積雲如此井然有序，有時看起來就像剛切好的麵包捲，在夕陽的溫暖色澤映照下，彷彿是棕色微焦的麵包捲。

有幾個簡單的基本法則可用來區分高積雲及其他雲屬。第一招，也是最實用的一招，就是用手指寬度與雲片大小做比較。

身爲雲的愛好者，要我站在大街上對著雲伸出手指，著實有點難爲情，不過這的確是判定雲層基本高度的最佳方法；幸好不用比出勝利的V字手勢啦。

賞雲迷請伸直手臂，將中間三根手指併攏。如果雲層中單獨的雲塊比三根手指的寬度還大，那就可能是較低的層積雲。如果比一根手指的寬度還小，則可能是更高的雲層，亦即卷積雲。若雲塊大小介於兩者之間、小於三指寬而大於一指寬，那麼多半是高積雲。

而如果賞雲迷看的是遠處的雲，這招「向雲比手指」的絕招就失靈了，伸直的手臂必須在地平線上方呈三十度仰角才能適用；還有，賞雲迷在測量雲塊大小時，千萬避免同時伸出五根手指，不然乍看之下還以爲是納粹的行禮手勢。

第二招判別高積雲的法則與雲塊的光影有關。倘若雲的上空很晴朗，太陽光直接照射在雲上，高積雲的背光面便會有很顯著的陰影，但並不是特別暗。「低雲族」的層積雲通常陰影部分相當晦暗，而「高雲族」卷積雲的微小雲塊則是完全沒有陰影；換言之，雲塊小且看得見陰影者，應該就是高積雲。

此外，高積雲下方的空氣經常會形成一些副型雲，一般稱爲旛狀雲（virga）。旛狀雲是降水所造成的纖維狀軌跡，總是垂掛於雲塊下側，看起來活像水母似的。如果雨或雪開始從雲裡掉落，但來不及到達地面就蒸發掉，便會產生旛狀雲。旛狀雲的出現可以幫助我們分辨高積雲和一堆小型積雲（淡積雲），因爲後者不可能產生降水。只要一發現旛狀雲

個別的高積雲雲塊出現「旛狀雲」，這是降水又蒸發的形跡，看起來活像是水母。

透光層狀高積雲。如同多數的高積雲雲類，
雲塊大小介於手臂伸直時一指寬度與三指寬度之間。

的鬚鬚，賞雲迷就可以充滿自信地轉身跟路人說：「那些水母就是高積雲，可不是如你們所想的『高處的積雲』。」

高積雲小雲塊的雲形和組合方式變化多端，事實上，高積雲所展現的雲類及變型，比起低雲族層積雲如雪兒般的百變造型還要豐富。高積雲和層積雲一樣，都有相同的七種正式變型，包括蔽光、透光、漏光、重疊、波狀、輻射狀及多孔，但高積雲比起高度低一點的層積雲還多了一種雲類。

兩種雲屬的雲類都包含飛碟形的莢狀雲、常見的層狀雲（雲層常布滿大半天空）及堡狀雲（雲塊頂部的形狀有如城堞），但高積雲還多了一種絮狀雲（floccus），絮狀高積雲的小雲塊頂部有類似積雲的隆起，而不是一般的平滑表面。絮狀高積雲的雲底也經常帶有參差不齊的雨旛。

「看雲說形狀」是一門藝術，對某些人易如反掌，但對其他人卻是一大挑戰。這對小朋友來說絲毫不費工夫，而我卻是一籌莫展。

我還記得小時候大約四、五歲吧，我們在學校裡「做雲」。一群小朋友首先排成歪歪扭扭的鱷魚隊形，走到學校後面的草坪，然後躺在草地上仰望天空、觀察雲的組成型態。老師引導我們分析各種雲的類型（比如蓬蓬的雲、小小的雲、大一點點的雲、細細的雲等），然後鼓勵我們找出一些形狀。

Michael Rubin（member 329）提供

這是中度積雲，還是兩隻貓在跳騷莎舞？

我好像還記得老師的名字叫麥雲女士（Mrs. McCloud），也可能是我自己瞎掰的啦，總之她唸了一個故事給我們聽，是關於有人會「看雲說形狀」的故事，然後我的同學們紛紛開始喊出他們看到的形狀。西恩看見一條龍，潔西看見一朵花而高興得要命，我卻什麼也看不出來，只看到一大堆蓬蓬的雲。

我張大眼睛看了又看，始終看不出個所以然來。有人在這邊看到超級英雄，有人在那邊看到怪魚的臉，我開始緊張起來。我問了旁邊的小女生，美人魚的頭到底在哪裡？她用手指著天空說，就是在那個蓬蓬的一點旁邊嘛，而我越想找出形狀，就感到越沮喪。爲什麼我看不出任何形狀呢？當時眞想找一支掃把，把天上的雲全部一掃而空

找形狀的遊戲結束後，我們又排隊回到教室，將一團團棉花球黏在藍色紙上，代表積雲在垂直發展過程中的淡積雲和中度積雲階段。麥雲女士鼓勵我們加上一些塑膠小珠珠，表示

我們的雲正在下雨。

讀者如果從本書一開頭到現在都很用心閱讀，必定知道這是多麼錯誤的示範：基本上，除非對流雲發展至濃積雲或積雨雲的階段，否則是不會降水的。除了這個氣象學方面的失誤，在那天的自然課與勞作課中，棉花球的部分倒是謝天謝地成爲我唯一沒有出差錯的地方。總之，我一直無法擺脫「看雲說形狀」這件事的困擾，不禁擔憂自己是否有什麼毛病：全世界的人都能看出雲的形狀，偏偏只有我不行！

大多數的雲在日出與日落時分看起來最多采多姿。一日將盡，低斜的陽光照射群雲，其中就屬高積雲最搶眼。高積雲的雲塊又多又密，夕陽的光芒將其映照成對比鮮明的浮雕，有些地方閃耀著紅、橙、粉紅的彩霞，有些地方掩映著深邃的靛藍。此外，中雲族的高度意謂著夕陽也可以由下往上照映，雲不至於太高太遠而打不到光。

研究雲的專家總是對那些日出日落的照片嗤之以鼻，我猜是因爲那些對他們來說太顯而易見、沒啥稀奇；隨便一位張三、李四或王五，只要見到落日美景必定屏氣凝神，然而唯有眞正的行家才懂得欣賞幞狀附屬雲獨一無二的美，它優雅地棲身於雲浪起伏的濃積雲頂端，雲光粼粼美不勝收。總之不管人們的眼光如何，我覺得只要人們願意抬頭看看天空就很不錯了，但王爾德（Oscar Wilde, 1854-1900，英國劇作家與小說家）相當不以爲然，他在一八八九年的對話劇《謊言的式微》（*The Decay of Lying*）發表他對落日的看法：

Carolyn Torella（member 1634）提供

這是高積雲還是鴿子？

Michael Poole（member 1594）提供

這是碎積雲，還是雷鬼音樂教父巴布馬利？

真正有文化素養的人……才不會在這年頭討論落日之美。落日不流行了，那屬於泰納[1]的繪畫藝術受到矚目的年代。……欣賞它們完全突顯出鄉巴佬的特質，儘管如此，那些人還是不會改變。昨日下午，阿倫德爾太太堅持要我去窗邊看看「壯麗的天空」，她是這麼說的。我當然得去看一眼……哪有什麼名堂？根本只是二流的泰納畫，像泰納在低潮時期所畫，用了太誇張又過於搶眼的色調，糟得一塌糊塗。

賞雲迷有時不得不對雲的型態舉雙手投降，因爲雲實在太變幻莫測了。如果無法辨認出某一種雲的特殊型態，那就算了吧，不如放輕鬆，就這樣看著它慢慢發展；要不了多久，你所熟悉的雲形一定會出現的。如今回想小時候因爲說不出雲形而感覺沮喪的往事，我才領悟到，原來我用錯方法了。

我一直努力想跟上西恩和潔西及其他同學的腳步，然而越想找出雲裡的幻影，雲就變得越難捉摸；我越努力想找出一個鼻子或樹幹，雲的形狀似乎就變得越抽象。

這樣看雲是行不通的。賞雲迷想要強迫自己找出任何形狀，或是一邊找形狀、一邊分心注意旁邊的人看到了什麼，這絕對無濟於事。找形狀最好的辦法就是抬起頭來看，什麼也不要想，等形狀來找你。

我猜想，大部分的老同學應該再也沒有閒工夫找什麼雲形了。不用說，潔西一定每天下午忙著接小孩，而西恩爲了裝修房子，眼睛也只會緊盯著預算表。我猜他們不僅沒有閒

Steve Flitton（member 342）提供

這是正在消散的塔狀積雲，還是挪威的雷神索爾？

工夫，也不再有耐心忙裡偷閒、看著天空等待雲形出現。而好消息是，如今我似乎終於抓到訣竅了。

是這樣的，先別管有沒有在雲裡看到任何東西；休管天上風吹雲移，無形無狀亦無妨。我不再努力許願，不再盼望會出現什麼雲形。亞里士多德試圖解釋我們作夢時發生了什麼事，曾經用雲的形狀做譬喻，似乎還滿中肯的。他說，唯有去除意識的雜念才會作夢：

它們潛藏在心靈中，唯有解除心中的罣礙，它們才得以實現，而這取決於釋放的程度……它們具有雲形般多變的面貌，在迅速演變的過程中，一會兒像人形，不一會兒又像半人馬模樣。

同理，似乎當罣礙解除時，雲的形狀才會出現。你不能想作夢就作夢，同樣也不能強迫雲呈現任何形狀。

右頁這張照片裡的雲，是不是一朵城塔般的濃積雲，剛剛把多數水分都降成雨水而正在消散？還是挪威的雷神索爾（Thor），一手揮舞著雷槌、一手把女兒斯露德（Thrud）夾在胳膊底下？當然兩者都是囉。看雲有兩種理解方式，兩者都是賞雲迷必須培養加強的，因爲兩者的價值不分軒輊。你注意到一朵雲的形狀像水母，這和指認出那是一朵夾帶著雨旛的絮狀高積雲，兩者同燈同分，畢竟後者只不過是用正式名詞來說明前者而已。

■注釋

1 此指十九世紀英國浪漫主義繪畫泰斗泰納（Joseph Mallord William Turner, 1775-1850）。

第六章　高層雲

高度中等的雲層，名曰「無聊的雲」

高層雲屬於中雲族，與層雲這種高度稍低的同類都不是以美麗著稱。高層雲基本上爲平凡無奇的雲層，往往可延伸涵蓋一整片天空，形成高度介於二千至七千公尺之間。

辨認高層雲不是很簡單，因爲它與層雲有許多共同的特性，而且與高一點的卷層雲也很類似。高層雲是一種「中庸」的雲，組成份子不全是液態的水滴粒子，也不全是冰晶，往往是兩者兼容並蓄，混合的比例則視空氣溫度而定。高層雲是一層平坦的雲毯，厚度的變化差異相當大：如果雲層薄到足以露出部分天空，看起來便是明亮的藍白色雲層；如果雲層很厚而不透光，看起來便呈深灰色。

此外，我們無法總結說高層雲一定是乾雲或降雨雲，雖說它經常是一層淺灰色的雲，籠罩著大片天空卻下不了一滴雨，但當它變得又濃又密時，還是會降下持續而穩定的小雨、小雪或小冰粒。它是如此模稜兩可的一種雲，難怪高層雲的辨認方法像是落在一個「灰色地帶」。

那麼，可憐的賞雲迷要如何知道他們看到的是不是高層雲呢？如果是「透光高層雲」

高層雲
ALTOSTRATUS

高層雲屬於中雲族，爲高度中等、灰色的層狀雲，外觀平凡無奇或呈絲狀，涵蓋範圍通常可綿延數千平方公里。高層雲的組成份子通常包含小水滴和冰晶，雲層厚度不太厚，通常能顯露出太陽的位置，彷彿是隔著毛玻璃看太陽。高層雲雲層很薄時，會在太陽或月亮周圍產生一種白色或彩色的「冕」或「華」。

- **典型高度***：
2000 – 7000公尺
- **形成地區**：
全球各地，中緯度較常見。
- **降水型態（落至地面）**：
通常沒有降雨，偶爾有小雨或小雪。

■ 高層雲雲類：

沒有雲類，因爲外觀都相當一致。

透光高層雲

輻射狀高層雲

■ 高層雲變型：

蔽光：雲層很豐厚，足以完全遮蔽太陽或月亮。

透光：雲層較薄，可以顯露出太陽或月亮的輪廓。

重疊：雲不只一層，而且出現在不同的高度，經常會有一部分融合交疊。這種情形必須是太陽位置較低時才看得出來，陽光把較高的雲層照亮，而較低的雲層則處於陰影中。另外，風切（shearing wind）也會使雲層的條紋顯現出差異。

波狀：雲層顯現出許多平行的波浪。

輻射狀：許多長條的雲浪似乎往地平線方向聚合成束。

■ 高層雲容易錯認成：

卷層雲：
卷層雲是更高層的冰晶雲，看起來薄薄的，像一層乳白色的紗巾披掛在天空，往往會逐漸增厚且降低成爲高層雲。高層雲比較不透光，會使陽光散射開來，因此雲體不太會產生陰影；反之，卷層雲的雲底還是會有陰影。高層雲會在太陽或月亮周圍形成彩色或白色的盤狀亮光，稱爲「冕」或「華」，不會形成卷層雲的「光暈現象」。

雨層雲：
雨層雲是一層又濃又暗的降雨雲層，通常由高層雲發展而來。一般來說，雨層雲比高層雲暗得多，會產生較強烈的降雨或降雪。

*：這些估計高度（距離地面的高度）乃以中緯度地區爲例。

左圖：Irene Zielinski（member 1631）提供。右圖：Aleksey Suslov（member 1479）提供

就會容易一點，因爲雲層夠薄，隔著這種雲層也能夠指出太陽或月亮的位置。

最可能出錯的，是把較低的層雲或較高的卷層雲誤認爲高層雲。和透光層雲比起來，透過高層雲看太陽，有點像隔著一層毛玻璃，太陽看起來比較模糊散漫，這是因爲高層雲同時含有液態的水滴和固態的冰晶。至於陽光或月光照射穿過卷層雲時，由於卷層雲的組成份子通常是稜柱形的冰晶，因此造成如光環般的光學效果，稱爲「暈」（halo）。高層雲幾乎不會形成暈，這一點即足以區分兩者。

不過，很薄的高層雲也會在太陽或月亮周圍形成獨特的光學效果，稱爲「冕」或「華」（corona），看起來像個光盤，這和卷層雲如光環般的「暈」很不一樣。光盤狀的冕很明亮，透著藍光，有時從中心向外漸漸變成黃白色，外緣略帶棕色；再外緣一點則偶爾有些微亮的彩色光環圍繞著光盤，通常是高層雲的水滴大小特別一致時才會如此。

冕的出現對於區分高層雲和卷層雲幫不上什麼忙，因爲卷層雲也會產生冕的現象。不過我們可以很放心地說，如果太陽周圍出現日暈，那就一定是卷層雲而不是高層雲。

另外還有一種方法可以區分高層雲和卷層雲，即「往地上看」，而不是往天上看。陽光透過一層較高的卷層雲照射下來，往往還能讓賞雲迷清楚看見自己在地上的影子；反之，高層雲則會把你的影子變不見，讓你像小飛俠彼得潘一樣。

可是，萬一太陽或月亮的位置都被高層雲遮住而看不見了呢？當雲層變厚，厚到變成「蔽光雲」而不再是「透光雲」、以致完全看不到太陽或月亮時，賞雲迷該怎麼辦？嗯，別急別急，首先你就知道這一定不是較高的卷層雲，因爲光線一向能夠穿透卷層雲。比較棘手的是，我們該如何分辨這究竟是「蔽光高層雲」，還是同樣濃厚但高度較低的「蔽光

Gavin Pretor-Pinney 提供

平凡無奇的高層雲，無怪乎有人稱它是「無聊的雲」。

層雲」？

高層雲通常比層雲更平凡無奇。如果賞雲迷可以看見雲底有任何紋理，那就比較可能是低雲族的層雲。然而，從地面往上看通常得不到太多線索，唯一可以確認的辦法，就是判斷這個蔽光雲層的高度：低於二千公尺的是層雲，介於二千至七千公尺之間則是高層雲。不過，賞雲迷通常不太可能開飛機飛上去實地拿捏一番，所以，區分層雲和濃厚的高層雲可算是灰色地帶之中最灰色的部分了。

高層雲既然如此缺乏外表特色，自然分不出什麼雲類，不過它還是有五種正式的變型，包括「透光雲」與「蔽光雲」，視乎太陽或月亮的位置是否可見；「重疊雲」的雲層不只單單一層；「波狀雲」的雲底明顯可見微微波浪起伏；還有「輻射狀雲」，向遠處伸展時，看起來彷彿朝地平線聚合成束。

可以說，高層雲這種隨處可見的雲，生來就是一副沒人愛的模樣。氣象學家開玩笑說它是「無聊的雲」，我完全能夠理解他們的意思。

不過，每種雲都有出頭的一天；或者，至少一天之中總有出頭的時刻。對於高層雲來說，它也跟其他很多雲一樣，「日出或日落時分」便是它們出頭之時。任何一種雲（即使是最乏味的雲）在黎明或黃昏的微光中，都會變得特別絢麗燦爛。

沒有人比美國自然主義作家梭羅更明白這個道理了。他基本上也算是個賞雲迷，曾宣稱：「自然界最美麗的事物，莫過於陽光反射自一朵泫然欲泣的雲。」他的日記裡滿是對天空的讚頌，其中最爲熱情激昂的內容當屬獻給燦爛奪目之夕陽。梭羅心知，夕照之美全拜雲所賜：

那些小小的雲朵，白日最後的守衛，本已全然變暗，現又重新亮起片刻，染上昏黃的微光，旋即又暗淡；現下晚霞更趨深紅，直至西邊或西北邊之地平線全是火紅一片；彷彿那兒的天空抹上了濃豔的印第安顏彩，一種永不褪色的染料；彷彿這世界的藝術家，將他的紅顏料擠在天空的調色盤邊緣調混均勻……就好像莓果沿著天空邊緣揉搾出的汁漬。

夕陽低垂至地平線的瞬間，即使最無趣的高層雲也會披上最華麗的衣裳，讓天空散發出紅寶石的光輝。就算持續的時間不長，高層雲也好像脫胎換骨般，一轉眼這毫不起眼的灰布雲竟然搖身一變，成為淺橙、粉紅、淡紫的壯麗雲海。

低角度的夕陽同時也加深了高層雲的雲底輪廓，使其變得更加凹凸有致。「地上的子民都看見了，空中之路的下方無非是黝暗與陰影；」梭羅寫道，「唯有清晨與黃昏，在地平線的某個適當角度觀看，雲的豐饒內裡才會顯露出一些暗淡的條紋。」

理所當然，太陽只有某些時刻才能照射到高層雲之類雲層的下側，且在太陽升起或落下的方向必須晴朗無雲。這也應驗了一句古諺：「晚上出彩霞，牧人笑哈哈；早上出彩霞，有雨得在家。」[1] 溫帶地區的天氣系統通常都有由西往東移動的趨勢[2]，傍晚有彩霞的話，表示你頭頂的天空雖然有雲，不過西邊是無雲的，此時太陽往西邊落下，因此夕陽的照耀才能使天空滿溢紅寶石般的霞光。西邊的天空很晴朗，表示好天氣正往此處接近的機會相當大。相反的，如果早上有彩霞，則表示頭頂的雲受到穿越東方晴空而來的晨曦所照亮，因此很可能好天氣就快過去了，也許有更多的雲正要來臨。

這種觀察已有幾千年的歷史了。根據聖經記載，耶穌曾提及，當法利賽人和撒都該人要求祂從天上顯現神蹟時，祂指責說：

> 耶穌回答說：晚上天發紅，你們就說：天必要晴。
>
> 早晨天發紅、又發黑，你們就說：今日必有風雨。你們知道分辨天上的氣色，倒不能分辨這時候的神蹟。（出自聖經馬太福音第十六章）

我不禁突發奇想，梭羅所說的「白日最後的守衛」，這小小的雲會不會就是「雲莓」

Mike Davies（member 1633）提供

這張黑白照片展現出高層雲於黎明和黃昏所閃耀的暖色調。

（cloudberry）名稱的由來？這種漿果類似覆盆子，但果囊比較少，形狀很像同屬「中雲族」高積雲的小雲塊。雲莓成熟時，果實的顏色會從濃烈的火紅色轉變爲橙紅色和金黃色，這樣的顏色變幻，恰與高積雲於日出時分展現的耀眼霞光完全符合。

雲莓只能生長在沼澤地區，遙遠北國的寒帶氣候會使它們長成非常美味的珍果，廣闊荒涼的俄羅斯北極凍原地區正是最適合雲莓成長茁壯的地方。在那裡，夏季的幾個月份一天二十四小時都是白晝，氣溫依舊冷冽，雲莓在這時緩慢成熟，逐漸孕育出獨特的濃郁香氣，如同落日時分的高積雲般，在凍原沼澤溼地及暗淡苔蘚與灌木叢的襯托下，顯得特別突出而醒目。

九月將盡，某個寒意逼人的傍晚，一大片平坦的高層雲籠罩著白紹拉三角洲（Pechora Delta）的天空，這裡是西伯利亞與巴倫支海（Barents Sea）相接的地方。高層雲穿上隆重的晚禮服，隨著冬天腳步移近、白晝漸短，太陽

Keith Epps（member 868）提供

即使沒有低垂太陽所照映的霞光，波狀雲仍算是高層雲變型中較有趣的一種。

終於開始沉降到地平線之下。

在這極其荒涼的地區很少有人居住，也就少有人得以享受雲莓的甜美，但雲莓從來不曾浪費掉。如同其餘數以千計的訪客，歐莉雅（Olya）每一年都會回到這裡大快朵頤一番。歐莉雅已經在這個三角洲度過十五個夏天，在紅豔豔的高層雲底下大口大口吃著雲莓，彷彿整個生命全都仰仗它們似的。想想也的確是如此。

歐莉雅是一隻天鵝，她真正的名字是鵠（Bewick's swan），俗稱小天鵝。靠著雲莓和沼澤裡一大堆豐饒的灌木與苔蘚，歐莉雅把自己餵得飽飽的，心中唯有一個念頭。今晚，她就要與她的伴侶帶著兩隻小小天鵝，展開三千二百公里的長途飛行，遷徙到英國格洛斯特郡（Gloucestershire）的塞文河口（Severn Estuary）。牠們沿路會在數個休息站停留一下，因爲這段旅程得花上好幾個星期的時間，絕對是一次勞頓不堪的旅行。牠們遠道而來，甚至要爲大家驗證一項光學原理，這種精神更令人感動不已。

諸位看官，歐莉雅即將爲大家說明，低垂的夕陽餘暉何以能爲高層雲妝點出如此璀璨火紅的霞光。牠不遠千里而來，要告訴我們的是：爲何陽光斜射通過大氣層會改變顏色？

好啦好啦，我知道鳥類學家要開始抗議了，他們會說，像歐莉雅這種小天鵝之所以在九月離開北極凍土地帶，其實是爲了別的原因。每年到了這時候，氣溫開始降低，正式宣告西伯利亞的嚴冬即將來臨，屆時整個地區都會開始結冰，雲莓及其他所有的植物都會變成鳥兒心中遙遠的回憶。鳥類專家告訴我們，小天鵝是一種具有特定習性的生物，牠們會教導小小天鵝該往哪裡飛行、飛到歐洲西北部溼地尋找冬天最佳的棲息地。一旦找到最適合的地點，往後每年都會再回去，即使那是一段長達三千二百公里的路途。

一般候鳥是這樣沒錯，但歐莉雅可不一樣，她另有重要任務。當她和家人終於抵達目的地，到達塞文河口的蘆葦叢、一個到處都找不到雲苺的地方，她的光學實驗表演就要開始了。

如同其餘撤離凍原的天鵝一樣，歐莉雅和她的伴侶也謹慎選好出發的夜晚。一整天，從喀拉海（Kara Sea）[3]穿越而來的東北風不斷吹拂著、吹過新地島（Novaya Zemlya）群島，這股風將會忠實地護送牠們沿著海岸向西飛行。此外，這天晚上的高層雲夠高、夠薄，可讓牠們徹夜飛行時保有良好的能見度。在接下來幾個星期裡，牠們沿途會在一些湖泊或沼澤溼地停留休憩，順便飽餐一頓，好好補充體力以應付長途飛行。牠們會繼續向西南方前進，飛越白海（White Sea）[4]、穿過卡瑞里亞（Karelia）[5]來到芬蘭灣，接下來的飛行路線將緊依著波羅的海沿岸，最後從荷蘭穿越北海，抵達終點英國海岸。

雖然天鵝起飛的樣子很笨拙，即使是體型較小的小天鵝也一樣，不過牠們著陸的姿態倒是很優雅；牠們抵達格洛斯特郡時，便以這樣優雅的英姿從天而降。儘管長程旅途的勞頓已使歐莉雅的身形遠比出發前纖瘦許多，她仍將以天鵝的曼妙姿態，爲我們表演一段眾所矚目的實驗說明。

她的伴侶是頗爲強壯的飛行者，飛在最前面帶領整個家族隊伍，終於在十月中旬的某一天清晨，一行浩浩蕩蕩抵達長滿蘆葦的塞文河口沼澤地。歐莉雅的伴侶不懂什麼物理學，逕自降落在水面上，離開蘆葦遠遠的。接著輪到歐莉雅上場了，她早已相中一個理想的降落地點。

她張開腳蹼向前伸出，優雅地迴旋，滑向靜謐的三角洲水面，靠近一簇蘆葦叢生處。她激起了一陣水波，寬寬的漣漪波紋一圈又一圈地湧向蘆葦叢，蘆葦遂成了水面波紋前進時的障礙物。

同樣的道理，組成大氣的極微小粒子，像是所有的氧分子、氮分子、灰塵微粒、鹽粒和煤煙等，對於從太陽傳到地球的太陽輻射波而言，也是一種障礙物。

歐莉雅辛辛苦苦飛了三千二百公里的路程，要爲我們做的說明有兩個部分，而她剛才已經完成第一個部分：在這個清新的十月早晨，她降落水面時興起了一陣水波，其波峰與波峰之間的距離（即波長），應該會比波動前進時碰到的蘆葦莖枝稍微寬一些，因此水波並未受到太多干擾，通過蘆葦之後仍然繼續前進。

而從太陽傳到地球的所有可見光波中，紅色光的波長最長；如同歐莉雅降落水面時激起的大波浪一樣，這些波長較長的光也可以穿透大氣，大致上不會被大氣分子或微粒給散射掉。

現在歐莉雅要進行第二個部分的表演了。她才剛抵達，還沒來得及安頓好，肚子也還餓著呢，但她無論如何就是要先表演一下。她很快確認兩隻小小天鵝也安全降落了，接著便輕巧地振翅飛過剛才那叢蘆葦，這時從她的胸膛底下傳出一陣短促的波紋，在水面上蕩漾開來。

不同於方才的大波浪，這次的水波傳到蘆葦叢時，其波長與蘆葦莖枝的寬度差不多。

低角度斜射太陽光的顏色

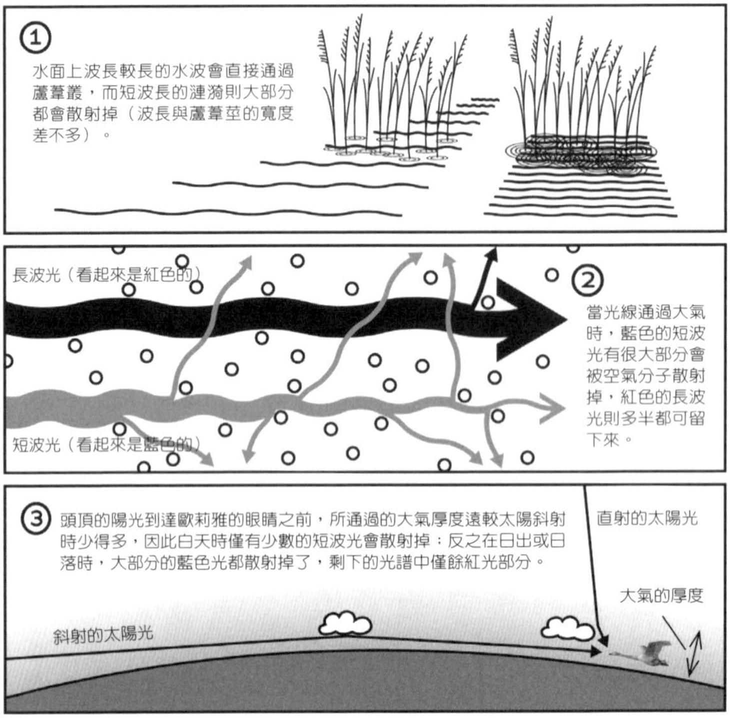
①
水面上波長較長的水波會直接通過蘆葦叢，而短波長的漣漪則大部分都會散射掉（波長與蘆葦莖的寬度差不多）。
長波光（看起來是紅色的）
②
當光線通過大氣時，藍色的短波光有很大部分會被空氣分子散射掉，紅色的長波光則多半都可留下來。
短波光（看起來是藍色的）
③
頭頂的陽光到達歐莉雅的眼睛之前，所通過的大氣厚度遠較太陽斜射時少得多，因此白天時僅有少數的短波光會散射掉；反之在日出或日落時，大部分的藍色光都散射掉了，剩下的光譜中僅餘紅光部分。
直射的太陽光
大氣的厚度
斜射的太陽光

（此乃理想中的水波。實際上隨著漣漪傳播越遠，水的波長會越來越大。）

歐莉雅向我們說明，為何日出和日落時分會出現紅色或橙色的雲霞。

「請大家看清楚，蘆葦會讓水波如何散射開來呢？」如果她能夠開口說話，應該會這樣說吧，因爲水波一進入蘆葦叢中便散開了。

可見光之中的藍色光和紫色光部分，它們的波長和大氣中組成分子的大小差不多，因此如同歐莉雅激起的小波紋，這些光通過大氣時多半會散射掉。

趁著歐莉雅涉水走去休息和找食物、順便向兩隻小小天鵝介紹冬天的新家時，賞雲迷可能會覺得很納悶，歐莉雅的表演爲何可以解釋日升日落的暖色調彩霞呢？

當太陽高掛天頂時，陽光先照射到雲上，反射後再穿透大氣到達地面層，其中絕大多數的可見光都可以到達地面，因爲此時陽光穿越的大氣並不厚，尚不足以將太多比例的短波光（看起來爲藍色與紫色的光）散射掉。我們肉眼所見的可見光全光譜是白色的，所以這時反射可見光的雲看起來也是白色的。

等到太陽低至地平線附近時，雲所反射的光若要穿透大氣到達我們的眼睛，就必須沿著切面前進，因此在大氣間穿行的距離就變得非常長。大氣會使光線沿著地球的曲度彎折，因此光線要從地平線附近照射過來、到達人眼，通過的距離可能是日正當中的光線所通過距離的四十倍之多。

太陽以這種低角度斜射，雲所反射的光在到達賞雲迷的眼睛之前，大部分的短波光（藍色和紫色光）已經被大氣分子與微粒給散射掉了，而波長較長的紅色光則多能暢行無阻，最後傳到我們眼睛裡。

同樣的原理也可解釋白天的晴空爲何是藍色的。我們之所以看到太陽以外的天空會有顏色，是因爲陽光受到大氣分子與微粒的散射，最後主要是短波長的藍色光與紫色光散射到整個天空（人眼對於紫色短波光比較不敏感，因此天空看起來是藍色的）。這也可以解釋爲什麼火山爆發之後，日落時分的天空變得比平常更深邃、更紅豔，因爲大氣中多出許多懸浮微粒，會把許多短波光與中波光散射掉，剩下的便是看起來紅色的長波光。

在中國古代，人們認爲紅霞是一種特別吉祥的象徵，這種說法顯然源自老子這位受人尊奉爲道教之祖的哲學家。紅色和黃色也是象徵宇宙天人之別的顏色，相傳人們舉行祭天大典時，如果神明接受祭品，便會有彩雲從天而降。傳說中的黃帝乃炎黃子孫的始祖，他在五千年前便是「因黃雲之瑞而統御天下」。

更重要的是，雲的顏色也是賞雲迷判斷雲高的一個指標。以幾何原理來說，當太陽正好在地平線上時，低雲所反射的光線通過最厚的大氣，所以顯得比高雲更紅。低角度的太陽將雲塗抹一番，遂成爲「雲高」的顏色密碼：最高的雲是明亮的白色，中雲是金黃色，低雲則是紅色。等到太陽沉落地平線以下，低雲便被地球的陰影遮住而變暗。

梭羅可沒閒工夫研究這些夕照顏色的科學解釋，他才不需要依賴枯燥乏味的科學來解釋黃昏向晚的五彩繽紛。別管成因了，盡情欣賞才是唯一重要的事：

> 我親眼目睹雲霞以豐富的色彩呈現美感，它們使出渾身解數滿足了我的想像力。你試圖以科學解釋讓我理解，但我的想像力卻無法以此解釋……我站在三十公里之外，看見地平線上一抹彤霞。你對我說那是一團水汽，它吸收了所有光線而反射出紅光，但那根本沒什麼用，重要的是這火紅的美景激發了我的好奇心、沸騰了我的血液，令我思緒泉湧……科學究竟是什麼呀？加深了理解力，卻剝奪了想像力？

梭羅以此呼應濟慈的感嘆；濟慈很討厭牛頓，因爲牛頓以光波通過小水珠的色散與反射現象來解釋彩虹的原理，一點感情也沒有。對濟慈來說，牛頓的說法是毫無感情可言的「冰冷科學」：

> 一遇上冰冷科學

凡魔力不會飛逝湮滅？

……

科學剪去天使雙翼，

所有奧義臣服於尺與線，

一掃天靈與地精——

使彩虹散滅，如同不久前

柔弱的拉彌亞幻化成幽影。

我頗能體會梭羅和濟慈的心情，但他們的話聽起來，還是有點像班上的藝術天才在嘲笑科學怪胎。中學時，我選修了所有科學課程，回想起那段慘痛記憶，喜歡惡作劇的同學老是嘲諷我「一掃天靈與地精」；嗯，好吧，他們可能不懂得用這麼高深的字眼，但是意思也好不到哪兒去。

賞雲迷不必拘泥於科學與藝術之間小裡小氣的界線之爭，我們立場超然，如同天空裡的雲「蓬」友一樣。對我們來說，兩者是不衝突的，雲既可以讓我們熱血澎湃、激發想像力，也可以用「冰冷科學」充實我們的知識。

關於後者，我猜歐莉雅可能會有些意見想跟梭羅說。她想要表達的是，低垂的太陽讓雲變成紅色，不是因爲「一團水汽吸收了其他光線而反射出紅光」。

如果梭羅肯多花點心思，他將會明白，雲幾乎是一視同仁地反射所有可見光。雲之所以色彩繽紛，是因爲低角度的陽光在大氣中走過一段漫長的切線旅程，使其中短波長的光

Tim Salter（member 1621）提供

高層雲有時候會出現副型，稱為「乳房狀雲」，與動物下垂的乳房很相似，為平淡的灰色調增添不少對比鮮明的立體感。

幾乎散射殆盡，這才是只有紅色光能到達我們眼睛的眞正原因。

眞是的，歐莉雅也太用心良苦了，為了闡釋這一點，竟然大老遠飛來參一腳。

高層雲之所以形成，往往是由更高的卷層雲變厚、變低而來，而且雲層通常還會繼續「往下沉淪」，不見得在高層雲階段就停下來。

高層雲若伴隨穩定而持續的些微降雨，朦朧的雲底也不斷下降，則雲層會隨之增厚且變暗。一旦雲層越來越厚，降雨也會越來越強，沒多久，雲層不再只是占據對流層的中間高度，而是往下擴展延伸到距離地面只有幾百公尺，此時高層雲就轉變成雨層雲，雨也開始下個不停。

當然不是每次的發展都像這樣，有時發展成高層雲之後便按兵不動，天空於是懸著這種無聊乏味的雲，一片灰暗——雲欲走還留，雨要下不下。

不管有些人多麼愚鈍無趣，我們還是要大方一點，記住他們曾經發光發亮的時刻；賞雲迷應該要記住，在一天起始與結束時，高層雲會在短暫片刻間盡情揮灑光芒，如此一來，高層雲對我們遂有啓發。借用一句羅斯金的名言：「每一次黎明都像是生命的起點，每一回夕陽都像是生命的結束。」

■注釋

1譯注：原文為 Red sky at night, shepherd's delight. Red sky in the morning, shepherd's warning. 中文的相對諺語為「朝霞不出門，晚霞行千里」。

2譯注：這是由兩個因素造成的合成效應，一是地球溫度往兩極遞減，一是地球自轉。

3編注：位於北冰洋的邊緣海，南接西伯利亞海岸，西為新地島，東為北地群島，西邊透過海峽與巴倫支海連接。

4編注：位於俄羅斯西北部海岸，由北冰洋伸入陸地內，與更北面的巴倫支海由狹長的海峽相連。

5編注：位於芬蘭與俄羅斯西北部之間。

第七章　雨層雲

濃厚灰暗的雲毯，一直下雨下雨下個不停

「會下雨的雲」的拉丁文是「nimbus」，之所以用此字命名雨層雲（Nimbostratus），顧名思義，這種雲總是帶來持續不斷的降水。雨層雲的外觀又濃又暗，亂蓬蓬的彷彿衣衫襤褸。

很多種類的雲都會降水，但是這些水得落到地面（而不是降落途中就蒸發了）才能正式定義爲降雨雲，稱爲「降水狀雲」（praecipitatio）。不過這個名詞不需要加在雨層雲身上，因爲毋庸贅言，無論是雨還是雪還是冰粒（阿貓阿狗倒是不會啦）[1]，都會落到這溼淋淋雨層雲底下的地面。

「Nimbus」這個字也用來命名積雨雲（Cumulonimbus）。雖然兩者都是降雨雲，但相似之處僅限於此，因爲兩者的降雨形式全然不同，一個是急驚風，另一個則是慢郎中。積雨雲用狂猛的暴風雨傾盡水分，幾分鐘之內就清潔溜溜；雨層雲則是從容不迫地釋出水分，雨一下就是幾個鐘頭。眞是一種慢吞吞又拖拖拉拉的雲。

雨層雲的形狀也和積雨雲大相逕庭。雨層雲沒有積雨雲那種如城塔般高聳而受人注目

雨層雲
NIMBOSTRATUS

雨層雲是濃厚而灰暗的層狀雲，外觀沒什麼特別之處，會造成持續不斷且頗爲強烈的降雨、降雪或冰粒。由於降水的關係，雨層雲的雲底形狀相當散漫。雨層雲是所有層狀雲中最深厚的一種，有時可從600公尺一直延伸到5500公尺左右的高度，而且動輒在水平方向綿延數千平方公里。如同其他會下雨的雲，其降水區域會在雨層雲的雲底下方形成「碎層雲」，這些彷彿衣衫襤褸的雲便是所謂的破片雲，看起來比雨層雲的雲底更暗。一旦兩者結合在一起，會使雨層雲的雲底更低。雨層雲的雲層非常厚，足以完全遮蔽太陽或月亮。

- **典型高度***：
600 – 5500公尺
- **形成地區**：
全球各地，中緯度地區較常見。
- **降水型態（落至地面）**：
通常造成中度到強烈的降雨或降雪（穩定而持久）。

■雨層雲雲類：

沒有雲類，因爲外觀全都相當一致。

■雨層雲變型：

沒有變型，因爲外觀全都相當一致。

■雨層雲容易錯認成：

高層雲：
高層雲是比較薄的層狀雲，也同樣一整片雲沒有明顯特徵。雨層雲通常比較暗，顧名思義，一定會產生降水。高層雲偶爾才會降水，而且雨較小。透過高層雲，至少有部分區域可以判斷出太陽的位置，但透過雨層雲則完全無從判斷。

雨層雲，永遠都不會太好看。

David Foster（member 1157）提供

積雨雲：
若正好從雲底下方往上看，積雨雲看起來也是很暗的雲層，幾乎遮蔽了整片天空。雨層雲的降水通常不如積雨雲的短暫陣雨那麼劇烈，但會持續下個不停。雨層雲也不會有冰雹、打雷或閃電的現象。

*：這些估計高度（距離地面的高度）乃以中緯度地區爲例。

賞雲協會隆重鉅獻
大氣盃重量級爭霸戰
天空競技場
全年無休
積雨雲
「禿雲王」
——對抗——
「慢郎中」
雨層雲
免費入場

誰會勝出？

的特徵，卻可水平綿延數千平方公里。不過有句話說「靜水流深」，如果兩種雲發生爭執、開始吵架對罵的話，不用說也知道，深厚的積雨雲一定會吵贏。

誠然，怒髮衝冠的對流雲也許一舉一動都很引人矚目，如拳王阿里那令人眼花撩亂的步法，或如鴨子潛水般爆發力十足的英國拳擊手「王子」哈米得（"Prince" Naseem Hamed）[2]，但我還是寧可把賭注押在雨層雲上。雖然雨層雲不像「雲中之王」積雨雲那樣高聳參天，卻以寬廣的涵蓋範圍與堅韌持久的耐力作爲補強。就算雷雨雲致命的一擊令人膽寒，我仍然認爲，實力堅強的雨層雲會堅持到底，贏得最後勝利。

雨層雲的組成份子通常包含各種雲滴、雨滴、冰晶及雪花的任意組合，端視空氣溫度而定。雲必須長得夠高才能產生較多的降水，以氣象學家的口吻來說就是要夠「深」，而雨層雲本來就很容易涵蓋低、中、高層的其中兩層。儘管雨層雲不會長得像積雨雲那麼高，但動輒可從距離地面僅三百公尺處，一路向上延伸至中層約六千公尺的高度。

有鑑於此，雨層雲該分類爲哪一個雲族還頗難下定論，不過它幾乎至少會占據中層高度，所以我敢肯定，它應當十分樂意與其他的中雲族相提並論。

如果雨層雲如此夠份量、稱得上重量級，可以和雲中之王平起平坐，那爲什麼雨層雲在氣象圈外默默無聞呢？積雨雲當然是鼎鼎大名、家喻戶曉，但如果跟一般大眾講到雨層雲，包準大家會一臉茫然。

這也難怪，因爲雨層雲看起來實在很不起眼。站在一層發展中的雨層雲底下，賞雲迷只會看到越來越暗、越來越低垂沉悶的雲底，令人有不祥之感。正如英國詩人密爾頓（John Milton, 1608-1674）所寫：「……掩住／天界的愉悅笑臉，猛然降下／雪或雨，使陰暗的地景愁眉不展。」

一旦較高、較薄的高層雲逐漸變厚、變形，雲層便會遮蔽更多天光，使灰色的天空越顯陰暗。等到雲層開始變成雨層雲而下起雨來，濃厚的雲層遂使太陽或月亮的位置成爲遙遠的記憶。

賞雲迷若要爲雨層雲驗明正身，很簡單，只需確定雲底是否參差不齊、混沌灰暗，還有降雨或降雪狀態是否爲中度至強烈且持續不斷。如果以上皆是，鐵定是雨層雲。

但也不能說一定不會出錯，不小心看走眼總是在所難免。舉例來說，假使賞雲迷正好位於一團積雨雲底下，便有可能判斷錯誤。積雨雲和雨層雲一樣，雲底也很陰暗，如果直

Bob Norvill（member 58）攝

如果雨層雲參加雲的選美比賽，包準會鍛「雨」而歸。

接從積雨雲底下往上看，或是積雨雲隱藏在其他雲層之中（例如層積雲），看起來也很像遮蔽了整片天空。更容易產生混淆的是，這兩種雲都經常附帶出現破片狀附屬雲，特別是雲底的空氣因降水而變得飽和時，便可能出現這類陰暗的雲片。

一般區別這兩種雲的方法是分析降水型態。積雨雲雷雲的陣性暴雨通常只持續很短時間，即使是一個接一個形成「多胞」雷雨，降雨也是間歇性的時斷時續，而且經常帶有冰雹。積雨雲也常伴隨強風，而且一旦雷聲、閃電開始大鳴大放，便完全洩漏它的身分了。

另一種可能造成困擾的是高層雲，雨層雲通常就是由高層雲發展而來。高層雲的雲層較淺薄，只會輕微降水，而且和雨層雲一樣，降水型態都是持續而穩定。

如果是較薄且透光的高層雲，很容易就可以區別出來，因為高層雲的雲底為淺灰色，看起來比雨層雲底部陰暗的大肚子要蒼白許多。

但若雲層越變越厚，再來就是要判斷雲層何時轉變成不再是高層雲。有人說，只要一開始降雨，就算變成雨層雲了。基本上如果雲層夠厚、夠暗且夠淬，賞雲迷管它叫雨層雲應該八九不離十。

雨層雲會下雨或下雪，可說一點也不沉悶，不過它還是和高層雲一樣列為沒有雲類的雲屬，也沒有任何可資辨識的變型。雨層雲缺乏值得稱述的外觀變化，就只是一層厚重溼潤的雲毯，持續不斷的降水使雲底參差不齊，看起來模糊一片。如果各個雲屬打起架來，雨層雲或許能打贏大部分的雲，但若去參加雲的選美比賽，則百分百只能敬陪末座。

爲什麼有些雲會造成降雨、降雪或冰雹，其他的雲卻不會呢？如果晴天積雲是由水滴所組成，爲什麼它是乾雲，而雨層雲卻不是呢？

答案完全視水滴大小而定。由於地心引力的影響，水滴和冰晶都會往下掉，但水滴和冰晶越小，在空中掉落的速度就越慢。除了盤旋在地面的層雲（霧或靄），所有的雲都是因爲空氣上升而形成的，除非雲滴夠大，才會穿越由下往上升的空氣而往地面掉落。

不會下雨的晴天積雲所含的水滴非常小，寬度小於零點零零五公釐；水滴這麼小，其下降速度和熱氣流的上升速度相比簡直微不足道。它們如此微小，相較之下空氣實在太稠密了，那就像一顆小石粒掉進蜂蜜一樣。

當然啦，小石粒掉進一罐蜂蜜裡，其下降速度一定比掉進一杯水裡慢得多。而如果這罐蜂蜜還不停地裝進蜂蜜，情況會如何？

如果石粒大小適當，裝蜂蜜的速度也配合，石粒有可能會停在某個位置固定不動。這與雲裡的水滴或冰晶看似違反重力定律是同樣的道理：它們的確不斷下降，但比不過空氣上升的速度。（請注意：以上例子僅爲假設性的實驗解說，請千萬不要模仿，尤其是在早餐桌上。把小石粒丟進蜂蜜裡不僅不衛生，塗在土司上更可能危害牙齒健康。）

如果這可以解釋雲粒如何停留在空中，那它們又是如何越長越大、進而掉到地面呢？

這麼說好了，正如一九五〇年代流行歌手法蘭基・萊蒙（Frankie Lymon, 1942-1968）唱紅的歌：「爲什麼雨會從天而降？」（Why does the rain fall from up above?）

這是個好問題，也是萊蒙那首「嘟哇嘟哇」（doo-wop）名曲〈傻瓜爲什麼要戀愛？〉（Why do Fools Fall in Love?）歌詞中許多堪稱經典的問題之一。這首歌讓萊蒙爆紅，以十三歲青澀少年之姿擠進美國排行榜前十名，也讓他在英國拿下一九五六年夏季排行榜冠軍，成爲有史以來第一位唱片銷售超過百萬張的黑人歌手。如同許多十幾歲的年輕歌手一樣，萊蒙後來也惹了不少麻煩，我不禁懷疑，這一切顯然與他充塞心中的疑惑有關，這小伙子的疑惑從未有人幫忙解答。「爲什麼小鳥唱歌這麼開心？」「爲什麼戀人期待黎明破曉？」「爲什麼傻瓜要談戀愛？」「爲什麼雨會從天而降？」

萊蒙和他的「少年郎」（Teenagers）合唱團前往美國巡迴演唱時，許多粉絲大排長龍購買這張單曲唱片。但有沒有人想過，萊蒙也許眞的很想知道這些問題的答案？

沒有人給他答案。

Getty Images 提供

當初如果有人肯花點時間為萊蒙解釋「為什麼雨會從天而降」，他的命運是否會截然不同？

萊蒙才二十歲便染上毒癮，成了過氣歌手，他的精采演出也成爲絕響。二十六歲時，由於吸食海洛因過量，萊蒙死於祖母的公寓裡。

事情竟然演變至此，著實令人不勝唏噓。

如果當初有人肯扶他一把，和他一起坐下來喝杯茶、聊聊天，告訴他雨爲什麼會從天而降，至少他心中眾多疑惑之一將能獲得解答。如果五〇年代就有「賞雲協會」和我的存在，我一定非常樂意和他聊一聊。如果那時我能在適當的時機碰到他，歷史將爲之改觀也說不定。

一九五七年，萊蒙率領「少年郎」合唱團到倫敦帕拉狄昂劇院（London Palladium）表演，假設那時候我在後臺遇到他，利用上臺前十分鐘試著與他攀談，我會告訴他，雨或雪之所以會從雲裡掉下來，是因爲水滴的寬度已經長得比零點零零五公釐還大很多；只有剛剛生成的積雲雲滴才會那麼小。

雲粒可以成長至遠遠超過那樣的大小，而雲粒長得越大，便越有機會掉落到地面。這些有幸落到地面的雲粒有各種大小，最小的從寬度約零點零幾公釐的「蘇格蘭靄」（Scotch mist），到零點二至零點五公釐的毛毛雨，直到大於零點五公釐的雨滴。雨滴基本上寬約一至五公釐，如果大到接近八公釐，則會因爲空氣阻力的影響而變形，並碎裂成較小的雨滴。

到目前爲止，我應該激發出萊蒙的興趣了，但我認爲這還不足以充分解答他的疑問，他需要了解的還不止這些基本原理。他應該要知道，雲滴究竟如何成長到足以掉下來。我的「中途攔截解說」若想圓滿成功，還得麻煩他上臺前再多給我幾分鐘，讓我把話說完。我會請那些緊迫盯人的歌迷、巡迴演出經紀人及所有助理人員帶著威士忌離開後臺區，不要打擾我們。我必須向萊蒙介紹雨在雲裡形成的兩種過程，一種是在雲的部分區域形成水滴，另一種則形成冰。在介紹前者之前，我還得先從珍珠和牡蠣說起。

在印度神話裡，傳說露珠落入海裡就會形成一顆珍珠，如果正值滿月，則會形成最完美的珍珠。對此，古希臘卻有不同的解釋，他們認爲珍珠是閃電擊中海洋而形成的，而羅馬人則說珍珠是美人魚的眼淚。現代的正確解釋反而平凡無趣得多：珍珠是因爲一小顆沙礫掉進牡蠣殼而形成的。甲殼類動物身上有一種腺體，會分泌珍珠質來保護殼的內部，一旦有沙礫跑進來，珍珠質會開始以此爲核心、逐漸累積包覆在外面。形成一顆完整的珍珠大約需要一年的時間，這時候牡蠣會感覺「如鯁在喉」、很不舒服，只想把這毫無用處的財寶吐進大海深處。

水汽若要凝結成雲滴，同樣也需要空氣中的小灰塵作爲核心。唯有當空氣中出現某些物質可以依附時，自由運動的個別水分子才會開始聚集結合成水滴，換言之，它們需要一位核心人物出面號召。事實上，空氣中許多懸浮的沙塵微粒便可擔此重任，氣象學家稱它們爲「雲凝結核」（cloud condensation nucleus），其寬度一般小於零點零零一公釐，而且有多種不同的形式。

在海洋上空，雲凝結核可能是海水泡沫乾涸後形成的海鹽微粒。在陸地上空，種類形式更爲多樣，可能是來自泥土、礦物或乾枯植物的灰塵微粒。火山爆發與森林大火的灰燼也是常見的雲凝結核，人類居住環境中大量的燃燒產物亦然，例如煙霧與酸性粒子等。對於形成雨滴的第一種方式來說，這些凝結核非常重要，可形成只含液態水滴的雲（溫度沒有冷到使雲滴凍結成冰）。

各種凝結核的差異在於吸引水分子的效率。有些凝結核很容易吸附水分子，有些則不然。曾在天氣潮溼時使用鹽罐的人就知道，鹽粒特別容易吸收水分；換句話說，鹽粒是非常有效率的雲凝結核。大火燃燒的產物也是很不錯的粒子，這也是濃密的「火積雲」出現在森林大火上空的原因之一。

雲一旦開始形成，水分子如果附著在較有效率的凝結核上，這種雲滴就會比其他雲滴長得快。過了一段時間之後，雲滴越變越大，掉落的速度也加快；等它們長大到一定程度時，便開始與較小的雲滴互相碰撞，因而持續成長，氣象學家將這個過程稱爲「合併」（coalescence）。這就是雲出現約十五至三十分鐘之後，雲滴發展至足以掉落成雨的其中一種方式。但這並不是最常見的方式（我會這樣告訴萊蒙），至少對全球中緯度地區而言不是最常見的。

話說到這裡，後臺的人應該開始催促萊蒙準備上臺了，不過我還需要一點時間解釋雨滴的主要成長方式，這就得提到冰晶了。通常大致的情況爲：能夠掉落到地面的雨滴，最初都是固態形式，這些固態雲粒一旦碰到雲底下方較溫暖的空氣，便會融化成雨滴。要詳細解釋這降雨的第二種過程，我還必須先告訴萊蒙一、兩件事，主要是關於雲滴凍結成冰晶的特殊方式。

在英國典型的秋天，距離地面二千公尺左右的高空很可能會降到攝氏零度。你或許會以爲，任何一種雲的雲滴在這種高度應該都結冰了，然而雲最令人稱奇之處就在於，即使溫度降到攝氏零度，雲滴也不會結冰；事實上，雲滴開始結冰的溫度遠低於攝氏零度。

海平面高度的一窪水在攝氏零度便會開始結冰，但是懸浮空中的雲滴卻表現得截然不同。如前所述，水汽必須有「一絲塵埃」才能在空中凝結成水滴，雲滴同樣也需要「核心」才能凍結成固態的冰晶（也才不用等到非常低的溫度）。然而不管是氣態水還是液態水，對於選擇要在哪種核心「結冰」，比選擇要在哪種核心「凝結」要挑剔得多。

大氣中可以充當「結冰核」（icing nucleus）的粒子比凝結核大很多，寬度約爲零點零零五至零點零五公釐，體積就大了一百倍至十三萬倍。結冰核主要包含岩屑或其他礦物碎屑，而且數量比凝結核少得多。

由於大氣中結冰核的數量不多，因此雲滴不容易找到東西可以黏附其上、開始凍結，也就不會輕易就範凍結成冰，除非溫度低至攝氏零下三十五至四十度。如果缺乏大小與形狀很適合的結冰核，雲滴便會維持在這種所謂的「過冷狀態」（supercooled state）。

萊蒙的樂隊此時應該已經上臺試音了，他的經紀人一直在敲門。拜託拜託，再一下子就大功告成了，我的解說正來到緊要關頭呢！

像雨層雲這樣有深度的雲層，雲頂大部分是過冷水滴，這些水滴越往高處升上去，溫度就變得越冷。然而如果沒有適當的結冰核，它們也不急著改變狀態，即使溫度一路降至攝氏零下五度、零下七度、零下十度，它們仍舊不爲所「凍」；聽來好像是歌劇名伶耍大牌拒絕演出，只因爲後臺準備的M&M's巧克力不是她喜歡的顏色。於是，這些雲滴繼續維持在過冷液態，直到溫度低至攝氏零下二十幾度。

當溫度低至如此程度時，它們無法再挑剔了，此刻只要有大小和形狀差不多的顆粒，雲滴就準備要在上頭結冰了；就好比大牌歌手說，管他的，這些M&M's巧克力將就著吃吧，然後不情不願地上臺。一旦有過冷水滴在這許多「雖不滿意但可接受」的結冰核上開始結冰，說時遲那時快，眨眼間所有的水滴全都結冰了。

最初結冰的水滴會從外側開始結冰，首先形成一層固態外殼，中心則還是軟的。如果你家的水管曾在冬天爆裂的話，你就很清楚，等到中心也結冰，其體積便會大爲膨脹而使外殼爆裂，這些小小的冰塊碎片「冰針」（ice spicule）進而爆開、斷裂，成爲其他水滴的結冰核，使微小的過冷水滴引發連鎖反應而急速凍結。

固態的冰晶比水滴更能緊密抓住水分子，換言之，這些冰晶會將其餘過冷水滴上的水分子搶過來，迅速成長。不久，冰晶就會大到足以產生不小的下降速度，而一旦開始下降，又會與更多過冷水滴相互碰撞，於是更多過冷水滴凍結在冰晶上，使冰晶長得更大，接著便掉出雲底，碰到下方較溫暖的空氣，於是再次融化、落到地上點滴成雨。

大致上，這就是雨水從天而降的過程。

我終於及時完成解說了，等一下萊蒙就會跑上舞臺，去面對他那些吶喊嘶吼的歌迷粉絲。在狂野的搖滾樂聲中，當他走向舞臺後方的迴廊準備上臺時，我正好可以趁此空檔向他大喊：「法蘭基……這就是所謂的「白吉龍－芬地生過程」（Bergeron-Findeisen process）！」（正是白吉龍和芬地生這兩個人想出冰晶如何長大、大到變成雨，最後從天而降的過程。）

我這番苦口婆心的解說，有可能挽救年紀輕輕的萊蒙嗎？或許他聽完之後覺得眞是受夠了，從此把這該死的問題拋諸腦後，結果長命百歲也說不定哩！

小朋友描繪雨滴時，總是會畫成眼淚的形狀，我想這應該是大人教的，就好像他們學畫耶誕樹時，也總是把樹枝畫成斜斜往下垂。

但耶誕樹的樹枝應當尾端朝上，掉下來的雨滴也不是淚珠形。微小的雲滴幾乎是完美的小圓球，但是等到雲滴長大而快速掉落時，便會受到空氣阻力的影響而變形，變得不再是圓球形，更不會是淚珠形。當雨滴的直徑約爲幾公釐寬時，其實形狀看起來很像是漢堡上面那層麵包。

要小朋友在圖畫裡畫一堆漢堡從雲裡掉下來，或許有點太過分了（而且有爲麥當勞打廣告的嫌疑）。之所以會教小朋友把雨滴畫成傳統的淚珠形，無疑是因爲我們看見水滴從物體（例如浴缸的水龍頭）墜落時就是這種形狀。諸位看過水龍頭邊緣的小水滴吧?!看過的人就知道，這些小水滴開始往下滴時，看起來眞的很像淚珠形，這是由於水滴重量漸增而向下伸展，又因爲表面張力的拉攏而聚在一起，然而最後還是不得不消逝在底下的洗澡

Gavin Pretor-Pinney 提供

畫耶誕樹時，把樹枝畫成斜斜地往下垂是不對的。把雨滴畫成淚珠形也是錯誤的。
堅持非這樣畫不可的小朋友應該受到嚴厲懲罰。

水裡。

更不用說，從我們情人睫毛旁滴落的淚水也是這般情景吧。我們會把雨滴描繪成淚珠形，大概是因爲下雨和悲傷總讓人聯想在一起。英國浪漫詩人就頗耽溺於這樣的聯想，濟慈在一首充滿愁思的詩〈憂鬱頌〉（Ode on Melancholy）這樣寫著：

……當憂鬱的情緒驟然降臨，
彷彿來自天空悲泣的雲翳，
滋潤著垂頭喪氣的小花，
四月的涼霧也籠罩青山；
你的哀愁滋養了晨間的玫瑰。

一年後，雪萊（Percy Bysshe Shelley, 1792-1822，英國浪漫派詩人）得知濟慈的死訊時，爲他寫下輓詩〈天主〉（Adonais），也用了同樣的手法。這篇追懷死去朋友的悼念詩倒是頗令人發噱。雪萊想像著，濟慈幻想中的「栩栩如生的夢」如何隨他而逝；在他臨終時，會有人（一位多情的夢女郎）看見他臉頰上的一滴淚珠，她將忍不住哭喊，期盼他終究未曾死去：

> 像是沉睡花朵上的露珠，那樣
> 一滴淚是他腦海裡某個夢遺留下來的。
>
> 但她有點倒楣：
>
> 她不知道那其實是她自己的；
> 她消逝得未留一絲痕跡，如那哭乾淚雨的雲。

賞雲迷若以爲「降水」不外乎雨、雪或冰雹，那你最好再細想一下。以上只不過是諸多降水形式的其中三種，那麼究竟會有多少東西從雲裡掉下來？現在也該是徹底列張清單的時候了。降水形式會因爲雲的種類及雲中和雲下氣溫而有所差異：

液態降水

雨：通常是指直徑大於零點五公釐的水滴。

凍雨：指過冷水滴（溫度低於攝氏零度），有時稱爲「霙」（sleet），乃溫度低於攝氏零度的液態水，一接觸到地面或物體（例如戶外的電話線等）便很容易結冰。

毛毛雨：落下的水滴細密而微小，直徑通常小於零點五公釐。

凍毛雨：過冷狀態的毛毛雨（溫度低於攝氏零度），是比凍雨還小的小水滴，在很低的溫度還能維持液態，一接觸到物體便會立即凍結爲霧淞，造成許多財物及飛機的損害。

固態降水

雪：結晶形態的冰，可以是單獨一個冰晶，或是許多冰晶黏成一團，稱爲「雪花」（通常溫度高於攝氏零下五度）。這些冰晶的形狀、大小和濃度差異頗大，端視它們是在何種溫度與環境下形成。

雪粒：非常小的不透光白色冰晶（直徑通常小於一公釐），掉到地上時不會彈起來。雪粒相對於雪，有點像是毛毛雨相對於雨的差別。

霰：白色不透光冰晶，通常爲圓錐形或圓球形，直徑約爲一至五公釐。它們很容易碎裂，掉在堅硬的地上會彈起來，而且通常會碎掉。霰乃冰晶（例如雪粒）與雲滴碰撞而產生的，雲滴會在冰晶外層結冰，形成一圈圈冰膜。

冰雹：非常堅硬的冰塊，直徑介於五至五十公釐之間，但在美國出現過的最高紀錄寬達一百七十八公釐。外觀透光或不透光都有，通常在強烈雷雨時可觀測到，它們在雲裡面包裹了一層又一層的冰，如同冷凍的捲心糖球。

小雹：爲可透光的冰塊，直徑一般小於五公釐，不容易碎裂，通常是陣性的，掉到地

	雨	毛毛雨	雪	雪粒	霰	雹	小雹	冰粒	貓和狗（傾盆大雨）
積雲	●		*		△				
積雨雲*	●		*		△	▲	△		
層雲		,	*	△̶					
層積雲	●		*		△				
高層雲	●		*					◬	
雨層雲*	●		*					◬	

*此雲屬在定義上就是會下雨的雲

大部分的雲都不會降水，列在這個表上的雲才會降水。以為雲只會下雨或下雪的人可要好好研究一下了。

上會反彈且擲地有聲。

冰珠：爲透明的冰塊，直徑小於五公釐，不容易碎裂且擲地有聲，但是比落小雹持續的時間更久且穩定。

鑽石塵：是一種非常小的冰晶（直徑約爲零點一公釐），看起來像是飄浮在空中。這種冰塵一般形成於晴朗無風且非常寒冷的空氣中，極區較容易出現它們的蹤影。這是一種並非從雲而降的降水型態，因爲在陽光之下閃閃發光、非常漂亮而得名。

如果萊蒙知道降水竟有這麼多種一般人不太熟悉的形式，我實在無法想像他會有什麼反應？或許他不知道也好，否則說不定把歌詞唱成「爲什麼霰會從天而降？」

賞雲迷可能都有這樣的經驗：你和一些自以爲有學問的死黨聊天時，不時得挺身而出爲我們的雲「蓬」友辯駁。「你怎麼會喜歡那些討人厭、會下雨的雲？」死黨可能會問你這種問題，接著開始大發牢騷抱怨起會下雨的雲，像是害昨天的網球賽延期、毀了他們的結婚典禮，或是在孟加拉造成嚴重水患……等等。

大家都把煞風景或更糟糕的事情歸咎於雨，然而有一點應當特別提出來說明：幸好雲在「除去海水鹽分」的過程中擔任要角，否則世界上將沒有任何東西可以喝。公元四世紀，主教聖巴西略（St Basil the Great, 329-379）說過一段話：

> 許多人咒罵滴落在頭上的雨，卻不知它帶來的豐沛甘霖可以袪除飢荒。

或者就像美國小說家厄普代克（John Updike, 1932-2009）所說的：「雨是恩惠；雨是上天紆尊降貴來到凡間；沒有了雨，世上將不會有生命。」

除此之外，雲和降水還扮演另一個非常重要的角色，使地球成爲適合居住的地方，不過這個角色或許比較不明顯。它們是淨化空氣中汙染物的主要途徑之一。

雲的凝結核與結冰核都被包裹在雲粒當中，等到降水時才會回到地面。只需二點五公分的降雨，便足以清除大氣底層約百分之九十九的懸浮微粒，以及幾乎所有的可溶性氣體，例如二氧化硫。降水的雲將大氣中可讓雲滴與冰晶附著的核塵帶回到地上，如果沒有雲，大氣將會是無可言喻的混沌朦朧、酸澀刺激，而且全球的溫帶地區無疑一片死寂。

David Foster（member 1157）攝

即使溼漉漉籠罩著大地，雨層雲和其他會降水的雲一樣，在清除空氣污染物的過程中扮演了非常重要的角色。

抱怨降雨的人缺乏整體的觀點，只會以偏概全。沒有任何事物比雨後清新舒爽的空氣更令人雀躍了。每一位賞雲迷都知道，雨後的陽光之所以如此燦爛耀眼，全是因為雲傾盡了雨水，陽光才得以長驅直入。

如此說來，那些漢堡形的淚滴該是「喜極而泣」，而不是「悲從中來」吧?!

■注釋

1 譯注：英文用「cats and dogs」形容傾盆大雨。

2 編注：英國羽量級職業拳擊手，外號「王子」，擅長後傾閃躲對方的攻擊。

高雲族

THE HIGH CLOUDS

第八章　卷雲

冰晶墜落所形成的細緻條紋

以所有常見的雲來說，卷雲肯定是最漂亮的一種，這個名稱在拉丁文是「一綹頭髮」之意，彷佛細緻亮白的縷縷薄冰，遙遙高懸在天邊。來自加拿大的嬉皮創作女歌手瓊妮·蜜雪兒（Joni Mitchell）在她一九六九年的歌曲〈一體兩面〉（Both Sides Now）裡，將卷雲比擬爲天使的頭髮飄揚成冰。可想而知，一定是天使抹了最神奇的潤髮乳之故。

有人把卷雲比喻爲大理石岩塊的淡色花紋，或是上好牛肉的細膩脂肪紋路，但是這些比喻都太硬邦邦了。有一個更恰當的說法，與挪威神話裡主宰大氣的女神佛麗嘉（Frigga）有關，她會依據陰晴不定的心情穿上亮白或暗沉的袍子。佛麗嘉的水晶宮（Fensalir）氤氳著一室霧氣（每個家庭都有這種東西多好），她坐在宮殿裡，用鑲滿奇珍異寶的紡紗車織出長長的雲網。這才是卷雲的眞正樣貌，彷佛是以巧奪天工的纖細純絲織造而成，上面還貼有「水晶宮製」的標籤哩。

辨認雲類小撇步

卷　雲
CIRRUS

卷雲是十種雲屬中高度最高的一種，形狀爲細緻的白色絲縷、斑塊或條紋，由冰晶所組成，雲片之間彼此獨立，外觀有如纖維或呈現絲質光澤。卷雲通常不會太厚，常與其他高雲族結伴出現，例如卷層雲與卷積雲，這些雲在太陽或月亮周圍都會造成光暈現象。

- **典型高度***：
5000 – 13700公尺
- **形成地區**：
全球各地
- **降水型態（落至地面）**：
無

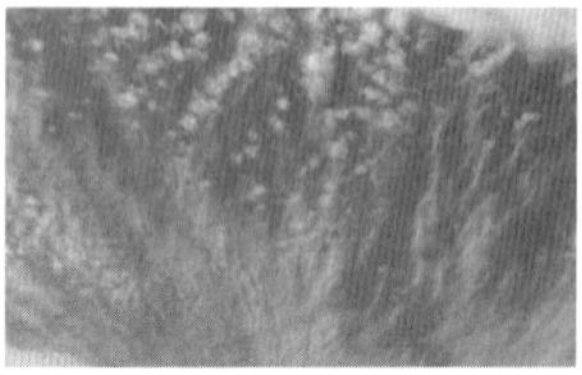

絮狀卷雲

鉤狀卷雲

脊椎狀卷雲

■卷雲雲類：

纖維狀卷雲：型態如平直或彎曲的細絲，彼此之間不相連，而且尾端無鉤狀或塊狀。

鉤狀卷雲：雲的雨旛形狀像是鉤子或逗點符號。

密狀卷雲：最厚的一種卷雲，在太陽前方看起來像是灰色的斑塊，很容易從積雨雲的雲砧發展而成。

堡狀卷雲：型態爲清晰分明的小雲塊，雲頂如碉堡狀。

絮狀卷雲：型態爲各自獨立的小團叢毛，下方經常可見絲絲縷縷的冰晶曳痕。

■卷雲容易錯認成：

卷層雲：
卷層雲看起來像一層纖薄、乳白色、光滑或絲質的紗巾籠罩著天空，卷雲則是彼此分離的條紋、纖維或斑塊。

卷積雲：
卷積雲是很高的一層雲塊，如鹽粒一般；卷雲沒有這種細密的斑紋結構。

■卷雲變型：

雜亂：雨旛形狀不規則且非常雜亂。

輻射狀：雲絲呈平行的條紋，通常受到高層的風場所影響，視覺透視的效果使其看起來彷彿朝地平線的方向聚攏。

脊椎狀：雲絲看起來像是魚的骨架。

重疊：雲的線條、絲紋或雲鉤排列成許多高低層次，特別是風把各層次的雲絲吹往不同方向時格外明顯。

*：這些估計高度（距離地面的高度）乃以中緯度地區爲例。

左圖：Malcolm Buck（member 1170）提供。右上圖：Graham Tilston（member 562）提供。右下圖：Linda King（member 1619）提供

J.C. Dollman繪，取自*Myths of the Norsemen* by H.A. Guerber, George G. Harrap & Co Ltd., London,1922

原來卷雲是佛麗嘉紡出來的啊。

在常見的雲中，卷雲是高度最高的，完全由冰晶組成，在溫帶地區基本上形成於七千三百公尺以上的高空。何華特對卷雲的形容是「好像用鉛筆畫在天上似的」，然而地上的人們總是忽略了這些細緻的柔絲卷髮，大概是因爲卷雲幾乎不會引起顯著的天氣變化，既未落下一點雨絲或雪花（至少都沒有落到地面），也不曾興風作浪。除此之外，卷雲絲毫不會減損陽光的威力，因爲它們的厚度根本遮擋不了太陽。

大家必定都沒想到，其實卷雲是不折不扣「會降水的雲」。我們沒有把卷雲定義爲會降水的雲，因爲它們的「降水」一遇到雲底下方的暖空氣就蒸發掉了；事實上，我們抬頭仰望的卷雲其實是雪（嗯，正確的說法是冰晶），這些冰晶從極高的天空落下來，根本不可能到達地面。住在較溫暖地區的賞雲迷可能很難得看到雪，但是看著卷雲，便像是從幾公里外一窺雪的樣貌。

冰晶向下墜落時，完全任憑對流層高處強風的吹送，因此卷雲呈現出獨特的鬆軟結構，稱爲「雨旛」（fallstreak）。在對流層頂，風速往往高達每小時一百六十至二百四十公里，卷雲形成於如此強風之中，根本不可能在同一個地方停留太久。

然而與微風中滑翔的低層積雲相較，卷雲看起來幾乎停滯不動，不

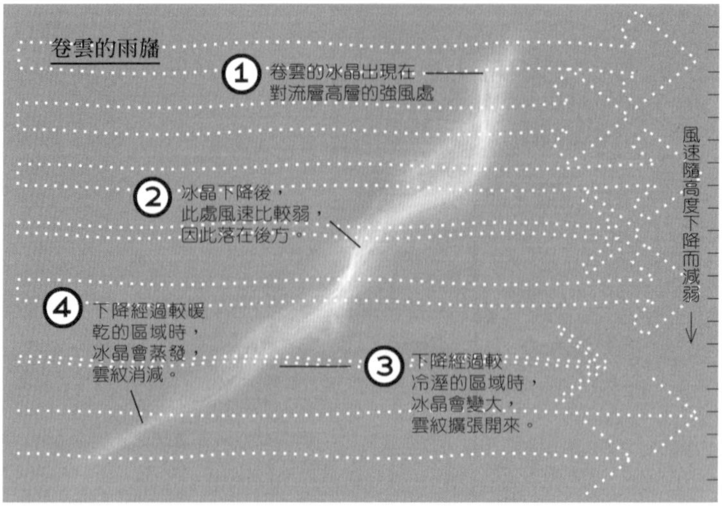

卷雲的雨旛
1 卷雲的冰晶出現在
對流層高層的強風處
2 冰晶下降後，
此處風速比較弱，
因此落在後方。
4 下降經過較暖
乾的區域時，
冰晶會蒸發，
雲紋消滅。
3 下降經過較
冷溼的區域時，
冰晶會變大，
雲紋擴張開來。
風速隨高度下降而減弱

風速、氣溫和濕度可以決定卷雲雨旛的樣貌。

過賞雲迷可別忘了，物體距離我們越遠，越難看出它在移動。事實上，卷雲的移動速度比積雲快得多；它們不只是常見雲屬中高度最高的，也是移動速度最快的。

平均而言，對流層的風速會隨著高度下降而變弱，因此當卷雲裡的冰晶向下掉落時，會穿過下方速度較慢的氣流，因此越往下掉就移動得比較慢。而在降落途中，溫度與溼度的差異會使冰晶在某些區域裡變大、數量增加，在某些區域則縮小、減少，這些差異取決於冰晶掉落時所經空氣的風速、溫度和水分含量，使卷雲的雨旛呈現出波紋般的型態。

這些冰晶無聲飄蕩，即使想要引人注目，又怎麼比得過呼嘯來去的積雨雲呢？它們實在太寧靜淡遠了，很難讓人分心側目。然而身爲賞雲迷，可得用點智慧詳加留意這些雲。雖然這些雲似乎不會導致地面上顯著的天氣變化，但它們是以一種低調的方式訴說許多潛在的天氣訊息，就像大自然輕聲呼喚著「就要變天啦……」。對於懂得傾聽的人來說，卷雲彷彿輕柔的耳語，向我們暗示著更有份量的雲正在逐漸接近，那就眞的會在地面興風作浪了。

卷雲是天氣變壞的前兆，徒增其纖弱之美；最美妙的事物總是好景不常，不是嗎？

Mike Davies（member 1633）提供

雲屬不一定非得細分成某個雲類，像這些統統都是卷雲。

卷雲有五種雲類，差別在於雲的外觀及雲紋走向。卷雲的外形有時像是極爲瘦長的細絲，或筆直或微微彎曲，而且通常每一絲線條各自分離，線條的尾端不會結合成一撮或一團，這種型態的卷雲稱爲纖維狀卷雲（Cirrus fibratus）。而一般說的「馬尾雲」（mare's tail），正式名稱爲鉤狀卷雲（Cirrus uncinus），其雲紋形狀像是逗號或鉤子，每個逗號的頂端都比尾端厚實些，但是仔細看它們的上半部，並沒有任何成堆或成團的現象。

密狀卷雲（Cirrus spissatus）乃雲的厚度達到一定程度，逆光觀看會呈現灰灰的雲塊；積雨雲的暴風雨雲消散之後，留下的雲砧常會轉變成密狀卷雲。另一種雲類正好和密狀卷雲相反，其雲層非常透明，看起來總是明亮潔白。這就是所謂的堡狀卷雲（Cirrus castellanus），和高積雲與層積雲的堡狀雲很類似，即個別的卷雲會從一個基底如城塔般隆起。最後一種是絮狀卷雲（Cirrus floccus），形狀如小團叢毛，下方通常有一些冰晶掉落的形跡。

所有的卷雲雲類都是比較獨立的雲片，這點要謹記在心。如果雲片連成一層平坦的雲紗，或是一層微小而分布均勻的雲塊，那就是另兩種高雲族：卷層雲或卷積雲。這三種雲似乎喜歡結伴同行，天空裡常常可以同時看見它們的身影。

卷雲有四種變型。細細的雲絲若是胡亂扭曲或糾纏不清，看似漂亮但有時令人心煩意亂，這種變型稱爲「雜亂」卷雲。相反的，脊椎狀卷雲排列得井然有序，像是魚的骨架。（可別把這種雲與有如鯖魚鱗片般的卷積雲混淆了，卷積雲是由微小的雲塊所組成的雲帶，看起來很像魚的鱗片，而脊椎狀卷雲則是把魚吃乾抹淨，只剩下魚骨頭。）

再來是輻射狀卷雲及重疊卷雲，其他雲屬也有這兩種變型。輻射狀卷雲的線條看起來彷彿向地平線方向聚攏（因爲透視效果的關係），重疊卷雲則有很多層次，分布在不同的高度。重疊卷雲比較不容易辨認，因爲飄逸如煙，而且這種雲等於是分布在相當一段垂直距離的很多層冰晶，所以很難判定高度，除非各層卷雲的風向都不一樣，才比較容易觀察到重疊卷雲，此時不同高度的雲絲會被風吹成各有各的方向。日出和日落時分也比較容易觀察重疊卷雲，因爲較低層的雲會落入陰影而顯得灰暗，而雲的其他部分受到低角度太陽的照耀，仍顯得相當醒目。

本書每個章節依序介紹每一種雲屬，這實在有點兒冒險，因爲一不小心就會把它們描繪成各種特立獨行的野獸。其實雲的變幻流動是一種常態，雲永遠都正從某種型態轉變成

Graham Tilston（member 562）提供

絮狀卷雲包含一簇簇各自獨立的高雲，下方有冰晶掉落的痕跡。

Jeffroy Rathbun（member 1590）提供

這種罕見的卷雲稱為「克赫波狀雲」（Kelvin-Helmholtz wave cloud），形成於風速劇烈變化的風切區域，不同高度的雲會往不同方向移動。

另一種型態，同時也反映出大氣的溫度和溼度變化。

這種情形在中緯度溫帶地區最爲明顯。南、北半球都一樣，介於極區和赤道之間的中間地帶是天氣最詭譎多變的地區，也爲天氣預報員帶來極大的挑戰。

這些地區的雲固然難以捉摸，然而其變化模式有時頗爲循序漸進、有跡可尋。有一種雲的演變模式便是以卷雲逐漸變厚作爲開場，賞雲迷千萬要把這種模式弄清楚。整個演變程序通常需要一、兩天才算完整，如果賞雲迷能於早期階段即開始留意，便能大致掌握溫帶地區的多變天氣，進而學會如何察雲觀色，看出大氣善變的心情。身爲賞雲迷，沒有什麼比這更重要了；起初你可能感覺一頭霧水，但到了最後就會明白，一切努力都是值得的。

演變程序啓動時，通常在相當晴朗的天空裡會出現淡淡的一簇簇卷雲冰晶，此外低層天空也可能有一些積雲。接著卷雲會逐漸擴展開來布滿天際，進而合併在一起。它們的擴展方式很值得留意，因爲這等於是對流層頂的風向指標：如果雲的擴展方向與地面的風向呈直角相交，就表示這一系列典型的天氣演變模式已經展開了。以北半球而言，如果你背對著風的來向，而卷雲正往你的右側擴展開來，就表示演變模式正在啓動了，因爲雲狀之所以如此改變，顯示有「低壓區」即將通過。

過不了多久，卷雲擴展開來的一簇簇雲絲會逐漸聚集，形成一層乳白色的輕紗籠罩住天空，且雲層越來越平坦，失去了原有的樣貌。很快的，它們就不再是卷雲了，而是轉變成同屬高雲族的冰晶雲，稱爲「卷層雲」。這種雲的厚度不至於遮蔽太多陽光，但會繼續變厚，雲底往下延伸發展成中雲族的高層雲，此時雲裡通常同時包含了水滴與冰晶。

轉變成高層雲之後，太陽看起來彷彿隔著一層毛玻璃，天空顯得憂鬱陰沉，一片單調的淺灰色。這片高層雲還會繼續增厚，雲底越來越低，顏色則從淺灰轉爲更沉悶的暗灰。到了這個節骨眼，即使是對天空的情緒起伏非常遲鈍的人也會說「好像快要下雨了」，話才說完，小雨滴（或雪，如果溫度夠低的話）果然開始持續而輕巧地落下。

不久，雲層底部可能會低至距離地面約僅三百公尺，此時雲看起來既陰暗又沉重，已然轉變爲雨層雲，降水也越發強烈。雨或雪會下得持久且穩定，來得慢、結束得也慢。幾個小時之後，雨層雲終於開始變薄、變得明亮些，等到雨終於停了，便會轉變爲低雲族的層雲，然後又散開形成層積雲，甚或終於雲開天清，只剩下幾朵積雲。

以上只是整個演變過程的上半場而已，基本上需時超過一天，通常地面也會伴隨出現溫度上升的現象。這段期間幾乎都是層狀雲在挑大梁，於天空的舞臺輕捻漫舞；這些雲的特色就是慢條斯理、循序漸進、持續發展，降水型態也同樣循序漸進而持久。

綜合而言，上半場伴隨著氣溫升高，典型雲系的演變過程是這樣的：

卷雲逐漸擴展（周圍可能有一些積雲）⇓卷層雲⇓高層雲（逐漸開始下小雨）⇓雨層雲（產生持續且較強烈的降雨）⇓層雲⇓層積雲⇓積雲（天空放晴）

整個過程基本上至少需要一天

到了下半場，層狀雲不再是天空舞臺的主角，而是由一朵朵對流雲領銜主演，霎時群雲亂舞，熱鬧滾滾。

此時溫度會再次下降，表示另一種較急速的雲系演變模式即將展開。通常這下半場會先出現高積雲，或是類似高積雲但高度更高的冰晶雲，稱爲「卷積雲」，船員們一般稱之爲「魚鱗天」（mackerel sky），因爲卷積雲的排列方式很像鯖魚身上的魚鱗。

水手之間還流行一句諺語：「魚鱗天，魚鱗天，一下溼來一下乾。」（Mackerel sky, mackerel sky, not long wet, not long dry）[1]這句話正可形容即將發生的天氣型態。溫度一降低，濃積雲甚至積雨雲的暴風雨雲就會驚人成長，從能量充沛的積雲或層積雲的雲層間發展起來。當然啦，這些水勢磅礴的龐然巨雲不會保有水分太久，冷不防便下起陣雨、陣雪或冰雹，通常十分劇烈，但往往相當短暫。這些對流雲系宛如急驚風，迅速「致雨」的高效率和「興雲」不相上下，一時之間風狂雨驟，著實令人膽顫心驚。

暴風雨肆虐過後，風捲雲殘只剩幾片高層雲，之上還有一縷縷排列得非常整齊宜人的卷雲，彷彿又回到了整個雲系演變模式的起點。這些殘餘的卷雲可能會高掛天空一段時間，而被繁瑣俗事牽絆的賞雲迷若此時正巧抬頭看雲，難免會納悶，層狀雲當主角的上半場戲碼是否才剛要上演？他們看到的究竟是好戲的開場，還是行將落幕？

事實上，從風向便可知道這場戲已經接近尾聲。在地面上背對著風的來向，位於北半球的賞雲迷會發現，此時高層的風將卷雲吹往左方，而不像戲碼一開始是往右飄移。

隨著氣溫降低，下半場的雲系演變過程是這樣的：

高積雲或卷積雲（水手所說的「魚鱗天」）⇓濃積雲或積雨雲（帶來突發且強烈的陣雨）⇓高層雲（呈片狀，乃暴風雨雲遺留下來的）⇓卷雲

整個過程基本上只需要幾個小時

之所以把雲系的演變過程分成上、下半場，是因爲有時候兩者可能各自單獨發生，而且每次發生的強度也明顯不同，有時甚至微弱到不會產生降水的雲。

如果賞雲迷對於演變過程還是看得一頭霧水，覺得好像在練習繞口令，那麼等一下把這些雲系的演變過程搭配低壓區的通過方式，如果能了解這些雲爲何如此發展，也許比較容易記住吧。

以上的概念是在第一次世界大戰之後，由挪威西南海岸卑爾根（Bergen）一群傑出氣象學家研究出來的。卑爾根是整個歐洲最西端的小城之一，年降雨量約爲二千二百毫米，而倫敦僅五百六十毫米，相形之下簡直是小兒科，難怪這群氣象學家有充分理由絞盡腦汁

研究降雨雲的發展，因而成爲有名的「挪威學派」（Bergen School）。

他們不僅提出研究方法，藉以探討溫帶地區的雲爲何會有這種演變模式，還發現一些更基本的原理。挪威學派用以詮釋全球溫帶地區天氣的方法，讓我們更能理解中緯度多變的天氣，堪稱一項偉大的貢獻。

對於溫帶地區的天氣預測，他們的研究可說是一大突破；更可貴的是，這還可以幫助賞雲迷記住一連串典型的雲系演變過程，從高層卷雲一簇簇冰晶條紋逐漸擴展、蔓延揭開序幕。

「挪威學派」是由氣象學家畢雅尼（Vilhelm Bjerknes, 1862-1951）所建立的，他於一九一七年移居卑爾根，建立了這個學派；畢雅尼曾在德國萊比錫大學求學五年，之後回到挪威。第一次世界大戰期間，天氣預報最重要的就是研究氣壓計所顯示的氣壓變化；自從一六四四年氣壓計在義大利佛羅倫斯問世之後，人們已經知道，一旦氣壓下降便可能風起雲湧，甚至下起雨來。儘管大家急於改進天氣預報的準確度，卻沒有人知道天氣變化與氣壓計的氣壓變化究竟有何關聯。

畢雅尼回到卑爾根，發現他的祖國正面臨饑荒的威脅；挪威地處寒冷氣候及多山的環境，一直仰賴進口穀類解決糧食問題。戰爭幾乎切斷了糧食的補給線，因此必須採取緊急措施，設法增加農業生產，而畢雅尼的工作便是重新整頓全國的氣象服務，爲辛勤的農民提供重要的天氣資訊。

農民需要知道暴風雨何時來襲，而且越早獲得預警越好，因爲暴風雨會損傷珍貴的農作物。單憑這個動機，便足以讓畢雅尼與他找來的一群年輕氣象學家努力研究，想知道爲

Keith Epps（member 868）提供

在中緯度地區，卷雲若開始逐漸擴展與合併，很可能是低壓區即將來臨的初期徵兆。

何低壓區總是伴隨著降雨和風暴。一九一八年，他們發現中緯度地區潮溼且多風暴的天氣系統並不是由氣壓變化所引起的，追根究源，氣壓的變化和下雨的天氣，原來都是「大範圍暖空氣與冷空氣交會接觸」造成的結果。

挪威學派率先提出「大氣就像個巨大的熱機（heat engine）」。熱帶地區上空的大氣受熱較多，極區上空的大氣則比較冷，爲了減少溫度差異，空氣環繞著地球移動以重新分配熱量。挪威學派發現，這種移動過程可以用各種不同的「氣團」（air mass）來討論，就如同暖洋流與冷洋流。想像中它們應該會彼此混合，但其實不然。

經過實地研究，他們發現了好幾道溫度「不連續」曲線，來自赤道的暖空氣與來自極區的冷空氣在此處碰頭。他們還發現，這個不連續曲線蜿蜒在緯度五十至六十度附近，南、北半球都存在此現象。

溫帶地區的多變天氣，就是沿著這道曲折蜿蜒且不斷移動的空氣界面而生成的。由於戰爭的陰影深植人心，畢雅尼便借用軍事用語，把兩團空氣相抗衡的這道曲線稱爲「極鋒」（polar front）。這個名詞非常恰當，因爲鋒面即不同氣團間「爆發衝突」的地方。而此處也是天氣系統持續發展導致雲系演變之所在，一開始是悄聲而來的卷雲，結尾卻是喧譁的濃積雲，甚至是狂嘯怒

Dr. Malcolm Buck（member 1170）提供

這些纖維狀卷雲看起來如此美麗絕倫，誰還在乎它們竟是天氣即將轉壞的前兆？

吼的積雨雲。

隨著氣團間彼此抗衡、此消彼長（暖空氣從熱帶地區往極區移動，冷空氣則相反），這道極鋒界面總是固定呈南北走向蜿蜒延伸，時而模糊，時而清晰，時而斷裂，時而重新接續。這條戰線詭譎多變，能量來自於太陽對地球上不同區域有不同的加熱效果。

遲至二次世界大戰期間，飛機駕駛員注意到對流層高處有幾道非常強勁的風速帶，恰好與極鋒的位置相吻合。這些風速很強的「噴流」（jet stream）後來成爲眾所皆知的現象，它們正好位於不連續曲線上方的對流層高處，呈西往東走向。飛行員若是在大約九千公尺高空朝著噴流逆向飛行，必定會很訝異，因爲竟然飛不太動；然而如果順著噴流飛行，飛行時間就會大幅縮減。這些位於北半球極鋒高空的噴流帶，便是從倫敦飛到紐約要比回程多花一個小時的原因。

我們有時候會看到長長的「噴流卷雲」往地平線附近延伸，此乃雲裡的冰晶被這些高空強風帶吹出來的。此外，沿著極鋒常會發展出扭結（kink）與波紋（ripple）構造，噴流也會影響這些構造的移動方式。

正因爲氣團之間的界面出現這些扭結構造，而噴流會把扭結推向東方，這讓挪威學派終於知道，溫帶地區爲何會以一再重複的固定模式形成雲。

挪威學派提出的天氣變化模式逐漸受到廣泛認同，於是氣象學家開始將注意力從氣壓計轉移至雲身上。這是有史以來第一次，我們可以合理解釋溫帶地區雲的發展模式與天氣變化之間的關係；雖說這種「出現特殊雲狀乃暴風雨即將到來的預兆」之概念，最早的觀察可追溯至亞里士多德的時代，但科學家一直認為那不過是民間傳說罷了。畢雅尼和他的助手則發現，出現特定雲狀居然與冷、暖氣團的短兵相接有驚人的一致性。

中緯度地區的賞雲迷一定會注意到，如果極鋒出現明顯的扭結構造，且受到高空噴流的影響而從你頭頂快速通過，則氣溫必定出現急遽的變化。首先你會感覺到冷（極區）空氣被暖（熱帶）空氣取代，等到扭結處通過之後，冷（極區）空氣又再度取得優勢。雲就是沿著這道不同氣團之間的極鋒界面發展起來的，降水也是一樣。

暖空氣的密度比冷空氣小，所以兩者接觸之後，暖空氣會凌駕於冷空氣之上。如果從熱帶來的暖空氣在途中曾通過海洋表面，沿路會夾帶許多水汽，等到暖空氣爬升到冷空氣之上，冷卻效應會讓部分的水汽凝結成雲。暖空氣上升會使氣壓計讀數下降，表示地面的氣壓正在降低，此乃這場「空氣大戰」被視為「低氣壓」的主要原因。

上、下半場的典型雲系演變模式，就發生在低氣壓通過的溫度變化區。冷、暖兩氣團的溫度與溼度差異越顯著，興雲致雨的程度就越劇烈。

暖空氣剛抵達時，交會速度較緩慢，於是出現層狀雲演變模式（一開始先出現在對流層高處）；等到暖空氣再次被冷空氣往前推擠，交會速度變得比較快速，則產生對流雲演變模式。於是，氣團之間不連續界面的扭結處便由兩種鋒面構成，即暖鋒與冷鋒。

在扭結處前緣，稍微傾斜的暖鋒會使得一大區暖空氣緩緩向上爬升，使高層的卷雲雲絲逐漸變厚，接著成爲越來越深厚的層狀雲。在演變過程的上、下半場之間，天空會暫時放晴，因爲此時暖空氣不再抬升。但是隨著冷空氣再次湧來，演變過程很快進入下半場，埋伏在底下的冷空氣冷不防地將暖空氣往上推升，於是活躍的積雨雲便沿著冷鋒形成，迅速發展出巨大的雲塔，同時突如其來的舉升作用也造成強風。

這便是挪威學派提出的氣團交互作用模式，證明人們可將雲狀視爲可靠的天氣變化指標。何華特曾把雲比喻爲人們臉上的表情。「要知道這些（天氣）原因的運作方式，它們往往是肉眼可見的良好指標，」他說，「就像人的身心所呈現出來的神情舉止。」卷雲雲絲開始逐漸擴展，可視爲大氣情緒轉變的第一個訊號。要解釋詳情，或許得搬出挪威學派，但是觀察雲的人們早已對此了然於胸：「天上畫筆刷，地上大風刮。」

研究各個氣團交會的移動情形，讓我們對於天氣的理解有了大幅躍進，再加上衛星雲

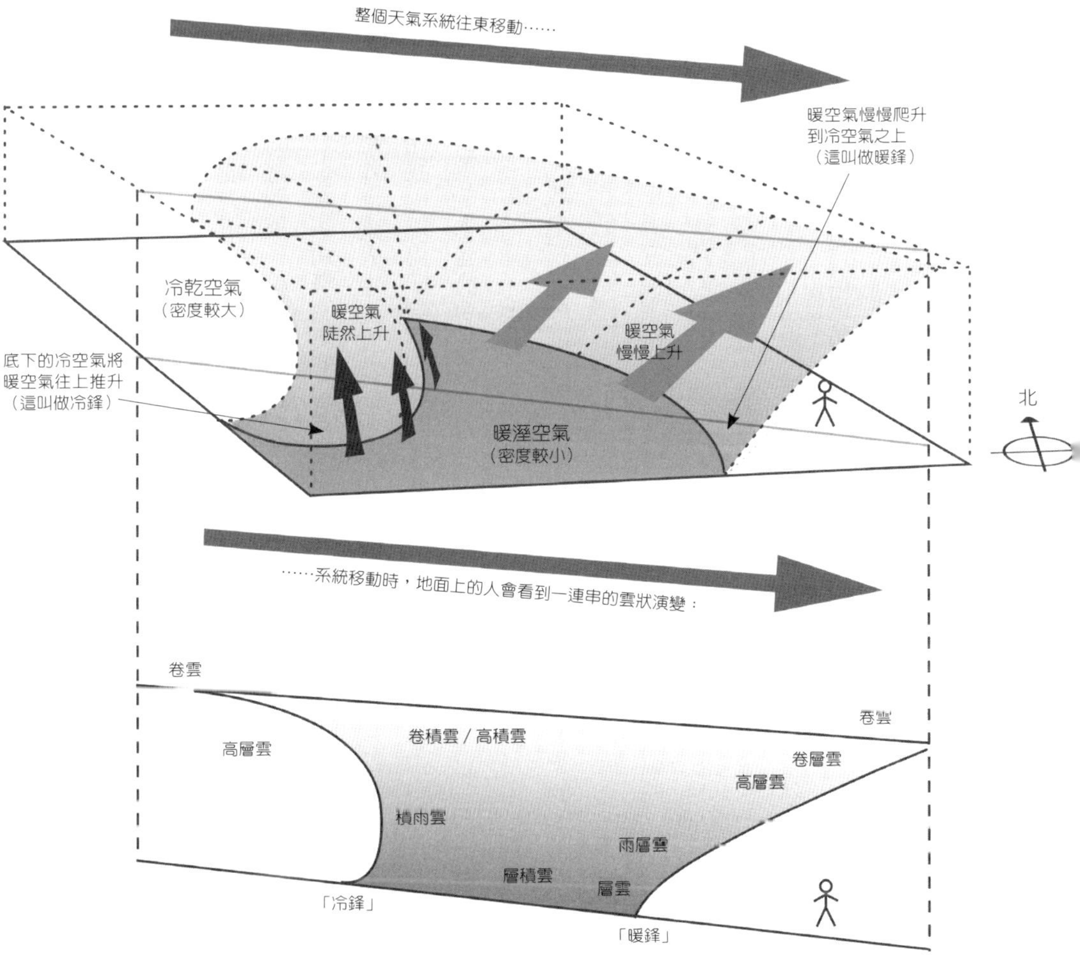

低氣壓區通過時，雲便是以這些過程形成及發展。如果你以為這看起來很複雜，那你會很「低氣壓」地發現，這張天氣系統解說圖其實非常簡單。

圖及高速電腦的強大功能，近五十年來的天氣預報技術早已不可同日而語。我們已經越來越依賴媒體所提供的天氣預報資訊了。

這對於決定週末的烤肉計畫當然有很大的幫助，但也意謂著，人們對於大氣善變心情的察顏觀色能力正在逐漸喪失。我們雖然可以看出明明白白顯露在雲上的表情，卻也對於其所代表的意義越來越無知。我們彷彿得了「氣象自閉症」。

我第一次觀察到整個典型的雲系演變過程，看到雲系從卷雲開始擴展，便愛上了這種感覺。當時我搭乘火車從倫敦往西南方向前行，這種走法意謂著天氣系統是正對著我迎面而來，因此我可以更快觀察到雲的發展情形。

討厭雲雨的人也許會認爲，以「低氣壓」（亦有沮喪之意）來形容即將到訪的一大區上升暖空氣非常恰當，但我可不這麼認爲。還記得那是個四月天，是英國一年之中雲系最活躍的時節，我走在倫敦街頭前往火車站時，已經注意到卷雲的形跡如何在藍天裡擴展開來。周圍還有些低層的積雲，它們移動的方向透露出低層的風向，不過由於附近高樓大廈之間常會形成小渦旋從中攪局，有時並不太容易確認低層的風向。

我停下腳步，背對風的來向站定，看得出來高層逐漸增厚的卷雲正往我的右邊擴展，表示有一區低氣壓正在接近。這幅美不勝收的卷雲景象竟是曇花一現，會不會讓我覺得很「低氣壓」？恰恰相反，我很好奇想知道，雲的發展模式是否眞如我學過的一樣？我簡直迫不及待，想要觀賞這場彷彿是爲了取悅我而表演的默劇。

火車一路向西行，我看到暖鋒在低壓區前緣默默地上演一齣雲舞。果然不出所料，前方的卷雲正逐漸形成一片乳白色的薄紗，只見它水乳交融、越變越厚，然後向下沉降，成為一片高層雲。接著，彷彿事先套好似的，第一滴雨落在車窗上，起初只是小雨點，後來卻在玻璃窗上逐漸匯流成一條條小河。

當火車通過地面層冷暖空氣的交界處時，上空的高層雲變得越來越深厚，從低垂的雨層雲持續不斷落下的雨也越來越劇烈。從倫敦一路觀察到現在，這段低壓系統通過的時間大約需要二十四小時，光是坐在火車上貫穿這團暖空氣就花了好幾個鐘頭。

火車抵達目的地，薄薄的雨層雲已經開始分裂成破碎的層積雲。由於現在剛好位於鋒面扭結的中央區域，此處沒有氣團之間彼此抗衡所造成的氣流抬升現象，天空顯得相當晴朗。不過我確信這很快就會過去，果然中午過後，積雲便開始發展起來，而且有一兩朵積雲的頂部相當鬆軟，結冰的雲頂區域顯示它們已經轉變成積雨雲了。

傍晚時分，太陽斜照的暖色調被遮蓋住了，黝暗的隆起物全面占領天空，頃刻間亂雲崩裂、驟雨急瀉。溫度再度降低，我知道低壓系統的後半部此刻正在通過，移動速度較快的冷氣團鑽入暖溼空氣下方，向東直奔倫敦而去。我的心情並未受到低壓帶通過的影響而變得沮喪。我站在雨中，感受雨點如瀑布般打在我的額頭上，如此豐盈充沛，倏然滌盡空氣裡的塵埃，小草的葉片也在傾盆大雨中不斷抽搐顫抖。

賞雲的樂趣之一便是觀察雲的移行演進。沒有哪個賞雲迷敢誇口說，他只要瞄一眼天色就知道會不會下雨，這好比是看著別人的照片就說出他在想什麼一樣。如果照片裡的人剛好眨眼睛，難道表示他很睏嗎？如果他們的臉瞬間定格在齜牙裂嘴的表情，難道表示他們很痛苦嗎？那可不，只表示照片照壞了而已。

我們看一個人的表情，必須觀前察後才能判斷出含意。同樣的，旋舞於天際的美麗卷雲並未透露出太多大氣的心情，想要知道的話，我們得耐心觀察天空表情的演變。

大家對於可將雲視爲天氣的預兆幾乎沒有什麼爭議了，但是說到雲也能用來預測地震，這可就令人半信半疑。一位目前住在紐約、來自中國的退休化學家壽仲浩，倒是對此深信不疑、言之鑿鑿。他聲稱，某些特殊的雲對於地震的短期預測是非常有用的工具，而且大家都低估其價值。

雖然許多地震學家將壽仲浩的理論斥爲胡說八道，不過他仍然深信，某些「非氣象雲」（non-meteorological cloud）與重大地震之間有密切關聯。自從退休之後，他將所有精力投入鑽研衛星雲圖，嘗試從雲的分布型態找出預測地震的蛛絲馬跡。他聲稱，「地震雲」能夠幫助他預測地震的震央與規模，一般可在三十天之前發布警報。

壽仲浩發現五種不同型態的地震雲，其中最特別、最不尋常的是「線形」及「羽毛形」的地震雲，看起來如同高雲族或寬或窄的雲紋，很像是短而直的卷雲。這些雲可能在幾秒之內突然產生，看起來類似升空火箭後方的凝結尾。「燈籠形」地震雲則是在原已存在的高雲族雲層裂縫中出現的一道雲線，壽仲浩宣稱，雲的尾巴會指向即將發生的地震震央，再利用先前出現的地震雲長度與伴隨地震規模的關係當做指標，便可判斷未來地震的規模。根據壽仲浩的紀錄，地震雲的出現可以預測一百零三天之內的地震，平均預測時間爲三十天。

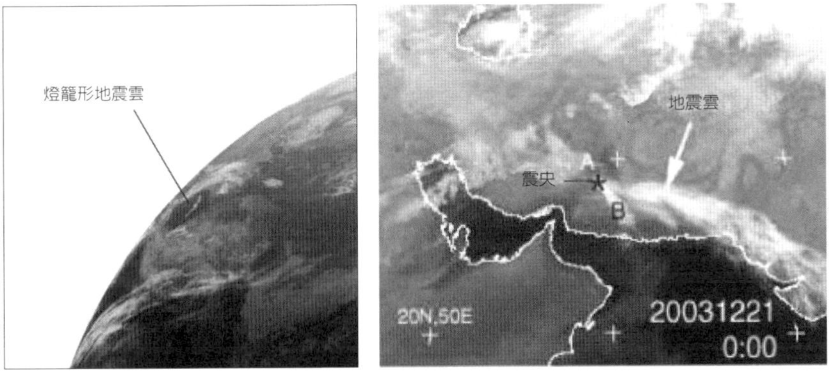

左圖：壽仲浩所稱之燈籠形地震雲。右圖：2003年12月25日，壽仲浩根據這張雲圖預測了一次規模至少5.5的地震，隔天便發生一場規模6.6的地震，雲的端點（以符號*表示）為震央所在，這場地震重創伊朗的巴姆市。取自2003年12月21日的印度洋實驗計畫（IndoEx）衛星圖像。

壽仲浩並沒有說他已經全盤了解地震對於雲有什麼影響，他只是提出了一種解釋，而這與火山爆發前的冒煙情形很類似。他這樣解釋：「地底下高溫、高壓的水汽從一處或多處裂縫噴出地表，水汽上升後接觸到大氣中的冷空氣而凝結成雲。」壽仲浩認爲，在顯著的斷層活動發生之前，地底下的岩石受到地震應力的作用可能形成小裂縫，地下水便沿著裂縫向地下滲透，過程中因巨大的摩擦力而使得地下水變熱。一旦受熱膨脹，產生的高壓使地下水形成一道噴射蒸汽衝出地面，進而在上空凝結成雲。這可以當做一種指標，即雲的位置與方位可以顯示即將發生斷層活動的大致地點，雲的大小則可顯示地震力的等級，也就是地震的規模。

壽仲浩雖然不曾受過任何地質學訓練，卻是第一位提出地震雲形成機制有待進一步研究的人。一直以來，他最在意的是預測的準確度，那才是最重要的。

自一九九四年開始記載地震預測結果以來，他宣稱大約有百分之七十的預測已證實是正確的，而他的方法竟然只是利用一般人都可取得的衛星雲圖。如果能夠取得更高解析度的連續雲圖，他認爲成功率還會更高，不過那些資料通常都是機密檔案。

然而到了二○○三年十二月二十五日，原本對壽仲浩嗤之以鼻的地震學家卻開始對他刮目相看。那一天，他在個人網站發布了一則地震預報。他利用幾天前歐洲衛星組織的氣象衛星五號（Meteosat-5）拍到的衛星雲圖，發現印度洋上方出現一個典型的地震雲，所在位置正好沿著伊朗東南方一處著名的地質斷層帶上空。衛星雲圖顯示斷層帶沿途上空浮現一連串雲跡，壽仲浩便大膽推測，該地區在未來六十天內將會發生芮氏規模五點五以上的大地震。

十二月二十六日上午五點二十六分，一場規模高達六點六的大地震重創這條斷層帶，震央位於伊朗古城巴姆（Bam），與壽仲浩發現的雲端位置幾乎完全吻合。這場大地震導致極爲嚴重的災情，超過二萬六千人死亡、數萬人受傷，而在這座已經有一千五百年歷史的絲路貿易古都，約有百分之七十的建築物夷爲平地。

此次預測非常成功，使壽仲浩聲名大噪。二○○四年五月，他受邀至伊朗德黑蘭，在聯合國與伊朗太空總署合辦的研討會發表演講，會中討論的主題是關於太空科技如何應用於環境安全與災後重建。根據遙測與救災管理專家阿莫利（Ansari Amoli）的說法，壽仲浩的演講普遍受到與會地質學家、地震學家及氣象學家的認同。「如果能與傳統方法結合在一起，他的地震雲理論似乎是改善地震短期預報的最佳方法，」阿莫利說，「但是確切的機制還需要更進一步了解。我相信其中絕對有值得地震專家深入研究之處。」

他的地震預測方法能否獲得科學界的廣泛認同還很難說，有人認爲那只是穿鑿附會罷了。「壽先生是唯一認爲雲和地表下方十公里處發生的地震有任何關聯的人。」此乃美國地質調查所帕沙第那分處主任瓊斯博士（Dr. Lucy Jones）對他的評語。然而，壽仲浩的理論或許並不如她所說的這般一無是處，事實上雲和地震之間的歷史淵源由來已久。

公元七十七年，羅馬歷史學家老普林尼（Pliny the Elder, 23-79）以亞里士多德的觀測爲基礎，提及地震之前出現的雲：

> 船上的人們無疑都感受到地震，他們被一陣突如其來的海浪擊中，但並不是什麼陣風造成的……天空同時出現了一個異象：每當震盪即將發生之際，不管是白天或是日落之後不久，晴朗的天空都會拉出一道細長的雲線。

《百科大全》（*Brihat Samhita*）第三十二章也曾提及地震雲，這部梵文書是印度哲學家、天文學家與數學家伐羅訶密希羅（Varahamihira, 505-587）於公元六世紀所著。一般認爲這部著作是講述古印度天文學與占星術最早的版本，書中提到一種特殊的地震，在發生前一週會出現不尋常的雲：

> 它在一週前出現的跡象如下：巨大的雲彩形如藍色的百合花、蜜蜂或彩色眼影，發出活躍巨響，並伴隨閃電發光，會像旺盛的雲一樣降下傾盆大雨。在這範圍內所發生的地震，會讓那些仰賴海洋或河流維生的人喪命，而且帶來豪雨。

至於第一個根據地震雲來預測地震的紀錄，出現於中國《隆德縣誌》一六二三年的記事中：「天晴日暖，碧空清淨，忽見黑雲如縷，宛如長蛇，橫亙天際，久而不散，勢必爲地震。」

John Miles（member 1177）提供

卷雲究竟是天使的頭髮，還是智慧老人的鬍鬚？這看起來倒像是一把梳子。

壽仲浩聲稱他已在中國寧夏省的固原市找到地震紀錄，時間爲一六二二年十月二十五日，是中國西部地區自一五六一年至一七〇九年這一百四十八年間僅有的一筆紀錄。

姑且不論是否眞能發現預言地震的雲彩，賞雲迷卻肯定能看出預示天氣系統即將產生變化的雲。應該留意的是高雲族的變化情形，例如卷雲。當卷雲在藍天裡逐漸擴展與增厚時，看起來不再像是天使頭髮般的浮冰，而是智慧老人的髯髯鬍鬚。他像一位慈祥和藹的老公公，娓娓道來天氣的始末，然而他的輕聲低語，唯有用心傾聽的人才聽得見。

■注釋

1 譯注：中文的類似諺語是「魚鱗天，不雨也風顛」。

第九章　卷積雲

層層細雲如漣漪般稍縱即逝，俗稱魚鱗天

乍看之下，很容易忽略卷積雲是由獨立的雲塊所組成，如同高度較低的層積雲和高積雲。這些雲塊如此高高在上（在中緯度一般介於五千至一萬四千公尺之間），看起來非常微小，宛如鹽巴顆粒。事實上，你得非常仔細觀察，才能看出這種雲是由個別的雲塊化零為整而組成的。一片卷積雲（它現身時總是一片一片的，而非覆蓋整個天空）往往看起來很像又高又平的雲層中泛起了陣陣漣漪。

但賞雲迷往往不只匆匆一瞥天空，而是會詳加審視，看出這些漣漪包含了微小的細雲塊。如果望向地平線上方三十度仰角，將手臂伸直，這些雲塊通常小於一根手指的寬度；其實這些雲塊的眞實大小與淡積雲相仿，不過高度實在太高了，看起來小得多。

觀察個別雲塊的外觀大小，便是判別卷積雲與高積雲的方法之一（高積雲的雲塊大小介於一至三根手指寬度之間）。另一種方法則是觀察陰影，較高的卷積雲看來比中雲族的高積雲亮白些，且各個雲塊的亮度比較均勻，至於較低的高積雲，其背光面的雲塊顏色較為陰暗。

辨認雲類小撇步

卷積雲
CIRROCUMULUS

卷積雲為很高的雲塊，或為許多細小雲塊所組成的雲層，看起來很像白色顆粒，即使是背光面也不會顯現陰影。卷積雲的雲塊通常散布均勻，往往排列得有如波紋漣漪一般，稱為波狀變型。

- **典型高度***：
5000－14000公尺
- **形成地區**：
全球各地
- **降水型態（落至地面）**：
無

■卷積雲雲類：

層狀卷積雲：
為一大片廣闊的雲層，而不只是一小片，不像其他雲屬的層狀雲那麼常見。

莢狀卷積雲：
為一個或多個獨立且明確的杏仁狀或鏡片狀雲塊，表面平滑，比其他雲類顆粒般細小的雲塊要大得多。

堡狀卷積雲：
仔細觀察可發現雲塊的頂部如鈍齒狀。

絮狀卷積雲：
仔細觀察可發現其雲塊與積雲很相似，雲底參差不齊。

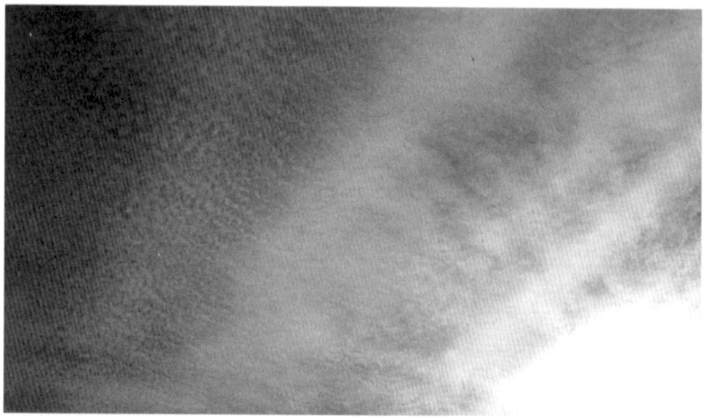
層狀卷積雲

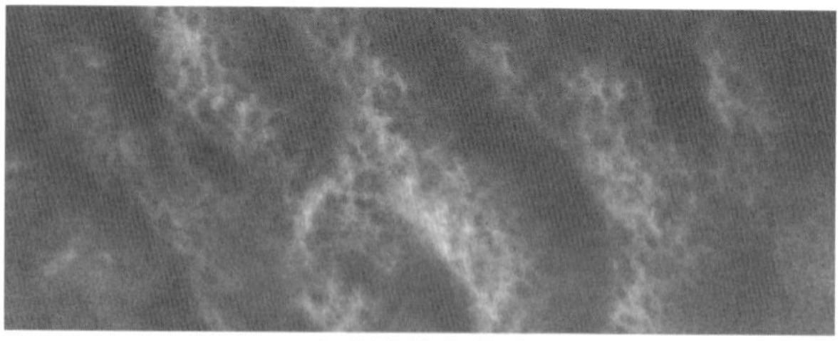
多孔波狀卷積雲

上圖：Steve Ackerley（member 395）提供。下圖：Gavin Pretor-Pinney 提供

■卷積雲變型：

波狀：雲塊排列成漣漪狀，或有大範圍的波動（或兩者同時出現）。
多孔：雲層邊緣有許多破洞，看起來像是網子或蜂巢。

■卷積雲容易錯認成：

卷雲與卷層雲：卷雲和卷層雲都是高度很高的條紋狀雲層，外觀或平滑或如纖維般。相反的，卷積雲的雲層則分裂成許多顆粒狀的細小雲塊。

高積雲：高積雲屬於中雲族，雲層由較大的雲塊所組成。若看地平線上方30度仰角處，將手臂伸直，最小的卷積雲雲塊通常小於一隻手指的寬度。

*：這些估計高度（距離地面的高度）乃以中緯度地區為例。

卷積雲是十種雲屬中最難以捉摸的。確實，它每每才剛出現，顆粒般的細雲便迅速消散，代表這是卷雲的纖細雲紋與卷層雲的平滑乳白色雲層之間的過渡階段。氣象學家辨認雲狀的方法之一，便是觀察伴隨其出現的雲屬種類，因此若出現易於辨識的卷雲條紋，對於辨認花紋斑斕的卷積雲會很有幫助。

由卷積雲諸多「各自爲政」的雲塊可知，位處雲層高度的氣流必定是詭譎多變而不穩定。天空只有三三兩兩的卷積雲時，對於未來的天氣變化並沒有特別重要的影響，然而有時雲的型態會變成彷彿在大片天空掀起一陣波濤，此乃層狀卷積雲的波狀變型，正式名稱爲「波狀層狀卷積雲」（Cirrocumulus stratiformis undulatus），唸起來像在繞口令似的，叫它「魚鱗天」就好記多了。這個稱號多半是海上水手創造的，長久以來，大家都把這種雲狀視爲風暴即將接近的警告，尤其當「魚鱗天」與俗稱「馬尾雲」的鉤狀卷雲結伴出現時，更要提高警覺。

「魚鱗天」有時也用來稱呼高積雲，但是高積雲與鯖魚魚鱗的相似程度不如卷積雲。卷積雲的雲紋和鯖魚特殊的斑紋極爲神似，各自獨立的雲塊看起來宛如魚鱗一般。

爲什麼大範圍如波浪般的卷積雲意謂著即將變天呢？首先，有大範圍的高雲就顯示在對流層頂含有大量水分。在溫帶地區，這可視爲低壓區正在移進的早期指標，降雨在所難免。再者，起伏多變的雲紋顯示高層的風力相當強勁，意謂著即將到來的天氣系統絕非等

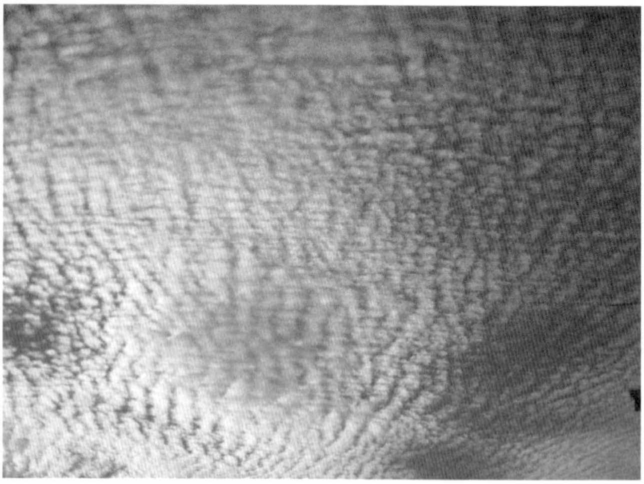

Chris Dolley（member 1620）提供

波狀層狀卷積雲的波紋，俗稱「魚鱗天」。

閒之輩。

魚鱗天的雲層波紋和海面上的風浪很類似。風吹拂海水表面，接取並增強海面上的任何擾動，就會形成海浪。風使水波向上運動，地心引力則將水波往下拉回，水波的形狀便是這兩股相反力量相抗衡的結果。

想當然爾，高高在上的卷積雲並沒有液體與氣體之間那種明確的分界，但是雲若形成於風切區域，其生成機制可說是大同小異。所謂「風切」，是指雲層上方氣流的移動速度或方向與下方氣流不一樣，介於這兩種切變氣流之間的區域便會產生波動；正如同海面上的波浪，風越強勁，海面越是波濤洶湧。

大氣本身就像海洋，它是「空氣之海」，而非水之海。「空氣之海」與眞實的海洋關係十分密切，而且認眞說起來，兩者對於雲的生成更是息息相關。

我們很容易忘記大氣「始於足下」。其實我們就像是甲殼類動物，匍匐於「空氣之海」的海床上。賞雲迷看著天上的鳥類順著氣流滑翔，而天上的飛機就相當於甲殼類動物坐在「空氣之海」的潛水艇裡四處逡巡。至於顯現出降水蒸發痕跡（雨幡）、垂掛如卷鬚般的雲，不用說那一定是水母。

眞實的海洋如何影響雲的生成呢？主要在於海水會影響空氣的氣流、溫度及溼度。海洋覆蓋了百分之七十的地球表面，事實上除了太陽之外，影響雲的生成與變化最重要的因素便是海洋。大氣中百分之九十的水分含量是從海水蒸發而來，其餘則來自河流、湖泊及其他水路，還有植物葉片爲了保持涼爽所行的「蒸散作用」（這可謂植物的流汗作用）。當然啦，人類的汗水、打噴嚏、曬衣架上的衣服溼氣、酒杯上的水漬、甚至小狗的舌頭，都對空氣中的水分含量有所貢獻。

海洋不只因爲覆蓋了那麼多的地球表面才顯得如此重要，還因爲海水可以儲存熱能，並藉由主要的洋流環繞全球，將熱能傳播至遠方，可說效率卓著。因此，海洋不僅爲大氣提供了源源不絕的水分，還能使越過洋面的空氣加熱及冷卻，這些過程對於雲的生成都是相當重要的因素。

一旦大氣中的低氣壓移行經過海洋，從溫暖的洋流攫取了熱量與水分，便可能發展出熱帶氣旋和颶風。大氣狀態必須符合某些條件，這類風暴系統才能開始發展，而一旦啓動，海面源源不絕的熱量與水分將可爲風暴系統提供巨大無比的能量。

於是，一波龐大的旋風系統席捲而來，所向披靡、勢不可擋，唯有等到登上陸地（也許是路易斯安那州、加勒比海或印度洋沿岸一路上不幸人們的家鄉）、無可避免留下滿目瘡痍之後，才終於開始消散，因爲不再有溫暖的海水表面提供能量了。

某些看來比較沉靜的變型雲則與冷洋流有關，這些雲會從大陸沿岸下方升起，形成大範圍的層雲和霧。舊金山著名的夏霧便是一個很好的例子。

氣流吹向內陸，夾帶了太平洋暖洋流的熱量與水汽，一旦碰到沿岸較冷的海水、溫度降低，部分水汽便會在行進過程中凝結成水滴。此般不需舉升而冷卻、於地面層凝結形成的小水滴，即爲「平流霧」。這使得舊金山成爲世界上最多霧的城市之一，而這些霧通常侷限於舊金山沿海一帶。

還有另一個地區也在爭奪「霧都」的頭銜，即日本的東北海岸，那兒的海面溫度也有類似的對比情形。溫暖潮溼的氣流自太平洋的暖洋流「黑潮」（Kuroshio）吹向內陸，接觸到近岸的冷洋流「親潮」（Oyashio）時冷卻下來，溫度陡降的結果，同樣造成內陸地區霧靄瀰漫。

這些迷濛的霧氣成爲某些日本傳統繪畫風格的靈感，這種技法稱爲「霞」（kasumi），傳統上用來加強山水景物的景深及透視效果。一般多將霧氣畫成水平條紋形式，例如平安時代（約公元一千年左右）的早期繪畫中，這些條紋常是柔和、透明、渲染著藍藍的色調。到了十三世紀，流行的畫法成爲較「具體」的一片片霧氣，以水墨描邊，稱爲「槍霞」（suyarigasumi）。

除了加強山水風景的景深效果外，這種美麗的霞霧畫法有時也在繪畫中扮演了強調敘事功能的角色，在同一幅畫的兩個不同場景代表時光的流逝。在藝術作品中，再沒有比這更能貼切表達「時間迷霧」的意象了。

卷積雲並非只有「魚鱗天」這種有名的波狀層狀雲，除了占據大部分天空的層狀卷積

Gavin Pretor-Pinney 提供

此乃絮狀卷積雲，有些如波浪般起伏的部分為波狀變型。

雲之外，還有其他三種雲類，端視雲塊外觀而定。

堡狀卷積雲的雲塊頂端有如碉堡般，從平坦的雲底升起；不過這些獨立雲塊的高度實在太高了，不像高度較低的高積雲及層積雲的「堡狀」變型那樣容易辨認。絮狀卷積雲也同樣不易辨認，基本上每個雲塊的雲底和雲頂都很崎嶇不平。這兩種雲類都顯示出個別雲塊正在快速成長，代表這時雲層所在高度的大氣很不穩定。

相反的，如果大氣較爲穩定，則會產生莢狀卷積雲，外觀與前述兩種雲類明顯不同，是範圍相當大的雲，形狀如同鏡片一般，相當於低層的飛碟形莢狀雲。這時候，一般用來描述卷積雲雲塊的法則（視幅小於一根手指寬度）並不適用，因爲莢狀雲的雲塊可能比一指的寬度大得多。莢狀卷積雲的重要性尚不止於此，還可用來解釋「大氣穩定度」這個重要概念。

還記得低層莢狀雲的形成機制嗎？當空氣被山脈地形強迫舉升時，會在山頂的背風面形成波動，波峰處便產生鏡片狀或杏仁狀的雲。說來有點不可思議，接近地面的氣流流經障礙物時（障礙物也可以是很高的山），產生的波動會在八千公尺甚至更高的高度形成雲；當然這種情形相當罕見，通常地面與雲層之間的大氣環境必須很穩定才行。

某一區的大氣究竟是穩定或不穩定，端視溫度隨高度如何變化而定；兩者之間的對比有點複雜，我們說某一區大氣穩定或不穩定，是相較於特定溫度及溼度的空氣「氣泡」而言。簡單來說，若大氣溫度隨高度升高而陡然降低，就比較容易變得不穩定，而大氣溫度若隨高度升高而緩緩變冷，則傾向於穩定。

在雲的生成過程中，溫度的分布狀態扮演了非常重要的角色。以莢狀卷積雲爲例，山頂的大氣穩定度決定了大氣的「彈性」，此乃山頂背風面的波動幅度能否升到大氣較高處的關鍵因素。

一股氣流經過山脈時被迫舉升，會因氣壓下降而膨脹、溫度降低，任何上升空氣皆是如此。但是如果氣流上方的周圍大氣溫度低很多，則這股上升氣流的溫度雖然已經降低，仍比周圍空氣溫暖一些，因此上升氣流便可繼續向上浮升，周圍的空氣則下沉一些。也就是說，與上升氣流相較，上方的周圍大氣相對而言不穩定，不但會將波峰吸收掉，也不會跟著往上推。

反之，如果氣流上方的大氣溫度是隨著高度升高而緩緩降低，則上升氣流越過山頭舉升冷卻時，溫度變成和周圍空氣差不多；也就是說，與上升氣流相較，上方的周圍大氣相對而言較穩定，則上升氣流不是通過這層大氣往上浮升，而是推著這層大氣一起往上升。

我不禁想起安徒生的童話故事《碗豆公主》（*The Princess and the Pea*）。故事是說一場暴風雨中，有個公主全身溼淋淋地來到城堡門外，剛好城堡裡的老國王和王后正在催促王子快點找個對象結婚。她看起來似乎是絕佳的「媳婦」人選，但國王和王后還是想確認

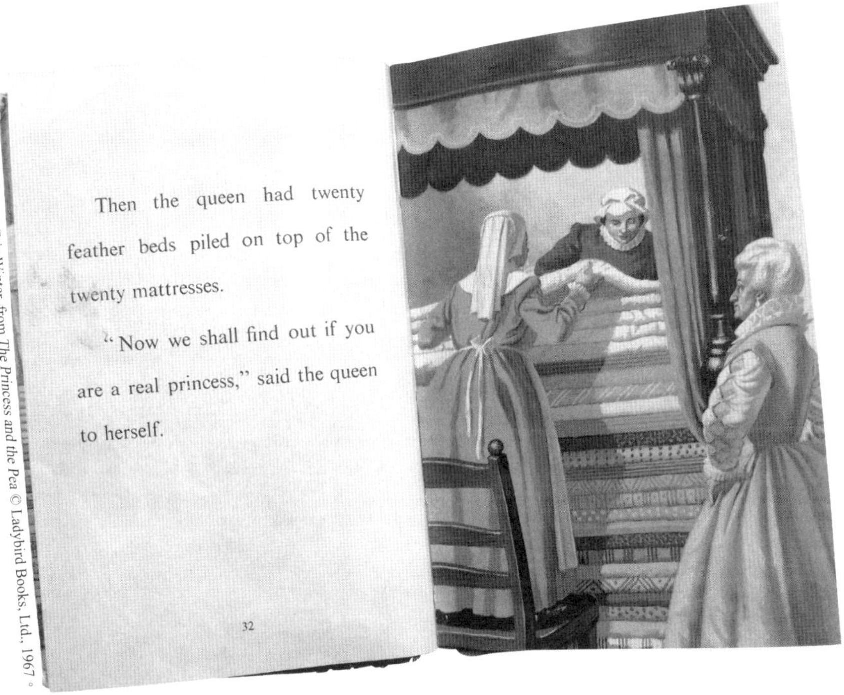
Then the queen had twenty feather beds piled on top of the twenty mattresses.
"Now we shall find out if you are a real princess," said the queen to herself.
32

Eric Winter, from *The Princess and the Pea* © Ladybird Books, Ltd., 1967。

藉由安徒生的童話故事《碗豆公主》，可以說明為何「穩定」的大氣有助於生成莢狀卷積雲。

她究竟是不是貨眞價實的公主，於是留她在城堡裡過夜。老古板的「準婆婆」王后爲了測試她，便在她的床上放了一顆碗豆，再鋪上二十層床墊及二十層絨毛被。公主當晚翻來覆去怎麼也睡不好，如此敏感果然是眞正的公主，他們終於獲得這樣的結論。就這樣，王子馬上和公主結婚，從此過著幸福快樂的生活……如此這般。

氣流上方的不穩定氣層就像是非常柔軟的床墊，會把流經山脈的氣流所造成的波動吸收掉；結果不管波峰有多顯著，也不會讓高層的空氣更往上升高。而穩定的氣層則會受到波動的牽引而往上升，連數公里高處的大氣都能「感應」到如碗豆般鼓起的波峰，因而往上抬升一些；如果那裡的空氣夠潮溼，便會在上升過程中形成莢狀卷積雲。

顯然「莢狀雲」是眞正的公主。也就是說，「積雨雲國王」無疑會贊成兒子「積雲王子」和她的婚事。不曉得王后是哪種雲？但我相信，他們一家人肯定會永遠過著幸福快樂的生活。

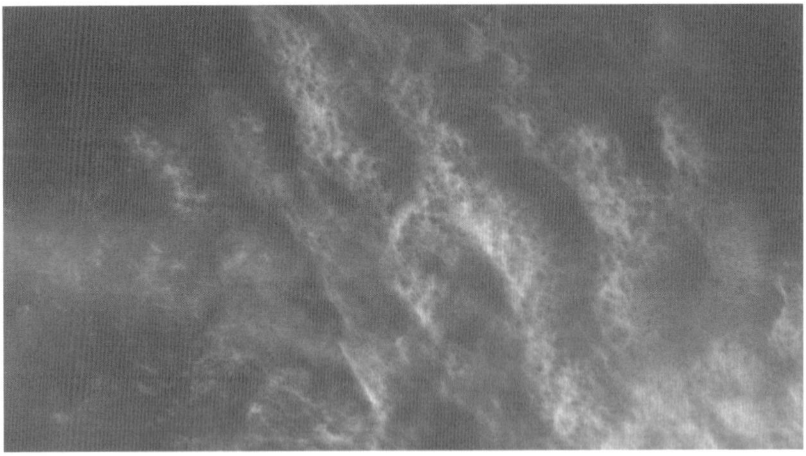
Gavin Pretor-Pinney 提供

多孔卷積雲有著細緻的蜂巢結構。

卷積雲的各種雲類可能會出現兩種變型，一種稱爲「多孔」，另一種稱爲「波狀」，其外觀與高度較低的同類雲屬變型相仿。

多孔卷積雲呈現出如格子般破洞的紋路，由於高度很高，這些蜂巢般的鬆散雲紋，看起來比多孔高積雲和多孔層積雲要纖細些。波狀卷積雲則是雲塊聚集成一波波雲帶，有時候會出現兩種波形互相重疊，即大片雲波起伏兼且泛著微微漣漪，這與海中巨浪伴隨著小小浪花有異曲同工之妙。無論是雲波還是海浪，互相重疊的各個波形之行進方向不必然相同。然而，波狀卷積雲通常僅含一種波形，尤其是波狀層狀卷積雲，也就是魚鱗天。

說了這麼多卷積雲的雲類及變型，比較敏銳的賞雲迷一定會產生更多疑問，其中最令人百思不得其解的問題大概是：魚鱗天到底長得像哪一種鯖魚?是國王鯖魚（king mackerel）、西班牙鯖魚（Spanish mackerel）還是普通的大西洋鯖魚（Atlantic mackerel）?這麼重要的問題可不能置之不理，所以我決定展開超級任務，查個「雲落魚出」。

某個晴朗的八月天，清晨五點，我起了個大早，搭上第一班地鐵穿越大半個城市，準備造訪倫敦東區道格斯島（Isle of Dogs）的比林斯門魚市場（Billingsgate Fish Market）。這個魚市場號稱是網羅了全英國最多種魚的地方，所以我估計在這裡應該能找到長得像卷積雲花紋的鯖魚。我事先並不知道當天早上的天空是否會出現心目中所想的雲，更不知道賣魚的老闆會不會好心把魚借給我，讓我拿去對著天空仔細比較。

從車站走出來，環顧金絲雀碼頭（Canary Wharf）四處林立的辦公大樓，我一眼瞥見天空中果真有幾片卷積雲，夾雜在令人目不暇給的卷雲條紋之間，心下一喜。然而，比林斯門魚市場位於一座大型市集廣場裡面，即便這些卷積雲可能真的會變成波狀層狀卷積雲，我還是只能仰仗自己的記憶。憑著心目中的雲彩印象，我環視廣場，迂迴穿梭於嘈雜的店肆、攤販及餐廳之間。我身負重任，尋找鯖魚的重任。

最容易找到的是大西洋鯖魚，它是鯖魚家族中最常出現於英國沿岸的一員。我走近一個保麗龍箱，仔細觀看冰塊堆中的一團東西，那是魚背上閃閃發亮、泛著虹彩的深色銀灰條紋。「需要什麼嗎?老兄。」賣魚的老闆說話了，魚的內臟汙血把他的白色罩衫濺得髒兮兮的。

「只是隨便看看而已，謝了。」我回答他，卻忍不住多嘴，「你的鯖魚看起來實在不像波狀層狀卷積雲。」

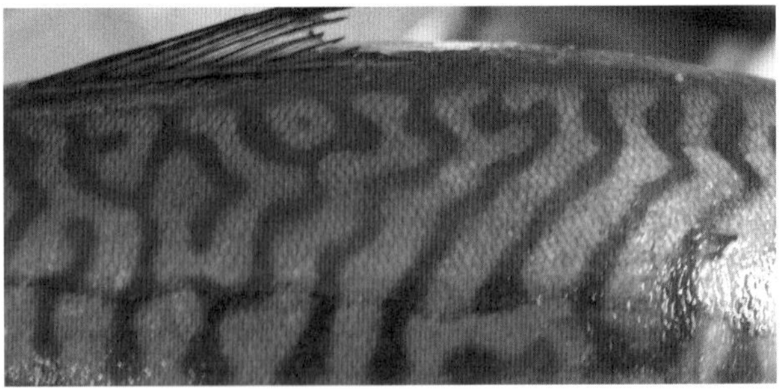

Gavin Pretor-Pinney 提供

大西洋鯖魚的花紋。可惜這條魚的花紋對比太過強烈了，無緣成為「魚鱗天」的代言人。

我可沒胡說八道，大西洋鯖魚的花紋太鮮明了；卷積雲與所有高雲族的邊緣都比低層雲柔和些，因爲高雲族完全（或大部分）都是由冰晶所組成。這些鯖魚深淺條紋之間的差別太明顯了。

這還不是唯一的問題。雖然魚背上淺色條紋的銀色魚鱗看起來的確很像雲塊，但是其餘部分色澤太暗，幾乎像是黑色了，和天空一點都不像。

我試著想像粼粼月光中的波狀層狀卷積雲，在黑色夜空中顯現一片明亮的雲帶……不過還是行不通。在藍天的襯托下，卷積雲的雲紋應當呈現較淺且柔和的色澤。顯然大西洋鯖魚不是我這次超級任務所要尋找的對象。

「我這裡沒有西班牙鯖魚，老兄。」魚攤老闆又說了，因爲我問他有沒有此次指認行動的這號嫌「魚」犯。「我們最近很少賣這種魚，」他說，擺出沉思的姿態，「我有好幾年沒看過西班牙鯖魚了。」

不會吧?!號稱擁有全英國最多魚種的市場，竟然沒有賣西班牙鯖魚。完蛋了，我的拂曉出擊行動恐怕要無功而返。但是接著魚攤老闆又讓我燃起一線希望：如果我能找到有人賣國王鯖魚的幼魚，便可能達成任務。「幼齒的國王鯖魚，」他左顧右盼、偷偷地輕聲說道，「看起來有點像成年的西班牙鯖魚。」

其實他沒有「偷偷地輕聲說」，只是用平常的語氣說啦。

於是，國王鯖魚是我的下一個目標。如果能找到一隻幼齒的和一隻成年的國王鯖魚，幼齒的那隻就可以代替在此次指認行動中缺席的西班牙鯖魚。

我行經海鱒、鱸魚、鯛魚及大比目魚，又越過角鯊、鮟鱇魚、康吉鰻和龍蝦，這些深海生物對我來說有一種催眠效果，讓我頭昏腦脹。紅鯛、灰鯡、牙鱈……嘿！終於看到我要找的目標了，幾條幼齒的國王鯖魚正躺在廣場側邊的魚攤上，就在一堆蟹腳旁邊。

光是幼齒的國王鯖魚就有成年大西洋鯖魚的兩倍大，而且花紋截然不同。牠的腹部是光滑的銀色，漸層轉變爲側邊的淺藍色，其間散布著一連串黃色斑點。

等一下，這看起來更不像雲了。這些花紋和「魚鱗天」根本扯不上半點邊，那些斑點的間隔太遠了，絕對不像卷積雲，而且竟然沒有最重要的漣漪波紋。如果西班牙鯖魚的花紋就是這副尊容，那牠早在游來排隊接受指認之前就會被轟出去了。

不過，隔壁再過去幾個魚攤有條令人眼睛一亮的成年國王鯖魚，這條就像多了。牠的體型更大，約莫九十公分長，而且沒有黃色斑點。魚背側邊的銀光藍泛著淺淺的銀白漣漪。賓果！就是牠準沒錯！

這條鯖魚背上花紋令人振奮不已，那是卷積雲「魚鱗天」的波狀花紋：美妙蜿蜒的銀色魚鱗映襯著淡藍色天空。是了！這條每公斤八英鎊（約新臺幣五百元）的鯖魚，正是我癡癡尋覓的嫌「魚」犯；眾裡尋牠千百度，驀然回首，那「雲」卻在「國王鯖魚背」處。

眞是可喜可賀呀！這樁「疑雲重重」的奇案總算眞相大白。我一派輕鬆，悠哉蹓躂往回走，你可以想見，一位「魚與雲比較學」專業領域的世界級權威，臉上必定洋溢著得意春風。走著走著我心中暗忖，西班牙鯖魚看起來的確不像魚鱗天，但牠的黃色斑點卻讓人

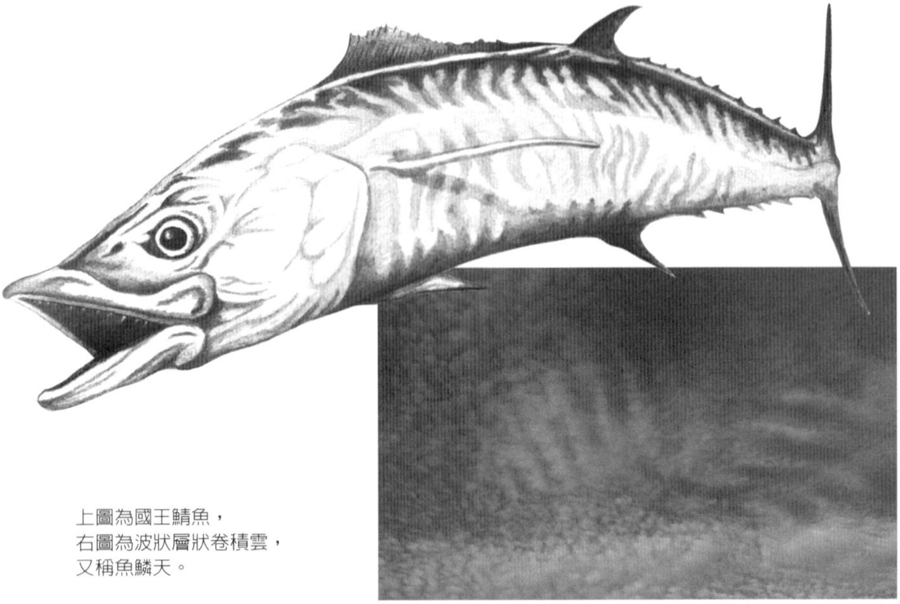

上圖為國王鯖魚，
右圖為波狀層狀卷積雲，
又稱魚鱗天。

上圖是一條普通鯉魚，
右圖為漏光層狀高積雲，以後說
不定可稱為「鯉魚天」。

上圖：Gavin Pretor-Pinney提供。下圖：Terry Falco（member 1592）提供。魚圖：Anthony Haythornthwaite 繪

聯想起琥珀色夕陽餘暉映照下的一大片高積雲……

想著想著，我停下腳步，目光被一條又大又肥的鯉魚所吸引，牠的旁邊是一攤賣阿拉斯加燻鮭魚的小販。那條鯉魚回瞪著我，眼睛眨也不眨，就像死魚一樣。

不會吧……那魚鱗，以牠的體型而言算是寬了點，魚腹是土黃色，延伸到脊椎部分則變成深銅色，看起來饒富雲的意味。每片魚鱗的中間是琥珀色，邊緣則逐漸轉為深褐色。沒錯，我認得這種天空，我竭力思索……快點，用力想……拜託！你是世界級權威耶……那鯉魚身上，究竟是哪一種天空景致……？

對了！是「漏光層狀高積雲」！唉唷，我怎麼遲疑了老半天才想到？那對我來說就像個老朋友，只不過我沒料到會在這種場合碰到它，一時認不出來。

高積雲的高度比卷積雲來得低，雲塊看起來比較大，鯉魚的魚鱗也比較大；此外在落日餘暉照映下，高積雲雲塊邊緣的陰影處顯得較暗，而鯉魚魚鱗邊緣的顏色也比較深。這些魚鱗絕不會是卷積雲，誰都知道卷積雲的雲塊不會有陰影；這是不折不扣的漏光（雲塊之間有小裂縫）層狀高積雲（覆蓋了大部分天空的雲層）。我當下斷言，這種雲遲早將以「鯉魚天」（carp sky）之名遠近皆知。

鯉魚是淡水魚，生長於混濁的湖泊深潭，平凡無奇的鯉魚和國王鯖魚這種巨大的深海游釣魚簡直是天差地遠。想想還挺貼切的，「鯉魚天」頂多只是預告會下點小雨，老神在在的水手並不會因此而收起船帆、釘牢船艙門，擺出一副準備防範大西洋風暴的陣仗。

可不是嗎？「鯉魚天」只會提醒那些昏昏欲睡的垂釣者，等一下要記得把雨衣拿出來，因為喝下午茶之前可能會下起毛毛雨哩！

第十章　卷層雲

高高的乳白色雲幕，往往教人渾然不覺

一千七百年前，卷層雲改變了人類的歷史。當時發生的一連串事件，導致基督教後來成爲羅馬帝國的主要宗教，卷層雲必須爲此負起責任。

至少我們賞雲迷是這麼認爲的。

公元三一二年十月二十八日，君士坦丁大帝（約 274-337）在羅馬北部的米爾文橋之役（Battle of Milvian Bridge），一舉打敗了他的勁敵馬克森提皇帝（Emperor Augustus Maxentius，約 278-312）。兩位君王當時正在爭奪羅馬帝國西部的統治權，君士坦丁僅以五萬兵力便擊敗了馬克森提的七萬五千大軍，成爲後來羅馬歷史上最重要的君王。他不僅將帝國的勢力範圍擴展至中東地區，於拜占庭建立了「新羅馬」（即後來的君士坦丁堡，現在的伊斯坦堡），並爲從前羅馬帝國禁止的基督教賦予合法的地位，甚至大力支持。

對於整個世界的歷史來說，君士坦丁在米爾文橋之役的勝利無疑是決定性的一刻，而且（如果當時史家之言確實可信）在這場戰役前夕，某種天空異象使對君士坦丁大帝預示了勝利的結果。

辨認雲類小撇步

卷層雲

CIRROSTRATUS

卷層雲大致上爲透明、乳白色的高層雲幕，看起來平滑或帶有纖維狀，通常會覆蓋大範圍的天空，綿延廣達數千平方公里，不過因爲太過細微而常被忽略。卷層雲有時會在太陽或月亮周圍造成白色或彩色光圈、光斑或光弧，稱爲「暈象」。

● **典型高度**＊：
5000 – 9100公尺

● **形成地區**：
全球各地

● **降水型態（落至地面）**：
無

■ 暈象：

卷層雲在月亮周圍造成22度暈

纖維狀卷層雲在太陽的同等高度造成「幻日」

波狀卷層雲

■ 卷層雲雲類：

纖維狀卷層雲：雲幕的外觀看起來有如精細的纖維或條紋般的外觀。

霧狀卷層雲：雲的色澤看起來沒什麼變化。

■ 卷層雲變型：

波狀：雲幕有著波浪狀的外觀。

重疊：雲層不只一層，出現在不同高度。通常只有當低角度的太陽光照亮較高的雲層、較低的雲層處於陰影中，或是風切使各雲層產生條紋時，重疊現象才看得出來。

■ 卷層雲容易錯認成：

高層雲：高層雲爲高度中等的層狀雲，通常比較厚。而卷層雲除了比較薄之外，其冰晶結構有時會在太陽或月亮周圍造成暈象。高層雲則幾乎沒有這種現象，只會產生「冕」或「華」（白色或彩色的盤狀亮光）。

卷雲或卷積雲：卷雲或卷積雲是條紋狀、顆粒狀或漣漪狀的高雲。卷層雲經常與它們結伴出現，不過是較爲連續而散漫的雲層。

＊：這些估計高度（距離地面的高度）乃以中緯度地區爲例。

左圖及右下圖：Gavin Pretor-Pinney 提供。右上圖：Peg Zenko（member 1527）提供

約二十五年後，該撒利亞的優西比烏斯主教（Bishop Eusebius of Caesarea，約 263-339）撰寫《君士坦丁的一生》（*Life of Constantine*，約 337-339）一書，記述了這段關於異象的傳說。他寫道，戰役前一天，軍隊向羅馬行進時，君士坦丁大帝和士兵們看見天空出現一道形如十字架的光芒，上面還寫有「*hoc signo victor eris*」字樣，意爲「依此符號將大獲全勝」。

根據優西比烏斯的說法，當晚耶穌基督出現在君士坦丁的夢中，「指示他利用在天空中看到的符號，做成與敵人交鋒時的防衛圖案」，因此他下令以該符號製作軍旗。在這個符號的保護下，他的軍隊果眞旗開得勝，後人稱之爲「聖旗」（labarum）。

後來，這場決定性戰役的代表符號出現在許多羅馬錢幣上，而隨著基督教勢力的興盛，更成爲基督教的象徵。符號的形狀通常像是對角線交叉記號，就像英文字母 X，中間還貫穿一道垂直線，上面則是英文字母 P。

雖然優西比烏斯如此描寫君士坦丁看見的異象，但與當時其他歷史學家的記載不完全相符。不過他在書中提到，這是君士坦丁晚年親口告訴他的，還「發誓一切屬實，也認爲我值得成爲他的親信與同伴」。既然如此，大家還有什麼好爭辯的呢？

當陽光通過卷層雲的冰晶而產生折射時，確實會出現琳瑯滿目的發光弧線、直線及斑點，這些光學效果稱爲「暈象」（halo phenomena），或許這些現象才要爲羅馬錢幣上用來紀念君士坦丁獲勝的聖旗符號擔負最大的責任。

不過有一點要特別聲明，截至我寫這部書的時候爲止，並未發現任何能夠解釋「依此符號將大獲全勝」字樣的雲彩暈象。

卷層雲是一層看似細緻的冰晶，形成高度介於六千至一萬三千公尺之間，看起來像是天空中一道微弱的乳白色亮光，往往由卷雲擴散與合併而成，這兩種雲經常伴隨出現。有時卷層雲薄得讓人幾乎忘了它的存在，彷彿是藍天裡一抹極微弱的蛋白光澤，有時則是較顯眼的乳白色澤，但厚度仍不足以完全遮蔽陽光。

卷層雲只有纖維狀和霧狀這兩種雲類。纖維狀卷層雲和纖維狀卷雲很類似，都有絲紋般的質地，看起來像絲綢的纖維，比平淡無奇、毫無特色的霧狀卷層雲容易辨認。

卷層雲的變型也只有兩種：重疊和波狀。如同其他雲屬，重疊係指雲層不只一層，各生成於不同高度。日正當中時，重疊現象肯定看不出來，因爲層層相疊的雲和只有一層較厚的雲看起來並無二致。然而太陽低垂時，光線的角度便能使高度各異的雲層一一現形；日出及日落時分，陽光會照亮重疊卷層雲較高的雲層，較低的雲層則顯得陰暗。

波狀則指雲層的側面呈現波浪狀，不過即使太陽的位置很低，波狀卷層雲通常還是不夠厚，不足以呈現如波狀高層雲一樣明顯的波紋陰影，但是偏斜的陽光通常能讓波狀特徵比較明顯可見；如果雲紋凸處之間的縫隙幾乎透明，才比較容易看出波狀特徵。

卷層雲最容易與高層雲產生混淆，高層雲爲高度較低的中雲族。一般來說，卷層雲遮蔽太陽的程度遠遠不及高層雲，因此陽光透過卷層雲幾乎都還能在地上形成影子，但是陽光穿透高層雲時則往往漫射殆盡，讓你的影子不翼而飛。

要確認一層微薄的雲層是否爲卷層雲，最有效的方法就是看它有沒有暈象。雖然卷層雲不必然會產生這些光弧、光圈或光斑，但只要出現這些現象，必定是卷層雲。明智的賞雲迷最好能對這些美不勝收的璀璨光華瞭若指掌，每當天空呈現蛋白石般的淡柔色澤時，可要仔細搜尋天空的各處角落，看看有沒有它們的芳蹤。

Anne Burges（member 1481）提供

圖中是重疊纖維狀卷層雲，可以看出結構不只一層（重疊之意），各層不同的風向使這些條紋各行其道。

我第一次看見這種景象時，覺得雲彷彿正對著我微笑。太陽非常耀眼，薄薄的冰晶卷層雲絲毫不減太陽的光芒，而在太陽上方竟然出現一道彩色弧線，形狀像是圓圈的一部分，位於天空的正中央，就在我的頭頂上，看起來有如一道縮小而顚倒的彩虹。它的顏色比彩虹更加絢爛奪目，彷彿一彎微笑，上唇是藍色，往下漸次爲綠色、黃色，最後轉爲下唇的紅色。沒有人會將它誤認爲普通的彩虹，或是花園裡灑水時的人造彩虹；彩虹根本不可能出現在那種地方，因爲唯有背對太陽才看得見彩虹，而這道彩色光弧的位置卻是高掛在太陽之上。我當下就決定將這如夢似幻、蒙娜麗莎般的微笑稱爲「雲的微笑」。

不久後，我知道這美麗的七彩光弧早已取了名字，頓時感到非常失望。你可以想像我有多沮喪，它的名字竟然叫「環天頂弧」或「日戴」（circumzenithal arc, CZA），我知道「雲的微笑」有點太夢幻，但除了「環天頂弧」，難道沒有更響亮的名字嗎？

雲的微笑，唉，叫它環天頂弧也行啦，這是太陽光通過含有冰晶的卷層雲所產生的一種暈象。卷層雲所含的冰晶是透明的，形狀是很小的六角形板片，寬度約爲零點幾公釐。雲的冰晶有許多種不同的形狀與大小，取決於冰晶生長環境的溫度和溼度。原來得要有這種特殊的六角形板片冰晶才行，難怪卷層雲並非每次都對我們露出和藹的微笑。而如果你還知道更多內幕，例如形成環天頂弧的六角形板片冰晶必須排列成某種隊形（邊長較寬的那一面要大致保持水平），就不會對其難能可貴感到訝異了。顯然這種雲既死板又嚴苛，唯有等到冰晶排好隊形才會開心微笑，也幸好板片狀冰晶本來就習慣排成水平方向；如果雲層所在高度沒有亂流，它們從空中翩翩掉落的姿態，便如同秋天落葉一般輕巧。

當形狀合格的冰晶各就各位時，位於特定區域的冰晶便如同無數個微小的稜鏡，將太陽光折射到賞雲迷眼中。光線一射進板片狀冰晶的上層表面就會改變方向，最後從側面穿出去（這兩個面的夾角呈九十度）。太陽光包含了波長各異的光，這些色光改變方向的程度也稍有差異，因此環天頂弧會出現色散現象，看起來和彩虹的顏色沒什麼兩樣。

我第一次看見「雲的微笑」是在倫敦街上，其他路人似乎都沒有注意到天空的奇景。不用說我當然是看得目瞪口呆，而行色匆匆的路人顯然心事重重，我猜我大概是唯一看見這抹奇特微笑的人。事實上仔細想想，我絕對是唯一的一個；即使其他人也曾抬頭看天，

環天頂弧的光學原理

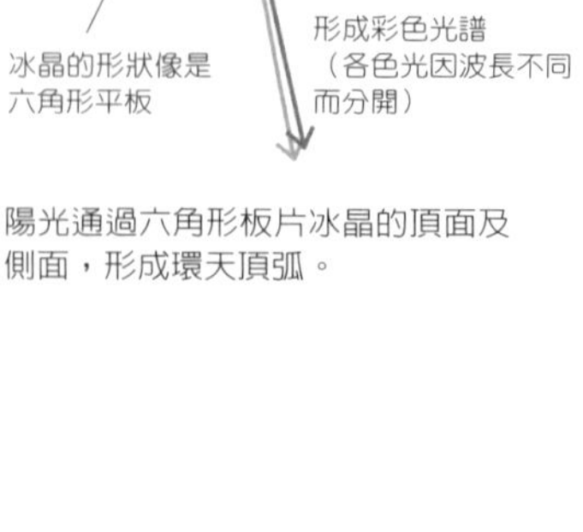

陽光通過六角形板片冰晶的頂面及側面，形成環天頂弧。

他們看到的環天頂弧和我看到的絕不是同一個。

陽光通過雲層裡無數的冰晶會散射至各個方向，但只有某些冰晶使光線直接射進我的眼睛裡，讓我看到奇妙的光學現象，這些光線有的閃爍著偏紅的光彩，有些偏藍。

假設倫敦街頭熙來攘往的路人中，有些人突然喬裝成賞雲迷，紛紛扔下購物袋，站在我身旁，一起仰望天空的彩色弧線，那麼在他們眼裡閃映光線的那組冰晶，和在我眼裡閃映光線的冰晶並不相同。每個人眼裡看到的都是不同的環天頂弧，每個人都擁有一個專屬於自己的微笑。

根據「德國光暈研究組織」（German Halo Research Group）的統計，歐洲的賞雲迷每年約有十三天可以見到環天頂弧，這是根據該組織歐陸會員觀察到的平均結果。在所有常見的暈象中，環天頂弧只能排在第五名。

更常見的一種暈象稱爲「幻日」（parhelia），幻日的形狀並非弧形，而是出現在太陽兩旁的光點，和太陽同高，與太陽之間的距離各爲視角二十二度，大約相當於伸直手臂、手指併攏、從大拇指到小拇指之間的幅度。此外，光點的顏色通常是朝向太陽這側爲紅色，遠離太陽那側爲黃色和白色。幻日不一定會同時出現在太陽兩側，如果陽光穿過的雲層範圍不太大，你可能只會看見某一側的幻日。

幻日和「雲的微笑」就有可能同時出現了，因爲兩者都是由水平掉落的六角板片冰晶

幻日的光學原理

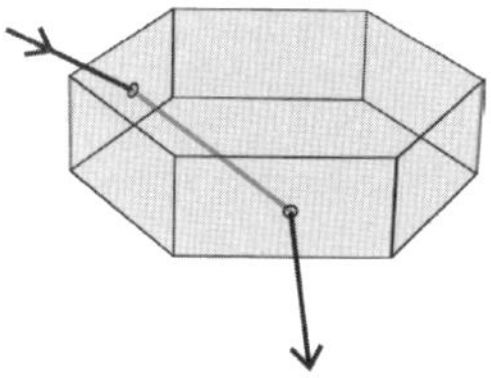

陽光通過六角形板片冰晶的兩個側面（夾角為60度），形成幻日。

Gavin Pretor-Pinney 提供

圖中央的光點稱為幻日，乃陽光穿過卷層雲裡的冰晶折射而成。

所造成，只不過造成幻日的光線路徑略有不同，陽光進出冰晶的兩個側面夾角爲六十度。

「德國光暈研究組織」指出，幻日其實相當普遍。在歐洲，每年約有七十天會出現幻日，而且冬天比夏天常見。既然幻日並不罕見，卻很少有人說他們看過幻日，這似乎有點奇怪。

波登（Jack Borden）是一位退休的電視新聞記者，後來成了天空迷，他在美國設立一個組織，名爲「無垠的天空之家」（For Spacious Skies），以「增進人們對於天空的體驗與欣賞」爲宗旨。波登經營這個組織已有二十多年，他到處詢問人們是否看過幻日。「我把這當成石蕊試紙，用來測試大家對天空的體認有多深。」他說，「每次我去演講，都會問問聽眾是否看過幻日。大多數人根本不知道我在說什麼，我就秀給他們看這種暈象的照片。」據波登估算，一百人之中大概只有五個人看過幻日，而這五個人可能有二至三人僅看過一次。對於每週發生不止一次的現象而言，這樣的結果聽起來實在不太理想，顯然波登還需要好好努力推廣。

卷層雲並不是唯一能夠產生暈象的雲，同樣的現象也可能出現在卷雲的雲塊、積雨雲的冰晶雲砧，以及高雲族如卷積雲所掉落的冰晶雨旛形跡。不過卷層雲還是有其獨特之處，它們總是均勻散布於天空的大範圍區域，其他的雲則不然；換句話說，卷層雲的光學效應會呈現出比較完整的暈象，而且比較純粹、不受干擾。

最常見的卷層雲暈象爲「二十二度暈」（更響亮的名字還沒想出來），這圈光環甚至比幻日還普遍，例如歐洲地區一年約出現一百次。它和較爲罕見的「四十六度暈」（一年出現四次）一樣，都是由雲裡的冰晶造成的，不過這些冰晶是六角柱體，而不是板片。雖然由這些微小稜鏡般的無數冰晶所造成的光學效果統稱爲暈象，但圍繞太陽的這圈光環才是「暈」的本尊。夜晚在皎潔的月亮周圍，經常也可見到小一號的二十二度暈。

白晝時，它看起來像是環繞在太陽周圍、完整無缺或稍有殘缺的光環，目測光環與太陽之間的間隔，會比伸直手臂、從大拇指到小指間的幅度還要寬一些。光環內的天空顏色比光環外來得暗沉，而且光環的內緣較爲鮮明，外緣則是漸層而模糊；光環通常是白色的，不過仔細分析會發現內緣是紅色的，往外則逐漸變成黃、綠、白，再轉爲藍。

另外還有一種四十六度暈，較爲罕見且明顯大很多，但不如較小的二十二度暈那麼明亮。四十六度暈出現時，目測光環內緣與太陽之間的間隔，會比伸直雙臂、兩隻大拇指併在一起、兩個手掌的幅度還要寬。哈！這副模樣活像是史前「拜雲教」敬拜雲的姿勢哩。

造成這兩種光暈的冰晶都是六角柱體，柱體的形狀像是非常短、還沒削過的鉛筆。形成光暈時，這些鉛筆掉落的方向凌亂不一，不像環天頂弧及幻

22度暈與46度暈的光學原理

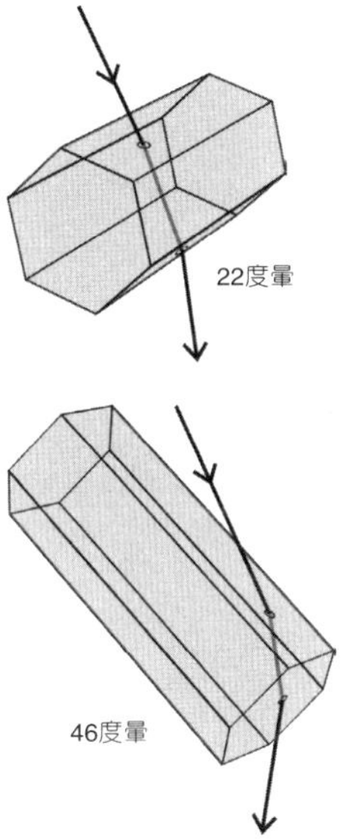

光線通過六角形柱體冰晶，形成22度暈或46度暈。

日的冰晶排列得很整齊；儘管這可以解釋光暈的成因，卻沒有人知道爲何冰晶掉落時的空氣阻力無法使它們排列整齊。事實上，二十二度暈雖是最常見的暈象，卻也最令人費解，四十六度暈也一樣。不過，所有的暈象都有一個相同之處，即冰晶必須具有「光學透明性」，必須是透明的冰晶才行。

這兩種光暈雖由同樣的冰晶形成，可是光線穿透冰晶的路徑不一樣。若光線自柱體的一側進入，再從夾了六十度角的另一側穿出，便會產生較小的二十二度暈；若光線是從柱體的一側進入，最後從兩端的某一端穿出，則會產生較大的四十六度暈。

通常這些微小冰晶鉛筆的兩端都不是太平坦，看起來彷彿是兩端鼓起尖尖的小圓錐，這就是四十六度暈比較罕見的原因。可不是因爲這些鉛筆的兩端都塞了橡皮擦喔。

Orly Doron（member 1622）提供
卷層雲所造成的22度暈。

環天頂弧、幻日、二十二度暈及四十六度暈，這些只是卷層雲會產生的其中幾種暈象。事實上，由冰晶產生的暈象還有很多種面貌，有些以外觀來命名，例如上切弧（upper tangent arc）、幻日環（parhelic circle）、一百二十度幻日（120° parhelion）、環地平弧（circumhorizon arc）等；有些則以發現者爲名，例如特瑞克弧（Tricker arc）、佩里弧（Parry arc）、哈斯丁斯弧（Hastings arc）、魏格納弧（Wegener arc）等，令人眼花撩亂。

這些暈象的稀有程度，取決於相對應的特殊冰晶大小、方向及光學透明度等條件同時符合的機率。有些暈象必須是太陽位於某個高度才可能產生，有些暈象則非常罕見，只有在極區才看得到，因爲在那裡才能慢慢長成大冰晶，而且形狀較規則、質地較純淨。有些暈象甚至前所未見，只是理論上可能存在，可透過電腦模擬描繪出光線通過虛擬冰晶所產生的光景，例如科恩弧（Kern arc）就是至今還沒有人眞正拍攝到的假想暈象。

在極區，暈象不見得都是雲的傑作，有時空中低層的沉降冰晶也能形成光暈，例如鑽石塵。鑽石塵和凍霧很類似，但冰晶會慢慢落下，彷彿非常輕緩的雪。鑽石塵並不是從雲裡降下，而是在溫度低於攝氏零下二十度的近地面處生成。鑽石塵晶瑩閃爍，能夠形成世界上最令人目眩神迷且規模盛大的暈象。一九九九年，一支南極探險隊的科學家有幸目睹一回極爲壯觀的奇景，他們發現至少有二十四種不同的暈象發生於同一時刻。

謝天謝地，賞雲迷不用大老遠跑到極區，就可以看到常見的「日柱」（sun pillar）。日柱像是一道粗粗的光線，由地平線附近的太陽往上延伸（有時候往下）；雖然日柱也算是一種暈象，卻與其他暈象有顯著差異，因爲它並不是來自光線穿過雲裡的冰晶，而是當冰晶在水平方向飄移擺盪時，光線從冰晶表面反射而成。

由於任何平坦的冰晶都能反射光線，因此若要形成日柱，無須光學透明如稜鏡般的冰晶，也不需要具有明顯邊緣夾角的冰晶。冰晶掉落時的搖晃程度越大，越能形成鮮明高聳的日柱。

陽光穿越薄薄的卷層雲幾乎不減光芒，令人無法久視，或許這也是一般人很少注意到暈象的合理解釋，人們絕不會傻到直視太陽那令人目盲的光線。

我讀過很多有關天空光學效應的書，每一本都會警告讀者萬萬不可直視太陽；所幸到目前為止，我還不曾遇到「賞暈迷」悔不當初地拄著盲人專用的白手杖。可想而知，誰也不希望自己陷入那樣的困境。話說回來，為了避免龐大的訴訟費，我最好還是不厭其煩地嘮叨幾句：在此鄭重呼籲各位賞雲迷，尋找暈象時一定要用手遮住太陽，或是乖乖站在樹蔭底下，不然以後就別想再看見任何暈象，更別說是看雲了。

當然啦，如果卷層雲的暈象發生在月光下，那就另當別論。但是月光比陽光微弱得多，因此通常只有在滿月時才比較容易察覺到暈象。即便如此，月光還是太微弱了，以至於我們的眼睛無法判別出暈象有任何顏色。

卷層雲在天頂附近彎著嘴角、露出夢幻般的微笑，帶來了唯有賞雲迷才能解讀的訊息。那是雲的組成物最私密的低語，於八千公尺高空外的寒冰玄天翩翩灑灑，向賞雲迷傾訴著雲裡微小冰晶的眞實面貌與行蹤。

不過，高雲族的冰晶並非全都是能夠產生光學效應的六角板片或柱體，卷層雲亦然；它們多半是由無數各式各樣的冰晶所組成，揚起乳白色的紗幕籠罩著天空，沒有什麼令人眼睛一亮的光景。這些冰晶的形狀、大小與純淨度可能無法符合完美小稜鏡的條件，但依然表現出獨特的性質，像是顯微鏡下的時尚宣言，遵循著對流層高處的流行趨勢，依據成長環境大氣中特有溫度和溼度的設計，每一季都會推出一系列璀璨奪目的款式。

毫無疑問，冰晶時尚界的經典之作要算是「星狀平枝晶」（stellar dendrite）了，通常擁有六支一模一樣的枝杈，均等排列於同一平面，每一支分岔又各自形成錯綜複雜的碎形分枝。在與雪有關的攝影書中，它們總是占據了最顯著的版面。有些冰晶喜歡與眾不同的造型，結果突變成經典中帶點叛逆的樣貌，像是十二支分岔的平枝晶，不過在什麼樣的環境會突變成這種造型仍是未解之謎。就目前所知，如果是輪廓鮮明的雲，雲中的星狀平枝晶可長到五公釐之譜。

另一種冰晶雖沒那麼華麗，仍有相當討喜的對稱性，稱爲扇形板片冰晶，這種扁平的薄冰片同樣具有六支分岔，不過比較粗短且有稜有角，看起來彷彿是一片薄冰被重重打扁，碎裂成許多形狀獨一無二的冰晶。

如果冰晶形成柱體，不一定非得成爲產生暈象的完美小稜鏡不可，例如中空柱體冰晶的兩端爲六角形，但看起來像是鑽了個角錐狀的凹洞，它們如此巧奪天工，彷彿是由天界的神仙工匠以最精密的鑽孔機精心打造而成。

有些柱體的造型十分細長，稱爲「冰針」，它們從高空瀑然而落，也許是從天界某位神仙裁縫師的工作檯上不小心掉下來的。有時候冰晶會先發展其中一端，等掉到溫度及溼

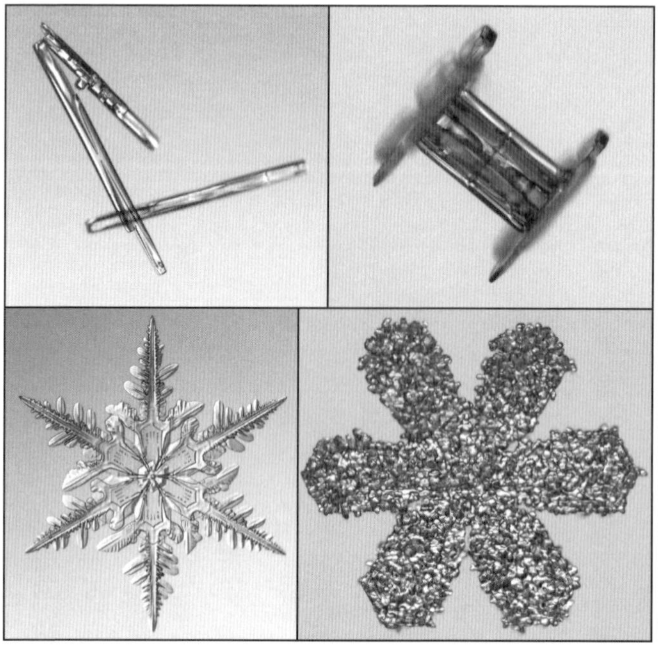

Dr. Kenneth G. Libbrecht（member 1528）提供

冰晶雲時尚界光彩奪目的最高機密：從最細的冰針，到線軸狀的冠冰柱；
從「高級手工訂製」的經典星狀平枝晶，到便宜地攤貨的霧淞堆積物。

度不同的區域時，另一端才開始成長；以這種方式成長的冰晶，中間像是一條瘦長的軸，兩端則爲寬寬的六角形板片，稱爲「冠冰柱」（capped column）。這種線軸狀的冰晶並不罕見，如此看來，粗心的神仙裁縫師不僅掉了針，連線軸也弄丟了。

雲中冰晶的成長速率與周圍大氣的溫度及溼度有關，這也是決定其形狀的關鍵因素。冰晶成長得越快，生成的形狀便越複雜難解。

時尚界人士都知道，型塑風格的祕訣在於搭配組合。當冰晶落經不同區域的大氣時，就可能形成混搭的風格，例如從板片、柱體或星狀平枝晶長出角度怪異的額外分枝。

這些冰晶歷盡艱辛、到達地面降落成雪，一路上會經過種種不同溫度與溼度的環境，而且免不了在許多種雲的生成過程中客串一角。難怪雪的型態總是一團糾結纏繞的冰晶，一般統稱爲「雪花」。

冰晶降落途中經過液態水滴組成的雲時，形

狀會變得較不規則，而且水滴常會凍結在冰晶上形成「霧淞」，使冰晶的邊緣變得較爲粗糙，或像水壺底部的積垢般。這麼說來，與「高級手工訂製服」般的純淨冰晶相比，霧淞就像是街上大俗賣的地攤貨吧？

雖然冰晶的形狀種類繁多，令人目不暇給，但有一個主題卻是每一季都會重複出現的，即「六」這個數字。不管是星狀平板晶或扇形板片冰晶的分枝、六角形板片冰晶的邊緣、柱體冰晶的側面……等等，只要是冰晶，就離不開魔法數字「六」，而不會是「三」或其他數字。由於水的分子結構之故，當水凝聚成冰晶時，便注定了成爲六角形晶格型態（一種分子層次的蜂巢結構）的命運。

冰晶雲的暈象不只是陽光與空氣中水分子相互作用所造成的光學效果，還有一系列其他的光學現象與高雲族（如卷層雲）之外的雲屬有關，大致可以歸納爲以下三類：

一、曙暮輝（crepuscular ray）之類，乃是雲影的區隔使太陽光分散成一束束，並因空氣中的懸浮微粒散射效果而顯得光芒四射、亮暗分明。

二、包括彩虹及較不熟悉的雲虹（cloudbow）、霧虹（fogbow）、光環（glory）之類，都是由於陽光受到水滴的反射及散射所造成，比如雨滴或是雲霧中的小水滴。

三、華（coronae）與雲彩（irisation）之類，乃光線穿越太陽或月亮與觀察者之間非常細小的水滴或冰晶所造成的。

第一類的曙暮輝非常耀眼，太陽光芒從濃厚綿密的積雲背後射出，宛如萬道光箭齊發；有時也會從濃厚雲層（例如層積雲）的雲洞中射出萬丈光芒，彷彿是我們看不見的某位天神凝視的目光，由於水汽的作用而露了餡。

其實那些耀眼的光芒只是空氣中小水滴（或其他微粒）的散射效果。這些小水滴的數量尚不足以形成雲，但還是能將光線散射成「瑞氣千條」，自暗淡的空氣中突顯出來。這很像教堂裡的香煙裊裊襯托出陽光的金輝，也很像另一個令人流連忘返的聖地——酒吧，煙霧瀰漫的空氣掩映出燈火流明。其實太陽光穿透大氣時，直射光線彼此之間的路徑是平行的，但因為有透視效果，讓我們覺得光線看起來像是四散的輻射狀。

即使我們已大致了解曙暮輝的原理，難免還是會和所謂的神蹟聯想在一起。在古希臘羅馬的藝術作品中，君王頭上總是繪有光芒狀的皇冠，稱為「光冠」，象徵君王與太陽神之間的密切關係，也象徵君王死後可成仙。基督教勢力抬頭後，此象徵被一圈「光輪」（nimbus）所取代，因為光冠的光芒形狀很容易聯想到異教徒。

基督教的藝術作品常以「光輪」象徵主題人物的靈性，直到文藝復興初期，自然主義開始引領風潮，這種在人物頭上畫個光盤的風格便顯得有點礙眼。

到了十六世紀晚期的義大利藝術作品，特別是丁托列多（Tintoretto, 1518-1594）的作品，太陽的萬丈光芒再度重出江湖。曙暮輝本來就是自然界常見的現象，帶有光芒的光輪於是重獲青睞，成為一種師法自然的手法，用來象徵角色的神聖狀態。曙暮輝終究成為巴洛克時期及其後的標準圖像，顯然那超越自然的弦外之音是很難令人抗拒的。從雲背後散發出來的光芒，似乎源自天際某個不可見的角落，天上眾神無疑正在那兒晃悠呢！

Gavin Pretor-Pinney 提供

義大利阿瑪菲之十字架大教堂（Basilica of the Crucifix）的巴洛克時期壁畫，圖中所繪之曙暮輝，表示鴿子的形象乃聖靈的象徵。

我第一次發現曙暮輝是在四歲的時候，當時我正坐在媽媽的汽車後座準備去上學。從一團積雲背後散發出來的閃閃金光眞令人著迷啊，這是我第一次認眞觀察一朵雲，也很想知道那究竟是什麼。曙暮輝便是我的啓蒙者，讓我開始思索有關雲的一切。（媽媽最近才告訴我，小時候看到那一幕景象時，我稱它爲「沉靜的雷聲」。）

另外還有一種稱爲「反曙暮輝」（anti-crepuscular ray）的現象，這並不是從太陽散發出來的，而是來自與太陽相對的天空，即所謂的「反日點」（antisclar point），賞雲迷必須背對太陽才能看到反曙暮輝。它們和曙暮輝很類似，也是雲周圍空氣明暗對比造成的視覺效果，主要是某些區域的陽光被遮住，空氣中的水分沒有陽光可散射，便顯得比其他區域暗沉。反曙暮輝同樣看似聚攏於一點，這也是光芒隱入遠方所產生的透視效果。

即使空氣中沒有足夠的水分能讓我們看到光束本身，有些雲也可以在其他的雲上投射陰影，因此遠離太陽的雲層有時也會出現特別昏暗的陰影。特別是太陽低垂、投射陰影的雲也隱身於地平線附近時，這種效果最是令人稱奇。

彩虹屬於上述三類光學效果的第二類，陽光和水滴（直徑約一公釐）經過一番交互作用，反射回來的光線正好射向背對著太陽的賞雲迷

Adeline Ramage（member 147）提供

曙暮輝出現於雲層陰影之間，這是陽光受到空氣中小水滴或微粒的散射所造成的。

眼中。

彩虹最常與對流雲（如濃積雲或積雨雲）結伴出現，因爲這些雲都是獨立且會降水的雲，不是寬闊綿延的雲層；由於雲和雲之間有縫隙，陽光才有機會直接照射到雨滴。

太陽光穿透雨滴，受到雨滴另一側的內面反射後，又穿透雨滴朝太陽方向照射回去。太陽光所有波長的光因爲折射率不同，前後兩次穿透雨滴時會產生不同程度的屈折，使不同波長的光彼此分隔開來，這些波長各異的光來到我們眼中，便成爲繽紛絢麗的彩虹。

某一位賞雲迷站在某個位置看到的彩虹，和另一位賞雲迷在另一個位置看到的，絕對是不同道彩虹。望向彎彎彩虹的方向，無數的小水滴距離觀者大約是八百公尺到二千四百公尺，每個小水滴都將一絲陽光射入觀者眼簾。這些雨滴從天空四面八方掉落下來，其中一些方向的雨滴恰好使光譜中的黃色光射入觀者眼中，而另一些方向的雨滴則將紫色光映入觀者眼簾……以此類推；也就是說，如果觀者改變位置，造成他眼中彩虹的雨滴便會是不同的雨滴。但願這能讓賞雲迷徹底覺悟，所謂「追尋彩虹的盡頭」不僅徒勞無功，坦白說，這想法還有點丟臉呢！就好比有人開著一艘快艇左閃右躲，企圖不讓太陽照耀海面的瀲灩波光映入眼簾，然而怎麼躲也躲不掉。

彩虹也許是我們最熟悉的天空光學奇景，但有多少人注意到它們的細微巧妙之處？有多少人知道彩虹內側的天空比外側天空明亮些？有多少人看過偶爾在「主虹」之上還有色澤稍淺且顏色順序正好顛倒的「副虹」或「霓」？又有多少人看過「亞歷山大暗帶」（Alexander's Dark Band）？這可不是某個樂團的名字，而是用來稱呼主虹與副虹之間的灰暗地帶；公元二百年左右，哲學家阿弗羅迪西亞的亞歷山大（Alexander of Aphrodisias）

Gavin Pretor-Pinney 提供

人們無法走到彩虹的盡頭，亦無法阻止太陽照耀海面的瀲灩波光映入眼簾。

是第一個描述這種現象的人。此外，又有多少人見過明亮的主虹內側出現微弱的藍紫光弧？這稱爲「複虹」（supernumerary bow），光波從雨滴的不同部位反射出來時，由於彼此間有些微相位差而產生干涉現象，造成複虹。有關光波干涉的原理，後面會再詳細介紹。

在很難得的情況下，陽光灑落在雲層中極微小的水滴上，便可能出現雲虹。與觀看彩虹一樣，賞雲迷也必須背對太陽才能看到雲虹。兩者具有相同的顏色，但雲虹比較柔和而模糊，整個弧形也比彩虹寬廣許多。

霧虹則是太陽從賞雲迷背後穿透霧靄的縫隙照耀而成，不過這種非常寬廣的光弧沒有色彩，而是宛如幽靈般漫逸的白色光圈。造成霧虹的霧滴特別微小（直徑約只有零點零二公釐），大小相當一致，使光波反射照向賞雲迷時產生干涉現象。

另一種與霧虹關係密切的光學現象更是繽紛多彩，稱爲「光環」，它的成因還不十分清楚。當賞雲迷背對太陽俯觀雲霧時，光環便可能出現在賞雲迷投射於雲霧上的影子周圍。喜歡爬山的賞雲迷顯然較常見到這種光學奇景。

賞雲迷的影子投射在面前的雲上時，往往會因爲透視效果而扭曲變形，而且頭部周圍赫然出現一圈與光輪類似的彩色光環。這種令人毛骨悚然的特異景象有時稱爲「布洛肯光」（Brocken spectre），是以德國哈次山脈（Harz mountain）的最高峰布洛肯峰來命名的，該處全年有三百天以上都是雲霧瀰漫，因此光環奇景時有所聞。

賞雲迷如果和其他同伴一起登山賞雲，會發現你只看得見自己的影子周圍有光環，其他人的影子沒有這種奇妙的光學效果，而且其他人也都只看見自己的影子有光環。顯然這是極爲「自我本位」的一種光學現象。

無緣親自攀登布洛肯峰的人也別自怨自艾、以爲此生終將顏面無「光」。偶爾從飛機窗戶望出去也有機會看到這種現象，如果飛機底下的雲層條件符合（雲滴非常小且均勻），飛機的影子周圍即可能出現一圈絢麗多彩的光環。

最後一類光學效應，乃是陽光透過薄薄一層水滴或冰晶所造成的，這些水的微粒非常小，約只有零點零一至零點零二公釐。其中一個例子是太陽或月亮周圍所產生的「華」，通常是隔著剛形成的雲，雲中的水分子大小特別一致。

透過高度中等、剛形成不久的薄薄高層雲最容易觀察到日華或月華，不過有時也會伴隨著高積雲、卷積雲和卷雲現身。較常見的是月華，當然是因爲月亮沒有太陽那麼刺眼，可以直視無妨。完整的華並不是一整個光環（之前所說的暈才是），而是一輪中間爲白色的光盤，或稱「華蓋」（aureole），大約是月亮的幾倍大，周圍輪廓則是彩色的光環。顏色順序通常是裡面爲黃白色光盤（月亮在正中央），光盤邊緣爲棕紅色，接著是微弱的藍、綠、紅光帶。有時候，這圈光帶之外還可能出現更多有色光帶。

當陽光或月光遇到微小的障礙物（例如雲裡的水滴或冰晶）、光線以某種方式彎折的時候，便可能產生日華或月華。由於光線並不一定要穿透障礙物，因此華比暈及彩虹要明亮得多（後兩者因爲光線必須穿透微粒，所以亮度減弱）。這就是爲什麼即使月光幽微，賞雲迷還是可以清楚看見月華周圍的色彩。

華的直徑會隨著雲滴大小而改變（雲滴越大，華就越小），因此如果風吹雲移，遮掩圓月的薄雲時濃時淡，月華看起來便會忽大忽小。

Gavin Pretor-Pinney 提供

波狀卷層雲的雲浪，可惜旁邊的天線破壞了整個畫面。

水滴或冰晶在光線通行的路徑上形同微小的障礙物，因而形成某些光學效應，不過唯有阻礙光的粒子非常小，才能觀察到比較顯著的色彩效果。正如海浪遇到障礙物（如碼頭）會彎折一樣，光波遇到雲粒阻擋也會彎折；太陽光包含各種不同波長的光，由於各種光的折射率不同，遇到雲粒時的彎折程度便有差異，再加上光波從每個粒子的不同部位折射或反射出來、彼此干涉，才會造成華的中間部分看起來像是明亮的光盤，周圍則是彩色光環。唯有雲層很薄的時候，才能看見輪廓鮮明、色彩純正的華；如果雲層太厚，光線通過眾多粒子來到賞雲迷的眼簾時，已是輪廓模糊、色彩難辨了。

既然華是由於陽光受到障礙物阻擋、彎折所造成的，那麼腦筋靈光的賞雲迷一定不會太訝異，不僅雲的水滴或冰晶能夠產生華，就連不透光的一團微粒（例如被強風吹散到空中的花粉）也能產生華。火山爆發後，噴發到大氣高層的煙塵與硫酸鹽粒子會形成一種華，稱爲「畢旭光環」（Bishop's ring）；一八八三年，畢旭（Sereno Bishop）在夏威夷檀香山的喀拉喀托火山（Krakatoa）爆發後首次描述這個現象，因而得名。

最後一個也是最漂亮的光學奇景，是和華有密切關係的「雲彩」。伊麗絲（Iris）是希臘神話中的彩虹女神，天神宙斯和天后希拉透過她將天神的旨意傳遞至凡間。但如今這個名稱指的並不是彩虹，而是出現於中雲及高雲的邊緣、閃耀著珍珠光澤的幻麗雲彩。

雲彩的色帶其實是華的一部分。由於越往雲的邊緣，水滴或冰晶越容易蒸發至周圍空氣中而變小，因此雲彩的色帶通常會有點彎曲。

雲彩經常出現在波動雲附近，例如飛碟形的莢狀高積雲。這類雲是由於水滴隨著氣流移動而形成的，水滴在雲的一端形成、在另一端蒸發；這些水滴通常很小，因爲根本沒有時間合併成長爲較大的水滴。此外，太陽本身會受到雲的遮掩，變得不那麼刺眼，這意謂著雲彩比其他一些光學效應更容易觀察到。

伊麗絲本身是執掌彩虹的女神，雖然這個名稱被用來稱呼另一種現象，幸好色彩強烈而純正的雲彩將這種現象「發揚光大」，成爲更亮麗且令人陶醉的光學效應。

每種雲在太陽照耀下都有其獨特風貌，爲我們帶來五光十色的光之饗宴。有些雲在鄰近雲上投射出光影，一如皮影戲；有些以它們的形體掩映光芒，如同我們張舞手指戲耍手電筒的光束；有些利用它們的水滴將太陽光的波譜分分合合，最後映入某些有緣人的眼簾；有些則寧願讓雨滴爲它們發言，任由雨滴將陽光折射又反射，然後心滿意足看著那一道道迷人的彩虹。每種雲都有一套獨特手法作弄光線，戲弄一番之後，合成了另一番光景。不過在所有的光學效應中，最令我無法抗拒的，還是卷層雲的暈象那精微而神祕的璀璨炫光。

British Museum 提供

這種青銅錢幣稱為「希望女神的子民」，上頭刻畫著羅馬軍隊的軍旗，其靈感來自君士坦丁大帝親眼目睹的天空異象奇觀。

也許是因爲在所有雲屬中，卷層雲那細緻的乳白色冰晶雲層似乎最不引人注目。我有種感覺，沉默無語的雲幕並不在乎沒有人注意到它的存在。卷層雲根本不需要大聲嚷嚷來誇耀它的超凡絕倫，它擁有如瀑成串的冰晶稜鏡，散發出比彩虹更絢麗的光彩；它模仿獨一無二的太陽，演出以假亂眞的幻日；它甚至改變了人類歷史。凡此種種，顯然已經讓它心滿意足。

哎呀！我差點就忘記它如何改變人類歷史這回事了。

出現於天際的「依此符號將大獲全勝」，顯然出自上帝的手筆，而與這些字樣同時出現在天空的圖像（如同羅馬錢幣上用來紀念這場勝利的聖旗符號），則毫無疑問是出自卷層雲溫柔的冰晶之手。

公元三二七年於君士坦丁堡鑄造的一種罕見錢幣「希望女神的子民」（Spes public），上頭刻著相當清晰的軍旗圖樣，後來演變成羅馬軍旗的標誌，所依據的正是君士坦丁大帝及軍隊在十五年前看到的天空異象。旗幟上有三個圓圈，上方赫然是聖旗符號。

當太陽位於地平線上方二十二度視角處時，環天頂弧的微笑圖案可能正好碰觸到四十六度暈。假設雲層恰巧露出縫隙，只有部分日暈出現在環天頂弧下方，此番景象與君士坦丁聖旗符號的十字架互相比對，應該不至於相差十萬八千里吧?!再者，符號中P字的垂直線代表什麼呢？當然是指出現在太陽下方的日柱囉！那麼符號下面羊皮旗上的三個圓圈呢？不用說，鐵定代表太陽及其兩側的幻日。

根據我的合理推測，在米爾文橋之役的前一天，君士坦丁大帝和士兵們頭頂上的天空正好是卷層雲，而雲裡的冰晶大小、排列方向以及太陽高度全都那麼恰到好處，促使四種不同的暈象同時發生。好吧，就算這不是百分之百可信，倒也並非一無是處。

倘若眞是如此，這四種暈象看起來難道不像刻在羅馬錢幣上的各項軍旗符號元素嗎？君士坦丁看到的十字架，會不會就是環天頂弧和部分四十六度暈相交，而下方正好是垂直的日杜呢？他看到的三團光球會是太陽的本尊加上兩側的幻日分身嗎？米爾文橋之役的前夕，能不能擠進「賞雲史上最重要時刻之排行榜」？

有些人肯定認爲我在大放厥詞，卷層雲竟然必須爲「基督教普及西方世界」這件事負責，簡直是荒唐透頂。但是我仔細一想，他們或許也沒錯：說不定該負責的應該是卷雲而不是卷層雲，因爲卷雲有時候也會產生暈象呢！

雲族之外

NOT FORGETTING...

第十一章　奇特的雲

附屬雲、副型、平流層雲與中氣層雲

十種主要的雲屬各有各的美，但是諸位賞雲迷可別忘了，雲的家族裡還有一些比較不爲人知的成員。有些成員稱爲「附屬雲」，它們像是跟班或部屬，只出現在十種主要雲屬的附近。它們亦步亦趨跟在旁邊，往往氣象條件一變化，便冷不防遭到旁邊的主要雲屬吞噬，落得風捲雲殘的下場。

有些成員不被當成自屬一格的雲，只是十種雲屬的「副型」。不過，雲的分類其實是……嗯……滿模糊的界定，什麼樣子才算是眞正的雲、什麼樣子又不能算，究竟標準何在，全憑氣象學界的專家說了算。我常覺得憤憤不平，有些雲看起來明明稱得上眞正的雲，氣象學家卻說只是雲的副型，實在很沒道理。

最後是「平流層雲」（stratospheric cloud）及「中氣層雲」（mesospheric cloud），其定義就非常明確了，它們形成於大氣層較高的地方，有時位於對流層上方數千公尺之遙，對其他雲屬來說可眞是高處不勝寒了。從那望塵莫及的優越高度來看，雲族中這些神祕的成員自是卓絕超凡，睥睨天下群雲。

Justin and Shannon Moore（member 1477）提供

幞狀雲很像剛剪了頭髮的雲。

附屬雲

◆幞狀雲

幞狀雲有點像是剛剪完頭髮的雲，這種髮型類似法國式的蓬蓬頭，是時髦積雲家族的獨家造型，由過冷水滴組成。如果賞雲迷常常盯著天空看，三不五時便可發現，積雨雲大哥或濃積雲小弟的頭頂上正是這種酷炫髮型。

當積雨雲或濃積雲內部的垂直對流氣流向上發展，潮溼氣流被下方正在發展的雲往上推，碰到高層的水平氣流，就會形成幞狀雲。氣流越過雲頂後會形成波動，如果條件適當，氣流內的部分水汽便可在波峰處冷卻凝結成雲滴。

幞狀雲的形成過程很類似波動雲，即氣流因地形作用舉升越過山脈而形成的各種莢狀雲。幞狀雲裡的雲滴也以相同方式隨著氣流在雲裡移動，出現在雲的一側而消逝於另一側，把對流雲頂部的蓬鬆亂髮吹整得服服貼貼。

不過雲的這種時髦髮型卻有如曇花一現，隨著對流雲不

Gavin Pretor-Pinney 提供

唯有忠實的賞雲迷才會注意到破片雲的存在。

斷成長，雲頂不久就衝破幞狀雲的頂端。過不了幾分鐘，才剛做好的髮型便散落到肩上，成了歪斜的假髮，獨留可憐的對流雲面對這番窘境。

◆破片雲

破片雲是凝重如暗色碎布片的雲，形成於降水時的飽和空氣中，彷彿幽靈般陰森詭異。如果風勢微弱，它們便垂掛於雨雲的下方，有如暗色的補綴布片；如果風勢強勁，看起來更是參差不齊，在亂雨紛紛中飛掠四竄，像是等不及要去嚇人的鬼魂。

基本上，賞雲迷可以在積雨雲、雨層雲、濃積雲與濃密高層雲的下方看到破片雲。不過，你可別爲了尋覓它們的蹤跡而取消重要的約會，因爲在雲的世界裡，破片雲的演出還不算是空前絕後，可看度頂多與層雲的碎雲塊差不多（這也正是它們的眞面目）。大多數人都沒看過鬼，而曾經注意到破片雲的人恐怕又更少一些。

倘若賞雲迷有幸看到破片雲，那片雲也還沒下起雨來，則幾乎可以確定馬上就要下雨了。然而，破片雲不同於卷雲逐漸擴散增厚的下雨預兆，卷雲的預兆要等上一天左右才開始下雨，破片雲的預警時間則頂多只有三分鐘。一旦空氣變得飽和、開始落下第一滴雨，此時只要有一絲小小的上升氣流，便能使部分水汽凝結成雲滴，形成鬼氣森森的破片雲。

◆帆狀雲

帆狀雲的名稱來自拉丁文的「面紗」（veil），與幞狀雲類似，但延伸範圍更爲廣闊。當一群大型的積雲或積雨雲聯手將一層穩定的濕空氣往上抬升時，往往會出現帆狀雲。帆狀雲不一定會像幞狀雲那樣出現在移動的氣流中，它往往只是晾在原地、向外伸展，宛如芭蕾舞者的蓬蓬裙。

帆狀雲通常能夠延伸至對流雲以外甚遠的地方，即使對流雲繼續向上發展、直達天際，還是可以看到帆狀雲延伸出來的蓬蓬裙。事實上，帆狀雲非常穩定，甚至對流雲都已經下臺一鞠躬了，帆狀雲還是在天空舞臺上捨不得謝幕哩！

副型

◆管狀雲

管狀雲便是向地球伸出手指的雲。小朋友常常渴望能伸手摸一摸晴天積雲軟綿綿的雲團，其實雲也想知道地面摸起來是什麼感覺，我們怎好怪罪它呢？然而，在它聚集能量、

Clay Craig（member 1636）提供

管狀雲，彷彿雲也想知道觸摸地面是什麼感覺。

Ashley Gibbs（member 563）提供

砧狀雲，這是積雨雲上方向外擴展的冰晶雲砧。

一鼓作氣伸出手之前，得先想辦法讓自己旋轉起來才行。

大型的積雨雲與濃積雲都有強烈的下衝氣流，其內部及附近會發展出一股空氣漩渦，如同水流進水槽裡的排水孔一樣；此時空氣從中心向外甩出，旋轉的效果使氣壓陡降，一旦氣壓下降，空氣會變冷，因而有部分水汽凝結成雲滴。

由渦旋中心向下延伸，形成圓柱形或圓錐形的雲，這便是所謂的管狀雲。管狀雲是水龍捲（waterspout）或陸龍捲（landspout）正在發展的第一個徵兆，而如果管狀雲出現在特別劇烈的多胞或超大胞風暴，也可能發展成龍捲風。

然而，管狀雲並不一定每次都會伸到地表，反倒經常在接觸地面之前便失去了勇氣。也許管狀雲早就知道，哪天等它們徹底改頭換面、不再是對流雲，而以霧或靄的面貌重出江湖，屆時便可盡情擁抱大地，抱到受不了爲止。

◆砧狀雲

在積雨雲頂端往旁邊伸展的冰晶雲篷，便是所謂的砧狀雲。並非所有的雷雨雲都會像這樣往側邊擴展，唯有發展到夠高、足以遭遇明顯的逆溫層才會如此，對流層頂即是一例（對於往上升的對流空氣而言，對流層頂就像個大蓋子）。

積雨雲一旦眞的往側邊擴展，便會發展成鐵砧的形狀，「incus」即「砧」的拉丁文。砧狀雲爲雷雨雲整體結構不可或缺的一部分，通常不會單獨存在，除非積雨雲本身的雨水都下光了，「身後」徒留高空一縷冰晶雲煙。

挪威神話中的雷神索爾心情不好時，便會用他的雷槌來敲打雲砧，據說這就是大家聽

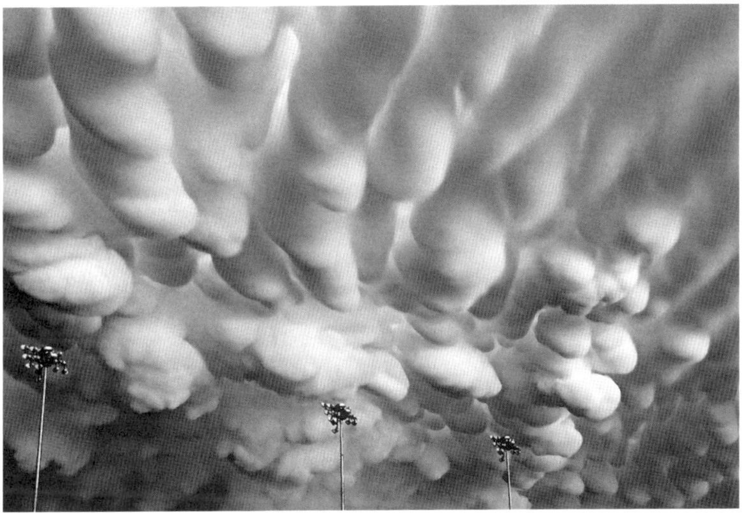

Jorn Olsen（member 1688）提供

乳房狀雲，這種雲像乳牛的乳房般突出，有時可在積雨雲的雲砧下方見到。

到轟隆隆雷聲的由來。

◆乳房狀雲

乳房狀雲會出現在幾種不同雲屬的底部，包括卷雲、卷積雲、高積雲、高層雲、層積雲及積雨雲，模樣看起來挺誇張的，活像一大群乳牛豐滿如球的乳房。

乳房狀雲與積雨雲結合時最令人印象深刻。當雲砧的頂部由於熱量輻射散入大氣而冷卻，部分雲砧沉降到下方的空氣中，積雨雲的雲砧底部就會出現乳房狀雲，這是因爲下方的空氣相對而言比較溫暖潮溼，一旦與沉降的冷空氣彼此混合，部分水汽便凝結成雲滴。整個過程正好與對流氣流形成積雲的過程相反：一個是地面空氣受熱上升形成雲，另一個則是對流層頂的空氣冷卻下沉而形成雲。

出現在其他雲屬的乳房狀雲就沒那麼精采了。總之，附近若有劇烈的雷暴系統，乳房狀雲才會這般圓潤豐滿、引人遐想；積雨雲的威力越強，乳房狀雲越是沛然可觀。

◆弧狀雲

在相當「唯我獨尊」的積雨雲內部或附近，常會出現多

Mike Hollingshead（member 1666）提供

弧狀雲就好像一座棚架似的，可見於積雨雲底部。

種附屬雲及副型，弧狀雲也是其一。弧狀雲是風暴低處的水平前緣，於風暴之前橫掃而至，又濃又密的雲層令人不安。

弧狀雲往往伴隨著積雨雲一起出現，合併形成多胞或甚至超大胞雷雨。弧狀雲的來源是強烈的冷空氣下衝氣流，下衝氣流一到達地面就會向外延展開來，一方面使風暴往前推進，一方面鑽入周圍暖空氣之下，再將暖空氣抬升成雲。

弧狀雲就像一座棚架，立足於暴風雨底部，逐漸融入混沌一片的天氣之中。

◆旛狀雲與降水狀雲

顧名思義，降水狀雲即「有水從雲而降」之意，不管是雨、雪、凍雨、冰雹、雪粒、冰珠或是「阿貓阿狗」傾盆大雨，只要能到達地面的都算。

假如在降落途中，這些降水經過某區較暖或乾的空氣，很可能會在到達地面之前便蒸發殆盡。可想而知，這種情形較常發生在高雲族，因爲掉落途中得經過那麼多空氣，難保不會「壯志未酬身先死」。

高雲裡的冰晶通常要掉落好一段距離才會開始蒸發，這些邊掉邊「瘦身」的冰晶稱爲旛狀雲，看起來像是雲體下方

左圖：Keith Epps（member 868）提供
右圖：David Foster（member 1157）提供

左圖：垂吊於高積雲下方的旛狀雲，活像是一群優遊天際的水母，右圖：一層卷積雲開了一個雨旛洞。

長出纖細的捲鬚，猛一看還以爲是水母呢。而旛狀雲若出現在低雲的下方，通常是由逐漸蒸發的雨滴所組成。不管是高雲還是低雲，瞧瞧旛狀雲歪七扭八的樣子，那是降落途中受到不同風向吹拂的結果。

卷雲本身就很像旛狀雲，因爲卷雲本來就是不折不扣的冰晶雨旛，說旛狀雲是從卷雲掉下來的，這話未免有畫蛇添足之嫌。不過，旛狀雲在積雨雲、積雲、層積雲、雨層雲、高積雲、高層雲及卷積雲的下方都很常見。

在上述幾種雲屬中，高層雲及卷積雲有時會出現「雨旛洞」。雲層裡某些區域的過冷水滴開始凍結成冰晶時，就會開出圓形的「天窗」，這是因爲冰晶越長越大、往下掉落形成旛狀雲，便在原處留下一個令人稱奇的雲洞。事實上，這種現象比大家所想像的還要常見。

平流層雲與中氣層雲

◆貝母雲

如果說卷雲是十種雲屬中最漂亮的一種，那麼罕見的「貝母雲」絕對是所有雲中最漂亮的了。貝母雲又名珠母雲（mother-of-pearl cloud），之所以傲視群雲，不僅因爲最多采多姿，閃耀著醉人的粉紅色、藍色與黃色相間的淡淡柔光，更因爲貝母雲是如此「高處不勝寒」。貝母雲形成於一萬六千至三萬二千公尺的高空，與形成尋常雲族的大氣區域完全不同；世界上只有部分地區可能出現貝母雲，在這些地方，普通雲的高度頂多只有八千至九千五百公尺。

貝母雲大多出現於南、北半球緯度超過五十度的地區（南半球較常見，但基於某些原因，北半球的色彩比較豐富），它們由非常微小的冰晶所組成（寬約零點零零二公釐），形成溫度約爲攝氏零下八十五度，通常出現於日出或日落時分的微光中，此時天空的其他部分已漸趨暗淡，所有低層的雲都處於陰影中，而貝母雲在地平線附近的太陽光照射下，閃耀著奇幻的乳白虹彩斑斕。

貝母雲的形成原因，與陽光穿透低雲邊緣所造成的「雲彩」很類似。陽光通過貝母雲的冰晶附近會產生干涉效應，而要造成這種光學效應，冰晶粒子必須非常小且大小一致，雲層也要非常薄。貝母雲正好符合這些條件，難怪它們顯現的色彩如此搶眼。

貝母雲是波動雲，類似一些主要雲屬出現於山脈地區的莢狀雲，不過貝母雲是高度極高的莢狀雲，生成於對流層以上的區域，也就是所謂的平流層。一般在平流層是找不到雲的，因爲對流層頂的逆溫層會遏止暖溼空氣繼續上升，只能在對流層裡載浮載沉。

貝母雲的水分來源想必越過了逆溫層這蓋子，就像低層的莢狀雲一樣，受到山脈背風面所形成的波動而強迫舉升。這些波動大多只能製造出對流層高度的雲，例如莢狀高積雲或莢狀卷積雲，但是大氣若特別穩定，氣流的波動也有可能向上傳送超越對流層。在某些狀況下，波動的強度足以突破對流層頂的限制，於是將水分帶到更高的平流層。

令人難過的是，這種天空中最豔麗絕倫的雲，竟然也是環境的頭號殺手；有研究指出，貝母雲會加速臭氧層的損耗。這眞是情何以堪啊！眞正的罪魁禍首，應該是從噴霧罐及冰箱釋放進入大氣的氟氯碳化物氣體，是它們和臭氧產生反應、使臭氧減少的啊！話雖如此，據說高處的貝母雲冰晶形同催化劑，會助長這些化學反應。

此外，北半球似乎越來越常見到貝母雲了，爲什麼會這樣，目前仍是未解之謎。

◆夜光雲

貝母雲的高度算很高了，但夜光雲更是高不可測，甚至比平流層還要高：夜光雲出現在中氣層的頂部，距離地面大約四萬八千至八萬公尺的高空。中氣層是地球大氣層最寒冷的部分，已接近太空邊緣，溫度可低至攝氏零下一百二十五度。夜光雲形成於如此高的地方，冰晶直徑卻只有零點零零一公釐左右，而且還具有令所有雲甘拜下風的獨特性質，即夜光雲是由午夜的太陽光所照亮的。

夜光雲不如貝母雲那樣多采多姿，通常是藍白色的，而且非常薄，唯有太陽西下但還能照到大氣的高層部分時，襯著黝暗的夜空才能有幸看到夜光雲。符合這些條件且維持最久的一段時間，是在緯度五十度以上的高緯度地區、仲夏期間的一個月左右。

由於夜光雲距離我們實在太遙遠了，其成因仍有一部分成謎。事實上是還有一大堆謎團：爲什麼雲會出現在那麼高的地方？它們究竟是如何生成的？這些問題著實令人費解。夜光雲的所在高度高到連氣象探測氣球都無法到達，而探測氣球的高度極限約爲三萬二千至四萬公尺高空，不過倒還是低於美國太空梭的最低運行軌道（約爲十六萬公尺高空）。到了那種高度，大氣層除了冷到不行，還乾到不可思議：根據美國太空總署的資料，那裡

Lee Montgomerie（member 280）提供

夜光雲形成於48,000至80,000公尺的高空，在夜幕中閃耀。

比撒哈拉沙漠的空氣還要乾燥幾百萬倍。

第一次觀測到神祕夜光雲的紀錄，是在一八八三年印尼的喀拉喀托火山爆發之後，大量的火山灰噴發到大氣中，造成壯觀無比的落日奇景，而且全世界的天空都受到影響。火山灰擴散至全球各地，其行進方式讓科學家得以洞悉噴射氣流的移動情形。夜光雲也是在那段期間觀測到，當時認爲這是火山灰進入大氣高處所致，然而等到火山灰終於消散後，夜光雲還是照樣出現。有些科學家推測，火山灰以某種方式進入中氣層充當雲種，冰的微粒便凍結在火山灰上。

既然喀拉喀托火山爆發已是陳年往事，現下的夜光雲究竟以何種粒子擔當結冰核的角色？對此我們也只能推測。是來自下對流層具有「通天本領」的微粒？抑或是「天外飛來」的隕石碎屑？至今仍是身分未明。我們能確定的是，近百年來夜光雲不但持續出現，而且觀測到的頻率更高、遍及的範圍更廣。

這使得科學家又提出推論，認爲夜光雲頻頻出現的情形與全球暖化有關。眾所周知，低層與中層大氣（在夜光雲出現的高度以下）的溫室氣體濃度遽增，對於地表溫度具有增溫效果，因爲可將較多的地球輻射能量保留在大氣中。反之，溫室氣體對於大氣上層的其他部分卻具有降溫效果，這個部分就很少人知道了。

雖然大氣上層有冷卻作用，但我們不會因此認爲全球暖化不該歸咎於近來溫室氣體的增加。夜光雲出現的頻率越來越高，或許只是因爲有更多人關注它們、因爲它們變得越來越有名之故。不過，人類活動對於近來全球暖化現象的影響有多深遠，夜光雲很可能是最明顯的指標之一。

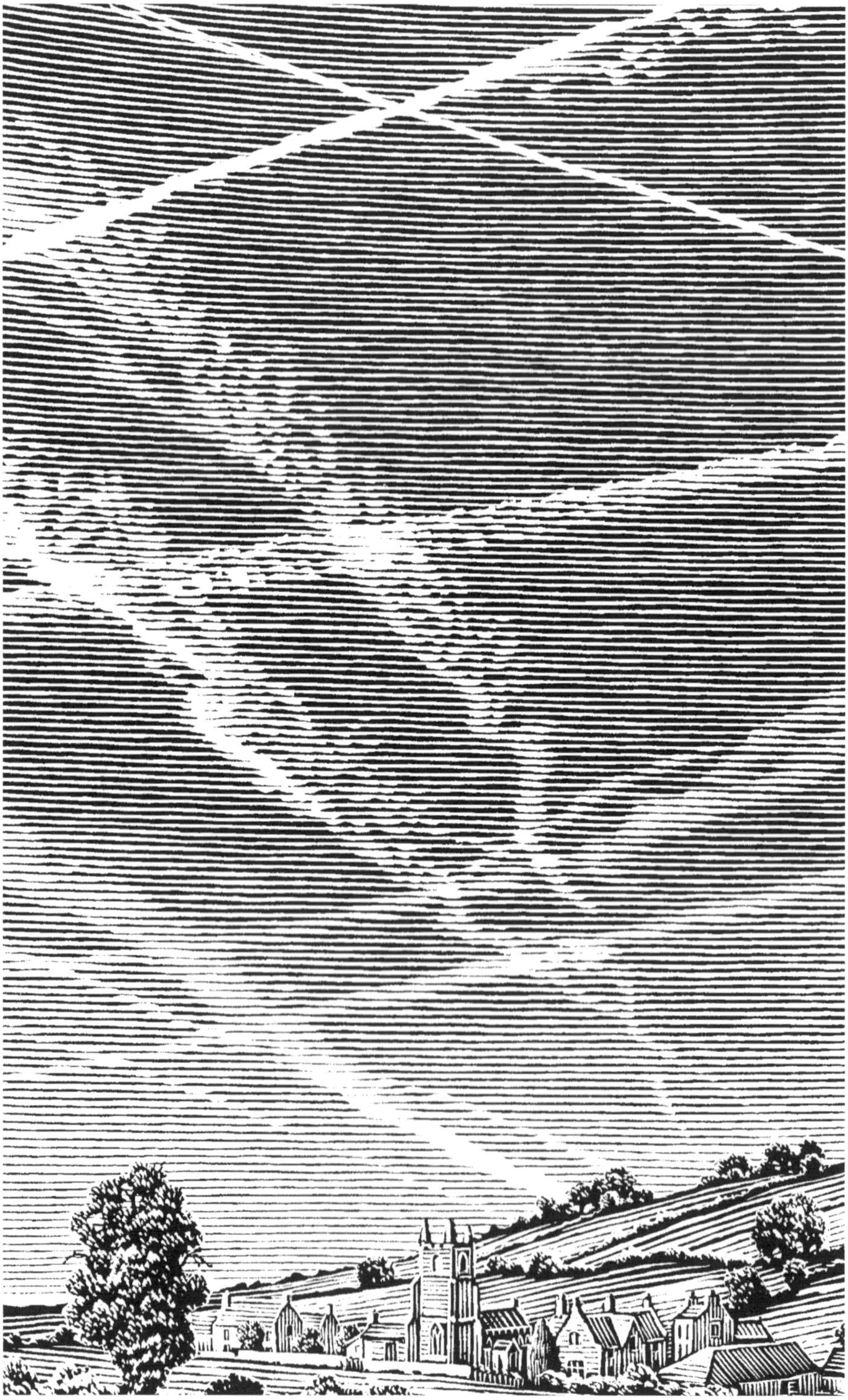

第十二章　凝結尾

高空飛機後方的凝結軌跡線

古時候的穴居原始人，想必會有那麼一、兩個是賞雲迷。我不禁幻想，約莫五萬年前光景，有個特別聰明的尼安德塔人，在一個風光明媚的早晨，踏出洞穴、伸個懶腰，順便抬頭看看天空，然後轉身對他的伴侶一陣嘰哩咕嚕，翻譯成現代語言大概是：「親愛的，快點出來，不然你就看不到這麼漂亮的漏光層狀高積雲囉！」我只是試圖揣測，昔時穴居人抬頭看到的，和我們如今在天上所看到的，應該是同樣的雲屬家族。然而，推論並不正確。

今非昔比，現代的雲族增加了一位新成員。事實上，即使在兩百年前左右，何華特首開先例為雲命名時，天空中仍未出現這號「雲」物呢！

第一次世界大戰期間，「凝結尾」（contrail）開始在天空密集露臉，它是不折不扣的人造雲，誕生於高空飛機的機尾。它是雲族中的「私生子」，不過這名字聽起來似乎太過貶損，都什麼年代了，換個說法可能比較好：它的身世背景和同父異母的哥哥或姊姊不太一樣。

凝結尾也算是雲？乍聽之下可能會令人心生疑惑，其實凝結尾與其他雲族唯一的差別便是「凝結尾是人造的」，是由飛機廢氣的水汽製造出來的，可說是引擎燃燒的副產品。與「天然雲」渾然天成且撲朔迷離的型態相比，凝結尾明亮而俐落的長長條紋劃越天際，一派現代主義的直線構圖，那抽象的簡約風格像極了荷蘭畫家蒙德里安（Piet Mondrian, 1872-1944）的畫風；我指的當然是他晚期的畫風，像是《藍與白的垂直構成》（*Vertical Composition with Blue and White*），而不是早期如《紅雲》（*The Red Cloud*）那種鬆散的筆觸。（很抱歉，礙於黑白印刷之故，我無權在此處秀出原圖作爲比較，麻煩各位自行上網查詢。）

凝結尾的形成機制，與寒冬「呵氣成霧」的原理有異曲同工之妙。雲大多是因爲溼空氣上升冷卻所致，凝結尾則是飛機廢氣中的熱氣與飛航高度極冷的空氣混合冷卻所致；所謂的飛航高度大約在八千五百至一萬二千公尺之間，該處的氣溫介於攝氏零下三十度至六十度。飛機廢氣中溼熱的氣體與這些冷空氣一混合，溫度迅速降低，結果其中一些水分形成水滴，在飛機後方約一個機身距離處立刻凍結爲冰晶。

然而，飛機不一定會產生凝結尾，即使在恰當的飛航高度亦然。有時候，高高飛在天上的飛機後方不見有任何凝結尾；有時候，機尾會有雲的軌跡，但到了飛機後方幾百公尺處便消失了；又有時候，凝結尾會懸在空中好幾個小時，這些在藍天裡交織羅列的線條才逐漸受到強風吹歪而變形。

凝結尾的外觀與持續的時間取決於飛航高度的大氣狀況，如果周圍空氣夠溫暖且乾燥（相對來說），冰晶可能還來不及成形就蒸發掉了[1]。相反的，如果周圍空氣夠溼冷，便

Craig Wood（member 336）提供

凝結尾久久不散，在對流層頂的風中慢慢擴展。

有利於產生凝結尾，不但很容易形成冰晶，並且可以從周圍空氣聚集更多水分，再加上風的助勢，冰晶便越長越大。

不同區域的空氣溼度及溫度可能會有明顯差異，因此飛機經過不同區域時，凝結尾便時斷時續。利用這點特性，可將凝結尾視爲判斷對流層頂之溼度及溫度狀態的線索，當做判斷天氣變化的徵兆。

在溫帶緯度地區，如果高度很高的飛機後方沒有凝結尾，或是凝結尾出現時間很短，通常便是對流層頂的空氣正在下沉或相當乾燥的跡象，表示晴朗的天氣應該還會持續。如果凝結尾久久不散且逐漸蔓延，意謂高層空氣很潮溼且正在上升，暖鋒來臨之前往往便會如此。也就是說，持久不散的凝結尾等於是向賞雲迷預告暖鋒即將到來，這時候甚至連卷雲都還沒開始擴展呢，而未來再過一天左右，多半就會開始下雨。

飛機排放的廢氣並非只含水汽，其他成分尚包括二氧化碳、氧化硫、氧化氮、碳氫化合物、一氧化碳、燃燒不完全的燃料、煤灰及金屬微粒等。這些微粒在凝結尾的形成過程中扮演相當重要的角色，它們可當做凝結核，讓水汽由此開始凝結成雲滴和冰晶。

飛航高度的空氣要達到足以形成雲滴或冰晶的飽和點並不難，除非該處的凝結核不夠多，無法讓凝結過程順利展開；也就是說，只要有一點點多餘

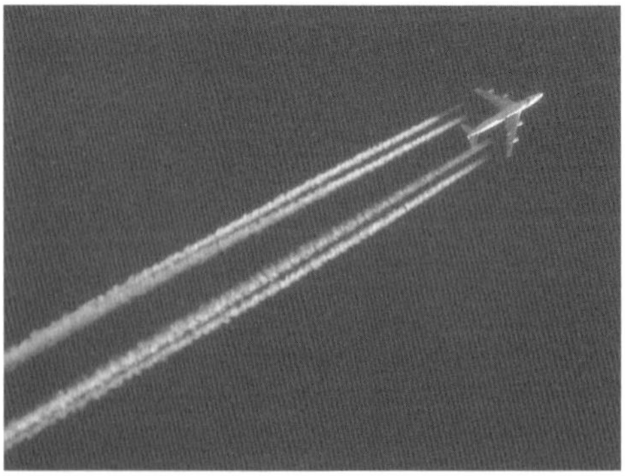

Valeska Oostrum（member 1632）提供

凝結尾是雲族中最正點、卻也最會惹麻煩的成員。

的水分和一些微粒，便足以引發連鎖反應。飛機排放的廢氣正好爲「種雲」（cloud seeding）提供了必要的成分，讓空氣中的水汽得以開始聚集合併，成爲可見的雲滴粒子。

在某些難得的情況下，還可能出現「消散尾」（distrail），正好和凝結尾唱反調，這是因爲廢氣將高空原已存在的雲層（如卷層雲或卷積雲）劃破一道口子，形成一條晴空甬道，結果機尾的軌跡並不是雲，而是鋒利的雲層裂縫。如果飛機越過雲層內部或上方造成這種景象，有以下三種可能。

其一，廢氣的熱量足以使雲層變暖，因此有一部分水滴蒸發；其二，機尾產生的擾流會將周圍較乾的空氣混入雲層中，也具有同樣的效果；其三，廢氣在雲層「播撒雲種」，即廢氣中的粒子促使雲滴結冰且長大到足以掉落，最後掉入下方較暖的空氣而蒸發。

由於凝結尾的生成，人們無意間影響了雲的外觀樣貌。然而所謂的「種雲」過程並非只是人類的無心之舉，過去六十年來，科學家已經做過很多次實驗，將人造的結冰核施放到雲裡面，藉以改變雲的行爲。之所以發展「種雲」技術，是希望能爲飽受乾旱之苦的地區增加降水、減低嚴重雹暴的災害程度、消除機場大霧，甚至減弱颶風的破壞性。

這些操控雲的理由似乎很值得讚賞。然而，種雲同時也帶來更多令人質疑的後果。

種雲的技術發展於一九四〇年代期間，由美國奇異公司（General Electric Company, GE）位於紐約州斯卡奈塔第市（Schenectady）的研究實驗室負責研發，是藍穆爾（Irving Langmuir, 1881-1957）與雪佛（Vincent Schaefer, 1906-1993）兩位科學家的心血結晶。主持實驗室的藍穆爾是一位備受尊崇的化學家，曾於一九三二年獲得諾貝爾獎；雪佛是他的研究助理，年紀比他小二十五歲。

二次世界大戰期間，他們的實驗室接受美國政府的委託進行軍事研究，藍穆爾和雪佛曾發展出一套類似煙霧製造器的裝置，可用來掩護軍事行動，以防敵軍發現。他們亦嘗試解決飛機機翼的結冰問題，對於飛行來說，機翼結冰極爲危險，因爲飛機經過雲裡低於攝氏零度的過冷區域時，機翼上越結越厚的冰會導致機翼變形、飛機喪失升力等致命危險，嚴重影響飛機的空氣動力特性。

然而不久之後，他們的研究重心從「減少結冰」的挑戰轉變成「增加結冰」。他們從機翼結冰的研究得知，就是因爲雲裡面會形成冰晶，過冷水滴才能發展成較大的粒子，進而掉落成爲降水。他們於是想到，如果可以讓雲滴結冰，或許可以增加下雨機會。

藍穆爾和雪佛都沒有受過任何氣象專業訓練，兩人第一次碰上過冷水滴，是在新罕布夏州的華盛頓山（Mount Washington），他們都是登山常客，在戰爭期間經常造訪山上的氣象觀測站。置身於山頂海拔一九一九公尺的雲霧中，他們很興奮地發現，即使在攝氏零度以下，雲裡仍含有液態水滴。雲滴只有接觸到固態物質才會結冰，形成霧凇（有點像是瞬間形成的霜），例如接觸到岩石、樹木及建築物表面等。雖然雲滴處於過冷狀態，冷得足以形成冰晶，但必須要有能讓它們開始結冰的物質才行。

過冷雲滴的怪異行爲激起了藍穆爾和雪佛的好奇心，於是他們在實驗室裡裝設了一臺冰箱，把頂部冰箱門打開，以便仔細檢視人造雲。他們對著冰箱內攝氏零下二十度的空氣呼氣，觀察呼出空氣中的水分如何凝結成雲，這些水滴都處於過冷狀態。兩位科學家意識到，如果可以找到結冰核，促使這些懸浮的水滴形成冰晶，或許就能將相同的結冰核引進眞正的雲裡面，促使雲中的水分降下成雪或雨。

雖然兩位科學家都很清楚「種雲」理論，但尋找合適的結冰核卻是一大挑戰。藍穆爾和雪佛嘗試使用了各式各樣的添加劑，一一注入冰箱裡，看看哪一種能讓呼氣變成的過冷雲開始結冰；這些添加劑包括煤灰、火山灰、硫、矽酸鹽及極細的石墨等，都是大氣中本來就存在的粒子，他們認爲，這些自然環境中的粒子應該能成爲雲滴賴以結冰的結冰核。然而，這些粒子竟然全都不能讓「呵氣雲」的過冷雲滴產生顯著變化。他們不僅開始懷疑增加結冰的可能性，也因大量呼氣而快要沒氣了。

有一天，藍穆爾不在實驗室裡，雪佛自個兒有了重大的突破。他突發奇想，決定讓冰箱裡的空氣變得更冷，於是將一大塊乾冰（即結冰的二氧化碳，溫度約爲攝氏零下七十八度）放進冰箱，沒想到才剛丟進去，他的呵氣雲便開始閃閃發光，果眞立刻變成冰晶掉到地上，而且形狀和天然雪花的分枝狀一模一樣。雪佛只將溫度降至攝氏零下二十度以下，甚至不需要什麼結冰核，就能使過冷水滴結冰了。

兩位科學家不久又發現，過冷水滴不需要結冰核便可結冰的臨界溫度是攝氏零下四十度，於是他們想到，如果將乾冰顆粒施放到雲裡，或許能夠有效冷卻雲滴，促使雲滴形成雪花而開始掉落成為降水。藍穆爾和雪佛暫且不再尋找結冰核，他們只想知道，如果把乾冰丟進真正的雲裡面，會發生什麼事情？

一九四六年十一月十三日，雪佛飛到麻州匹茲費得（Pittsfield）上空，飛到一層過冷狀態的層雲之上，然後從飛機上灑下一千三百公克的乾冰粉末。不到五分鐘，灑下乾冰的那部分層雲即形成雪花，掉落了大約一千公尺，隨後在下方較暖空氣中蒸發掉了，雲層則留下一個大洞，過冷雲滴就是從那兒結冰而掉落。為了證明那個雲洞並不是由其他物質自然引發的，不久之後，他們又在一群目擊者面前進行一次測試，並用乾冰在過冷狀態的層雲中切割出奇異公司的商標圖案。

這些早期的測試飛行引發大眾一陣狂熱，改造雲的行為似乎指日可待。藍穆爾太投入了，對媒體誇口此一偉大發現將帶來多麼美妙的前景，增加降水、解除乾旱只是遲早的問題。如果他們能使暴風雨雲裡的雲滴增加結冰，將可改變風暴的動力結構、減低雹暴的規模，以便挽救珍貴的農作物。他甚至建議利用這項技術來扭轉颶風的氣旋式漩渦，使颶風轉變方向，遠離人口稠密地區。

氣象當局則認為，藍穆爾的信誓旦旦似乎太沒有根據了，也擔心一般大眾不會注意到他們爲複雜的氣象預報工作所做的努力，生怕這位氣象外行人的言論會使他們本已岌岌可危的聲譽更是雪上加霜。不久，藍穆爾和氣象學家果然在科學期刊展開激烈爭辯；雖然利用乾冰確實可能影響雲的行爲，氣象學家仍然質疑這種做法怎麼看都不符合經濟效益。大規模的種雲實在太昂貴，付出的代價絕對超過獲得的好處。

然而，藍穆爾和雪佛並沒有因此而退縮，等到第三位科學家伯納．馮內果（Bernard Vonnegut, 1914-1997）加入奇異實驗室之後，他們的研究甚至更上一層樓。

馮內果確信可以找到一種化學物質來充當結冰核，即使溫度高於攝氏零下四十度的臨界溫度，也可以使過冷水滴開始結冰。他找到幾種化學物質，其結晶構造都和冰晶很類似，因爲他相信，水分應該很容易結冰在與其相似的東西上面。

他查閱了X光結晶圖表，發現碘化銀是最有希望的候選者。他將一團碘化銀結晶煙霧注入冰箱的過冷雲滴之中，結果出現非常戲劇化的結果，雲滴幾乎瞬間就結成冰晶，掉落到冰箱底部變成了雪。即使溫度高到攝氏零下四度，過冷水滴還是可以利用碘化銀充當結冰核而開始結冰。

到了這個地步，連奇異公司以外的人也紛紛對「種雲」產生興趣。一九四七年，奇異公司研究種雲的經費改由美國政府支應，持續進行以「卷雲計畫」（Project Cirrus）爲名的研究工作，直到一九五〇年代才轉移至加州中國湖（China Lake）的美國海軍武器中心（Naval Weapons Center）。

什麼？海軍「武器」中心？

Schenectady Museum 提供

後排左起為藍穆爾和伯納・馮內果，前為雪佛，三位科學家堪稱「種雲之父」，
在冰櫃前聚精會神看著種雲的試驗情形，攝於奇異公司的研究實驗室。

歷史一次又一次告訴我們，天氣對於戰爭勝敗的影響有時甚至比軍力強弱還重大。以公元前五世紀的波希戰爭爲例，波斯王大流士（King Darius）決定入侵希臘，擴張波斯帝國的勢力。他的軍力遠比希臘強大，然而人算不如天算，總是被天氣攪亂陣局。有一次他們對希臘展開突擊，但是一場狂烈的暴風雨幾乎毀了所有波斯船艦，害他們全軍覆沒。

一八一五年滑鐵盧戰役前夕，法國和聯軍兩軍對峙的緊要關頭竟然下起滂沱大雨。雖然法軍人數比聯軍統帥威靈頓公爵（Duke of Wellington, 1769-1852）的軍隊人數還要多，但拿破崙得等到地面夠乾才能就定位部署砲隊，所以無法在隔天早上展開攻擊。這點時間的拖延，使得普魯士軍隊及時趕到，聯軍獲得援兵，終於打敗法軍。

天氣對於一九四四年諾曼地登陸成功也非常關鍵。盟軍知道，這次奇襲若想奏效，便需同時具備穩定晴朗的天氣、適合的潮汐以及滿月之夜等因素才行。根據潮汐與月相，六月五日晚上將是最佳時機，然而前幾天的天氣似乎都不太穩定。經過英國氣象局、海軍氣象署及美國陸軍航空兵氣象單位的資深氣象專家共同研商，最後向盟軍最高統帥提出一個最適合的日期。這次天氣預報堪稱是氣象預報史上最重要的一次，他們發現一些佐證，顯示六月六日當天會有一段天氣穩定的空檔，於是登陸日期順延一天，然後就……，結果大家應該都知道了。

不難想像，一個國家若能操控戰場上的天氣，必將獲得強大的軍事優勢。一九五〇年代後期，美國情報組織言之鑿鑿指出，蘇聯政府也正在從事天氣改造實驗，美國當局便開始擔心，如果他們無法主宰天氣，就會被天氣打敗。一九五七年，美國總統之天氣控制諮詢委員會（Presidential Advisory Committee on Weather Control）做出結論：「天氣改造將是比原子彈更重要的武器。」似乎在冷戰期間，美蘇雙方除了檯面上的武器競賽，檯面下也同時展開祕密的天氣改造競賽。到了一九六〇年代，越戰爆發兩年之後，美國政府搶得先機，以最高機密爲託辭，在一個作戰環境進行了種雲實驗。

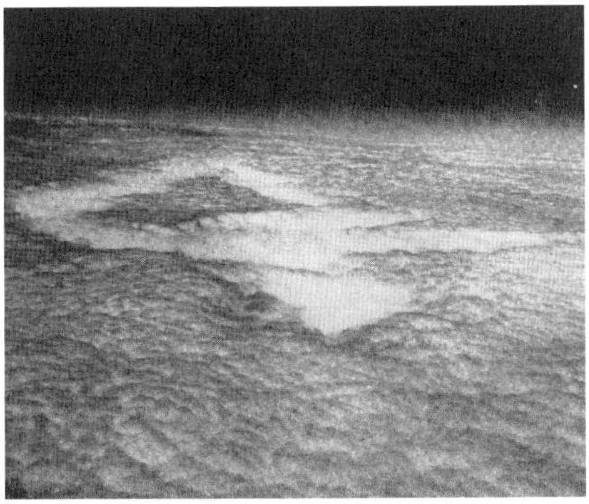
Schenectady Museum 提供

「卷雲計畫」執行期間，飛行員在過冷狀態的雲層上割出數字「4」的圖樣。

一九七二年七月三日，《紐約時報》刊載了一則頭版報導，出曾獲普立茲獎的新聞記者赫許（Seymour Hersh）[2]執筆，讓越戰期間由美國白宮及中央情報局共同主導的一項祕密行動曝了光。赫許宣稱，過去七年來，美國政府曾多次在寮國、越南及柬埔寨上空散播化學物質，企圖製造人造雨。

這些地區都屬於季風區。溼季期間，降雨便叢林中縱橫交錯的小路網（即所謂的「胡志明小道」〔Ho Chi Minh Trail〕）變得泥濘不堪、無法通行。美國當局深知這條小道對越共和北越軍隊的重要性，小道從北越一路蜿蜒，經過寮國及柬埔寨直到南越，是敵軍重要的補給命脈。美方很清楚，假如能在季風季節開始與結束時於這條路徑上增加降雨，便可以延長雨季，進一步阻撓敵軍的行動。

"All the News That's Fit to Print"

The New York Times

VOL. CXXI...No. 41,799

NEW YORK, MONDAY, JULY 3, 1972

LATE CITY EDITION

15 CENTS

McGOVERN'S VIEWS ALARM BIG DONORS ON WALL STREET

Economic Policies Threaten to Cut Key Fund Source for Liberal Candidates

LEADERS ARE OPPOSED

Democratic Supporters May Withhold Their Backing or Switch to Nixon

Hijacker Killed in Saigon; Tried to Divert Jet to Hanoi

South Vietnamese Student, Said to Be From U.S. and Seeking 'Revenge' for Bombing, Is Shot by 747 Passenger

Rainmaking Is Used As Weapon by U.S.

Cloud-Seeding in Indochina Is Said to Be Aimed at Hindering Troop Movements and Suppressing Antiaircraft Fire

PAKISTAN REACHES ACCORD WITH INDIA ON MAJOR ISSUES

Mrs. Gandhi and Bhutto Set Freeze on Positions of Their Kashmir Troops

FORCE IS RENOUNCED

Soldiers All Along Borders Will Begin Withdrawing Soon After Ratification

U.S. Volunteer Agency

Judges Growing Lenient In Draft Amnesty Cases

1972年7月3日，《紐約時報》於頭版刊出赫許的報導，
揭露越戰期間的人造雨種雲行動。

赫許還披露，美國當局第一次使用種雲技術就是在南越；理由有點荒誕，竟然是爲了驅散群眾。對於美國所支持的南越政權來說，群眾示威已成爲日漸棘手的問題。「……佛教徒讓政權當局吃盡苦頭，」中情局的消息來源這樣告訴赫許，「警察向示威群眾丟擲催淚彈，群眾還是站在那兒不肯動，但是我們注意到，只要一下雨，他們就會一哄而散。於是中情局找來一架美國空軍比契機（Beechcraft），機上裝載了碘化銀。再有群眾示威，我們就在當地種雲，結果眞的下雨了。」

接著美國當局又著手籌備一次最高機密行動，於一九六六年九月二十九日至十月二十七日之間，在寮國境內安南山脈（Annam Mountain Range）某處進行密集的種雲試驗。這次行動的代號稱爲「卜派計畫」（Project Popeye）。整個計畫行動非常機密，除了軍方之外，只有總統、國防部長、國務卿及中情局局長知道這件事。

美軍一共進行了五十六次種雲飛行，據稱有百分之八十五的雲反應良好，太平洋艦隊總司令在參謀首長聯席會議（Joint Chiefs of Staff）報告指出：「在寮國的

滲透路線上方，種雲所引發的額外降水是一種很有用的戰略武器。」作戰用的種雲行動於一九六七年五月二十日展開，在寮國、北越、南越及柬埔寨部分地區持續進行長達六年，估計每年花費高達三百六十萬美元。然而增加降雨量的企圖是否成功，沒有人能夠下定論，因爲在初期試驗階段之後並未進行系統性評估，無法認定統計數據的精確度。不過根據國防部情報局後來的估計，種雲行動在某些特定地區可增加百分之三十的降雨量。

事實上，美國專欄作家安德生（Jack Anderson, 1922-2005）[3]早在一年前便於專欄中率先揭發這整個事件，然而卻是赫許的頭條新聞才引發各方矚目。消息傳開，輿論一陣譁然，有關天氣改造在越南成爲武器的議題，在美國國會興起一陣令人難以招架的抨擊與質詢。起初盡是推託搪塞的答詢，但是到了最後，國會終於通過一項決議，迫使尼克森總統同意協商並簽訂法案，明定禁止以操控環境的手段來達成戰爭目的。

一九七七年五月十八日，在福特總統的主導下，一項多國間的「禁止環境改造技術用於軍事及任何敵對行動之公約」（Convention on the Pro-hibition of Military or Any Other Hostile Use of Environmental Modification Techniques, ENMOD）於日內瓦拍板定案，當時參與簽署的包括美國、蘇聯及其他四十個國家。這項公約至今仍然有效，希望可以遏阻各國企圖以操控天氣來達成戰爭目的。

但是「環境改造技術公約」的措辭相當含糊，僅針對「影響廣泛、持續長時間或劇烈效應」的環境改造技術，禁止應用於軍事用途。將這些限制條件做了合理解釋後，美國政府仍不放棄研究天氣控制在軍事上的潛在用途，甚至到了一九九六年柯林頓總統連任後，有人向美國空軍參謀長提出一項名爲「天氣使戰力倍增：二〇二五年支配天氣」（Weather as a Force Multiplier: Owning the Weather in 2025）的研究。這份令人不寒而慄的報告中建議，美國空軍在二〇二五年之前應如何開發新技術，才能「支配天氣」作爲戰爭武器。

參謀長一聲令下，七位軍官銜命展開關於「爲維持未來在天空與太空的主導優勢，美國所需要的概念、能力與技術」的調查，並編撰出一份長達四十四頁的研究報告。報告的措辭小心謹慎，看似與「環境改造技術公約」口徑一致，內容宣稱其範圍僅限於「地區性及短期性的天氣改造形式」。

「二〇二五年支配天氣」勾勒出未來戰爭的恐怖情景，軍事武力將可製造雲霧以掩護部隊與裝備的行動、引發降水以淹沒敵軍的交通聯絡管道、遏制降水以製造乾旱、操控暴風雨使其轉而撲向敵軍，甚至引發閃電攻擊敵軍的目標物。報告中更異想天開，建議利用奈米技術製造含有微電腦粒子的「遙控雲」，飄浮在空中以假亂眞，彼此間還可以互相溝通。「許多包含心理層面的軍事行動必定潛力無窮。」報告中野心勃勃地強調說。

這簡直是將戰爭帶到一種匪夷所思的境界。對於這份報告的狂熱野心，一位不願具名的評論家如是說：「他們就像一群小男孩，手上玩著尖利的棍子，看見一隻正在睡覺的熊，便拿起棍子戳刺牠的屁股，看看會發生什麼事。」顯然，報告作者根本不關心使用天氣作爲武器會對環境及人類造成什麼樣的衝擊，他們只想確保其他人不會捷足先登。報告結論說：「雖然社會上有某些人總是不願探討爭議性的話題（例如天氣改造），但漠視這個領域可能發展出來的強大軍事能力，將使我們自己陷入險境。」聽起來好像是科幻小說的口吻。事實上，早期在奇異公司的種雲研究中擔任要角的伯納．馮內果，正是科幻小說家寇特．馮內果（Kurt Vonnegut, 1922-2007）的哥哥。

寇特．馮內果也曾在奇異公司的公關部門短暫工作了一陣子，顯然他哥哥在那兒做的研究對他有所啓發。他寫了一部描寫世界末日荒涼景象的小說《貓的搖籃》（*Cat's Cradle*），探討某種化學過程帶來的後果，與種雲的觀念有明顯雷同之處。

故事中，霍尼克博士（Dr. Felix Hoenikker）是一位虛構的諾貝爾獎得主，他曾協助發展原子彈，並創造了一種非常不穩定的水同位素，稱爲「冰凍九號」（ice-nine）。他的構想是要將軍隊困在戰場上動彈不得，因爲「冰凍九號」的冰點高達攝氏五十度，只要把一點點「種子」丟進泥巴裡，便會引發連鎖效應，使所有水分都凍結成硬邦邦的冰。

然而霍尼克沒想到這種催化劑這麼不穩定，反應一旦啓動便一發不可收拾，直到整個地球的水分全都結冰爲止。霍尼克臨死之前製造了小量的「冰凍九號」，隨後由他的三個小孩均分，最後落在美國及蘇聯政府，還有加勒比海一個彈丸島國的獨裁者手裡。不用說也知道，故事結局當然是一場大災難，「冰凍九號」陰錯陽差落入海裡，使整片海洋都結冰了，世界末日降臨。呼！眞慘呀！

哎呀，我們似乎有點離題，和藍穆爾當初使用種雲技術的理想目標離太遠了。不過，許多國家仍然致力研究種雲技術的和平用途。

這股研究熱潮於一九七〇年代達到顛峰，光是美國地區，每年的研究經費就高達二千萬美元。然而這些熱中之士的雄心壯志能否如願，至今尚無定論。通常在進行種雲實驗時，多半缺乏詳盡的統計方法來評估成功與否，以雲本身的特性來說，每朵雲都是獨一無二的，因此不可能找到「控制組」（與被灑種的雲完全相同的雲）來比較其行爲變化。

要證明種雲是否有效，實在是無法克服的難題，因此到了一九八〇年代，美國投入的研究經費已減少到五十萬美元，之後更是逐年遞減。

其中一個問題是，究竟該施放多少結冰核到雲裡面，才能達到預期的效果？要判斷出正確數量是非常困難的。企圖增加降水時，很容易灑下過多的雲種，然而加入太多結冰核會產生太多的冰晶或雲滴，彼此爭奪空氣中的水分，結果不但無法長得夠大、掉落成爲降水，反而會減低雲的降水趨勢。事實上，科學界有很多人質疑，是否有足夠證據能證明種雲眞的可以有效增加降水？

話雖如此，研究計畫仍舊持續積極進行。一九九九年，世界氣象組織報告說，有一百多件天氣改造技術向他們提出登記，分別來自全世界二十四個國家。目前最積極的國家是中國，每年在天氣改造方面投資的金額估計超過四千萬美元。

這些技術可以分爲三種主要類型：消霧、人造雨或人造雪、減雹。在這三種類型中，一般認爲消霧是最有效的，基本上用於大霧籠罩的機場及高速公路，其中有一種方法已經在美國鹽湖城國際機場成功使用了數十年。

要消除在攝氏零度以上所形成的霧（暖霧），通常會利用飛機引擎來加熱空氣；但若溫度低於攝氏零度（冷霧），便要設法讓霧滴結成冰晶而掉落地面。有兩種方式可以達到此目的，一種是利用火箭炮或飛機來播灑碘化銀，另一種則像鹽湖城的作業方式，即施放乾冰使霧結冰，而不是施放結冰核。

目前在赤道兩側的半乾旱地帶所進行的種雲計畫，多半希望能增加雨量或降雪量。有些計畫把重點放在雲的過冷區域，目標是使雲滴多多結冰，有些計畫則在沒有明顯過冷區域的「暖雲」中尋找降水的契機。在這些例子當中，研究人員施放鹽粒、含鹽溶劑甚至鹽水到雲裡，希望能讓雲滴合併、碰撞而成長。在山脈附近形成的地形雲對於種雲試驗似乎效果最好，尤其是雲裡同時混合了過冷水滴與冰晶的情況。地形雲是種雲試驗的重點，因為山上的雨水和降雪可以儲存在水庫裡，降雪還可以在山上累積備用。

一般認為，種雲的作用多半是要讓原本就可能下雨的雲增加更多雨量，世界氣象組織便說：「根據一些長期計畫的地面降水紀錄，經過統計分析顯示，季節性的增加是事實。」我想他們的意思是說：種雲確實有效。

近十年來，美國因冰雹而造成的農作物損失，估計每年約為二億三千萬美元；為了消滅雹災，他們經常在風暴系統周圍進行種雲計畫。有些構想是要比天然情況形成更多的「雹胚」（hail embryo），讓它們互相競爭雲裡的水分，冰雹便沒有機會成長到造成危害的大小；另外，有些種雲計畫的目標在於降低雲系高度，從而縮短冰雹成長的路徑；有些則只是想在冰雹發展成足於釀成災害之前，便把雲裡的水分都降光。

提供這些服務的公司都說，他們可以大幅降低冰雹的災害，但是一般認為，他們所謂的科學證據目前都尚未有定論。種雲科技似乎有點像「兩面下注」，雖然效果尚未完全確定，但目前也還沒有全然否定減雹技術的效益。

近幾十年來，最熱中吹噓種雲技術的人，當推坦率直言的莫斯科市長盧日科夫（Yuri Luzhkov），他自從一九九二年首次當選市長之後，便顯露出對於種雲技術的特殊偏好。但是他的興趣並非增加雨量，而是要利用種雲技術避免不速之「雨」在他的遊行慶典上攪局。這位市長年輕時是個化學家，對天氣相當著迷，他曾因天氣預報不準而大發雷霆，揚言要撤銷莫斯科市與官方氣象單位簽訂的合約，乾脆自己預報。

盧日科夫第一次進行種雲計畫是在一九九五年，時值莫斯科慶祝第二次世界大戰勝利五十週年的慶典，他們希望碘化銀能使雲層還沒到達莫斯科就先把雨水降完。遊行果然在燦爛的陽光下順利展開。一九九七年，盧日科夫花費五十五萬英鎊（當時約合新臺幣二千六百多萬元），想要確保莫斯科成立八百五十週年的慶典期間都不會下雨；三天活動下來，總共動用了八架飛機，在城市周圍一百公里附近進行種雲。前兩天果然沒有下雨，但是到了第三天，在戶外舉行的閉幕典禮快要開始時，竟然變天了。

節目正達到高潮，一陣傾盆大雨讓群眾全成了落湯雞，特技演員及舞者在溼漉漉的舞臺上表演，又摔又滑跌得一團亂。然而這位市長仍然不屈不撓，繼續在重要場合前夕進行種雲計畫，而且堅信一定會成功。

飛機的凝結尾則與上述情形大不相同，凝結尾是人類日復一日、不斷改造雲的一種方式。雖然不懷好意的種雲應用令人憂心，然而有越來越多科學證據顯示，凝結尾這種不經意且持續不斷的「種雲」過程所帶來的影響，才是我們眞正應該擔憂的。

對賞雲迷而言，凝結尾是個很矛盾的東西。一方面它們饒富趣味，而且通常相當漂亮，例如當飛行高度的空氣不穩定時，凝結尾下方會形成「雲牙」，看起來像半邊的拉鍊，彷彿飛機一面在天空飛行、一面幫天空寬衣解帶。有時候，凝結尾會短暫扭曲，宛如義大利螺旋麵，至於原因則有待釐清。還有，如果條件符合的話，凝結尾會在風的吹拂下逐漸擴展，演變成交錯糾葛的壯觀網格；新生的凝結尾線條鋒利，會將寬闊而鬆散的成熟凝結尾切剖、割裂。另一方面有更多證據顯示，高高在上的凝結尾對於地表溫度有顯著的影響，而且你猜得沒錯，整體效應似乎傾向於變暖。

有關飛行對環境的影響評估，過去都集中在飛機廢氣裡的二氧化碳對全球暖化的貢獻程度；二氧化碳和大氣中所有溫室氣體一樣，會吸收並輻射部分地球熱能，從而減緩地球的冷卻效應。在人類排放至大氣的二氧化碳總量中，飛機的排放量雖然約只占百分之二，但對環境造成的衝擊似乎比近地面排放的二氧化碳嚴重，因爲飛機的二氧化碳是直接排放到高層大氣中。喜愛凝結尾的賞雲迷或許該重新思考一下，因爲科學家已逐漸達成共識，認爲飛行對環境最重大的衝擊並非來自飛機排放的溫室氣體，而是來自凝結尾創造的雲。

一般來說，雲對於地表溫度具有非常重要的影響。眾所皆知，當水處於看不見的氣

Gavin Pretor-Pinney 提供

凝結尾有時候看起來不太平整，宛如半邊的拉鍊，這是由於機尾的擾流和雲所在高度的大氣不穩定所造成。

體狀態時（水汽），與溫室氣體一樣會留住熱能，使地球保持溫暖；事實上，水汽是目前大氣中含量最豐沛的溫室氣體，對溫室效應的貢獻約占百分之三十六至七十。此外，大氣中的水分對於全球溫度還有另一種比較間接的效應，即水會凝結成雲裡的水滴或冰晶。

一方面，雲可以阻擋部分太陽輻射，將其反射回太空（雲一飄過來擋住太陽，你便感覺到一陣涼意，喜歡做日光浴的人對這種感覺應當很熟悉），因而造成地球表面局部冷卻。另一方面，如同水汽及其他溫室氣體，雲也會吸收一部分地球熱能，再將其中一部分輻射回地表，因此有雲的夜晚通常比晴朗的夜晚溫暖。如此一來與上述剛好相反，雲也可以減緩地球的冷卻作用。

可想而知，大多數能夠阻擋部分陽光的雲層，整體而言具有冷卻效應，但說到含有冰晶的高雲則不盡然，例如卷雲、卷層雲及卷積雲，統稱爲卷狀雲（cirriform）。當雲層很薄時，大部分的陽光可以穿透雲層，這些雲獲取地球熱量的效應便會勝過冷卻效應。正是卷狀雲的這種行爲，讓凝結尾與影響環境扯上關係。

任何一位賞雲迷都可以作證，凝結尾絕不會乖乖懸在原地、一直像條筆直的雲線。如果飛行高度的環境有利於生成凝結尾，即溫度低、溼度高，則凝結尾的冰晶就可能在風勢助長下擴散開來。飛機廢氣中的微小粒子成爲凝結核與結冰核，促使大氣中原本已有的水汽形成水滴或冰晶，而凝結尾的冰晶本身也可以扮演凝結核或結冰核的角色，吸收更多的水分子而逐漸成長，幾個小時下來，凝結尾便可擴散達數公里之寬；曾經觀測到的實例顯示，單一凝結尾不斷擴展，涵蓋範圍竟然可達二萬平方公里。它們在飽和的大氣中散布雲種、充當催化劑，促使薄薄的卷狀雲不斷生成，正是這種雲讓地表溫度上升。

二○○一年九月十一日，恐怖份子攻擊美國紐約世貿中心，這個事件爲凝結尾如何影響地表溫度投下一道始料未及的光。悲劇發生後連續三天，美國所有的民航機都取消飛行，自從第一次世界大戰以來，這是美國領土上空首度短暫持續一段時間沒有任何凝結尾出現。二○○二年出版的《自然》（*Nature*）期刊有篇報告指出，氣象學家拿美國四十八州沒有凝結尾這三天的地面溫度，與過去三十年的氣溫紀錄做比較，發現眞的有顯著差異。在沒有凝結尾的狀況下，平均而言，整個美國的日夜溫差比平常高出攝氏一點一度。看來凝結尾（以及它們所引起的卷狀雲）在白天會降低地面溫度，夜間則升高地面溫度。

攝氏一點一度的差異對地面溫度來說確實影響甚大，但這項研究並未斷言凝結尾會導致地面溫度全面升高，從而對全球暖化有具體影響。不過，最近的一些研究倒是明確提到這個論點。

有一篇二○○四年發表的論文，研究美國從一九七四至一九九四年間觀測到卷狀雲的增加情形。在這段期間，整個美國卷雲所在高度的平均溼度爲固定值，因此結論是：空中交通的增加與產生的凝結尾已導致卷狀雲的雲量增多，雲量增多的預期增溫效果，估計約

上圖：Gavin Pretor-Pinney 提供。下圖：Mike Davies（member 1633）提供

倘若條件符合，凝結尾可以持續一段時間，進而擴展成卷層雲，涵蓋範圍可達數千平方公里。

相當於每十年增溫攝氏零點二度至零點三度。而令人吃驚的是，單是卷狀雲增加的影響效果，幾乎就可以充分解釋美國近二十五年來的溫度上升總和。這是個重要的論點，雖然談的只是地區性而非全球性的增溫作用，但報告中仍認爲，由凝結尾發展而成的高雲對於地表增溫有極大的貢獻。

另一篇刊載於二〇〇三年的重要論文也提出同樣的警訊。科學家利用氣象衛星雲圖統計出歐洲地區卷狀雲的分布變化情形，然後與同時期空中交通密度變化的詳細紀錄做比較，研究兩者的相關性。報告的結論指出，空中交通導致發展成卷狀雲所造成的增溫，比飛行排放的二氧化碳所造成的增溫要大上十倍。

目前還很難比較這兩種不同因素對環境的影響，一方面是因爲飛機排放的二氧化碳會在大氣中持續停留超過一百年，對於地表增溫具有累積性及全球性的影響，而另一方面，飛行所產生雲量的增溫效果是局部而短暫的。但是這些研究都強調，在全球暖化的過程中，飛行凝結尾導致的高雲應比飛機排放的二氧化碳造成更顯著的影響。

據估計，空中交通量每年約增加百分之五，而且增加最多的就是容易產生凝結尾的長途飛行。諷刺的是，新式的飛機引擎（設計上較省油，因此排放的二氧化碳較少）實際上會產生更多的凝結尾。

英國倫敦帝國理工學院（Imperial College）有一群科學家正在研究減少凝結尾的可行

方法，即降低飛機的飛行高度。

他們利用專爲空中交通管制設計的電腦模擬系統，研究比較「強制限定歐洲地區的飛航高度，讓飛機不飛到可形成凝結尾的高度」的各種可能性。這種系統會產生一個問題，即飛機飛得越低，所需穿越的空氣密度就越高，因而需耗費更多燃料；這不僅涉及經濟上考量，也可能排放更多溫室氣體。因此這群科學家設計出一套系統，定出「無凝結尾」的可能最大高度，當做飛行的「天花板」，這可根據大氣溫度及溼度的變化即時計算出來。

「如果在歐洲上空飛行有了這層遮罩，」主導這項計畫的諾蘭博士（Dr. Bob Noland）解釋說，「即使增加的燃料消耗量會多排放出百分之四的二氧化碳，我們依然認爲，由於能減少凝結尾，這仍是個很好的政策。」他們的研究指出，儘管實行起來必然困難重重，例如空中交通會變得更擁擠、飛行時間變長，但這套管理系統可以減少約百分之六十五至九十五的凝結尾，而二氧化碳排放量僅增加百分之四。

如果沒有凝結尾，那些薄薄的、使地面增溫的卷狀雲似乎會顯著減少。諾蘭博士說：「飛機排放的二氧化碳雖然很多，而且一直不斷增加，但即使從此不再排放二氧化碳，也不會產生太大差別。然而如果明天就減少百分之九十的凝結尾，我們認爲這完全是可行的，立刻就能獲得顯著的改善。減少凝結尾將可帶來立即的好處。」

要預測氣候變化時，雲就像撲克牌裡的「鬼牌」。沒有人知道地球暖化對雲的分布

James Townsend（member 169）提供

我們應該考慮禁止凝結尾出現在天空中嗎？

範圍與特性有什麼影響，也不清楚雲量的改變對地球的「輻射能量收支」（radiation budget，指地球保留太陽熱量的程度）會有何種回饋效應。從上個世紀以來，全球氣溫已經升高了攝氏零點六度左右，而且主要是在最近五十年內發生的，其中人爲因素必須負起部分責任，這一點在科學界已經受到大多數人接受。

如果我們繼續對排放溫室氣體採取這種「例行公事」般的政策，科學家預估在未來的一百年，人類將使大氣中二氧化碳的含量變成工業時代之前的兩倍，直接的影響便是地表溫度預估將升高攝氏一度之多。即使這個數字本身不會釀成一場浩劫，其潛在的連鎖反應也可能是眞正的大災難，所謂的「回饋效應」會放大溫度升高的幅度。

一般認爲有三種主要的回饋因子。第一種是全球受冰覆蓋的面積：由於冰面比陸地反射較多的陽光，因此一旦冰的覆蓋面積減少，就會加強全球暖化效應。第二種是大氣的水汽含量：當水處於看不見的氣體狀態時，就和二氧化碳一樣是溫室氣體，會像毯子將熱量包住；一旦地表溫度升高，表示地表有更多的水會蒸發到大氣中，也就加強全球暖化效應。再來是第三種回饋因子：雲。

雲是其中最微妙的一種因子，因爲全球氣溫上升對雲量的範圍與特性究竟有何影響，人們目前仍是毫無頭緒、無從預料。如果氣溫上升導致厚雲變多，也許會將更多的陽光反射回去，預期可能會減輕全球暖化效應；如果是造成大範圍又高又薄的雲，則預期會有變暖的效果，情況將更加惡化，無疑是火上澆油。然而還有一種或許是最有爭議的論點，即全球氣溫升高反而會導致雲量變少。這麼一來，不僅我們賞雲協會將面臨關門大吉的窘境，更可能對地表溫度的改變幅度產生驚人的影響。

假如溫度升高會「消耗」較多的雲，或使雲更容易下雨而很快消散，則預期將使天空變得較爲晴朗。事實上，美國航太總署蘭利研究中心（Langley Research Center）的科學家威利基（Bruce Wielicki）就發現，目前熱帶上空的雲量比二十五年前來得少。他說在炎熱的赤道地區，上升氣流的強度似乎增加了，這也許可以解釋爲何暴風雨雲總是一下子就把雨水降完，而其餘熱帶地區的雲量卻變少。這種趨勢是否因氣溫升高而引起，而且能否推論這與熱帶以外的地區有關聯？目前這些問題皆未能釐清。比較確定的是，雲量一旦變少，不僅無法將陽光反射回去，而且包住地球熱量的「毛毯效應」也跟著降低。要判定雲量減少到底會造成什麼效應，就要比較這兩種效應對於地球輻射能量收支孰輕孰重，而這正是最大的難題。

現在只能先做一點非常粗略的猜測：整體來說，雲量可使地球吸收的太陽輻射量平均

Ken Bushe（member 1525）提供

一道凝結尾將陰影投映在卷層雲上。

減少約每平方公尺五十瓦，而雲量阻止地球散逸的能量約爲每平方公尺三十瓦。假使這些估算皆正確，則地球整體雲量對於輻射能量收支的淨貢獻，便是損失能量約每平方公尺二十瓦；換言之，雲會導致地球變冷。如果雲眞的消失了（其他因子都維持不變），地球暖化的「發燒」症狀會更嚴重。

下次再有人抱怨我們的雲「蓬」友，賞雲迷知道該怎麼說了吧！

目前科學家和政治人物還在不斷爭論人類對於全球暖化的影響程度，以及究竟是否該限制排放量云云，這讓我不禁聯想起十七世紀的法國哲學家帕斯卡（Blaise Pascal, 1623-1662），以及他對於上帝是否存在的論述。

帕斯卡的論點是，我們無法確定上帝是否存在，所以應當將「我們相信祂存在」視爲一場賭博，且賭注其高無比。假如我們相信祂存在，而且死後發現祂眞的存在，萬歲！我們可以上天堂了。假如我們否定祂存在，結果卻發現祂眞的存在，那麼我們將會下地獄、萬劫不復。當然啦，如果眞的沒有上帝，則相不相信並沒有差別，所以帕斯卡很肯定地說，任何腦筋清楚的人都應該寧可信其有，過著有信仰的生活。

全球暖化也是同樣的道理。雖然賭注只不過是凡間俗事，與身後事無關，但依然很重要。人們對於地球暖化的責任還是個未知數，然而它所帶來的嚴重衝擊（假定回饋因子使情況加劇，例如雲量改變），意謂著最明智的賭法應該是反求諸己，自認是罪魁禍首，然後徹底改變人類的行爲。

英國詩人布魯克（Rupert Brooke, 1887-1915）在第一次世界大戰之前臆想「死者不死」，只是飄浮幻化爲詳和的中天之雲，然後「望著月亮，與始終狂放的海洋，還有人類，在地球上熙來攘往。」也許眞是如此，不過我實在無法想像有人會變成凝結尾。

要喜歡這些雲族中的私生子實在很難。有些賞雲迷可能和我一樣，對它們有種矛盾的愛恨交織情結，但有多少人能眞心接納這些新加入的雲族成員呢？它們或許會將秋天傍晚的瑰紅天空切割成支離破碎的圖案，但這些劃越天際的冰線雲字，終究是爲了賞雲迷以及每一個人而寫在天上的啊！

■注釋

1 譯注：更精確一點說，冰晶是「昇華」成水汽，直接轉變成看不見的氣態水，而不是先融化成液態水滴再蒸發。

2 編注：赫許揭發美軍在越南美萊村的大屠殺暴行，獲得一九七〇年普立茲國際報導獎。

3 編注：美國專欄作家，曾報導美國在一九七一年印巴戰爭期間對巴基斯坦所採取之祕密政策，獲得一九七二年普立茲國際報導獎。

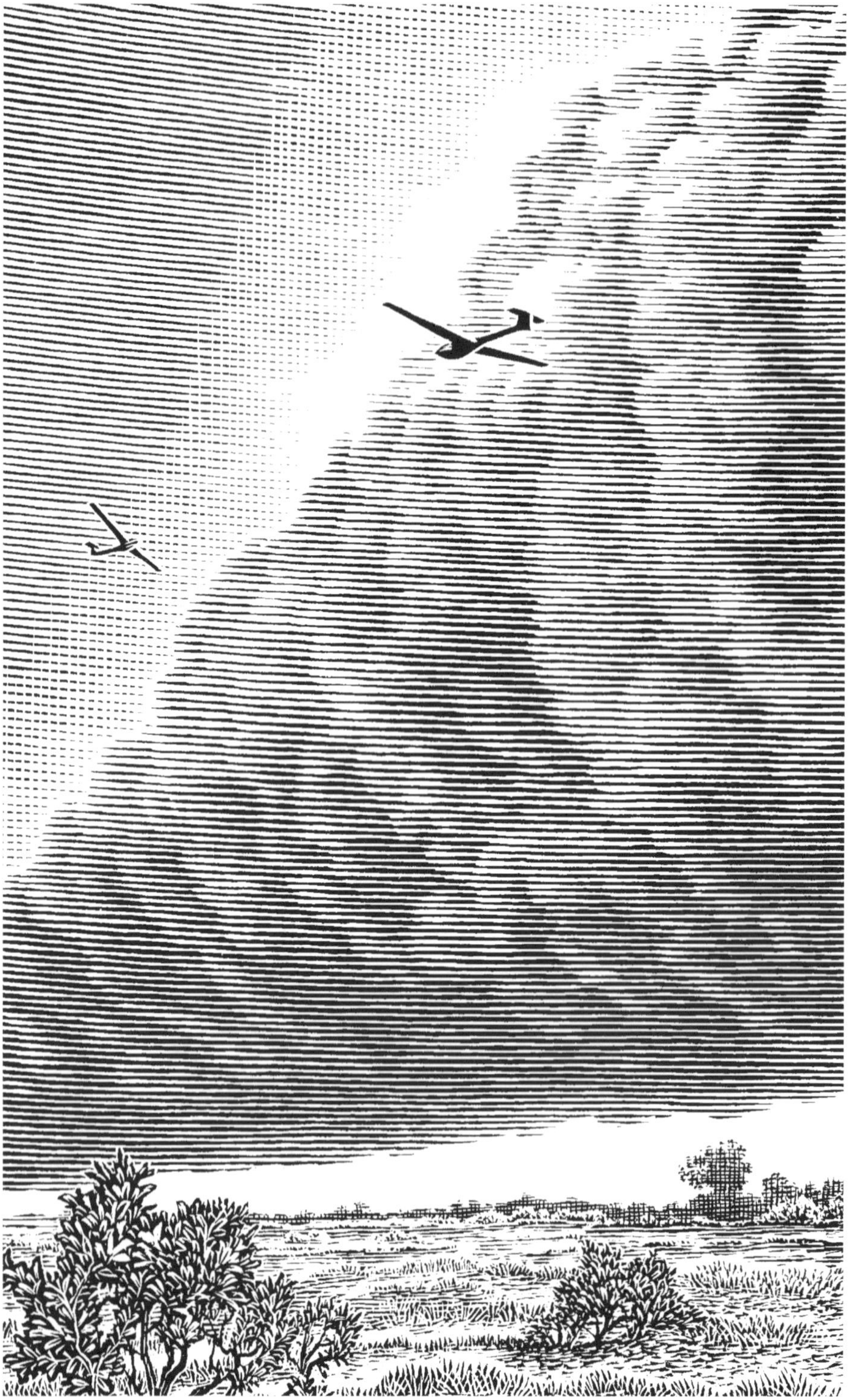

第十三章　晨光雲

滑翔機飛行玩家在此「衝雲浪」

幾年前我隨意翻閱一本介紹雲的書《廣闊無垠的天空》（*Spacious Skies: The Ultimate Cloud Book*），猛然看見一張雲的照片，是我以前從未見過的。這張自空中拍攝的照片，顯示出一團長度極長、平滑如管狀的低雲，看起來就像是蛋糕上一大卷白色的蛋白霜，從地平線綿亙至地平線，前後都是朗朗晴空。它形成於一片看起來十分奇特的地形，有曲折盤繞的河流與長滿紅樹林的沼澤區。我知道這應該可以歸類爲弧狀雲（屬於層積雲的一種特殊雲狀），但是看起來實在太與眾不同了，彷彿不屑與其他「尋常百雲」爲伍。果然沒錯，照片的標題說它有個專屬名稱爲「晨光雲」，因爲這個名稱「傳達出風掃雲移時令人欣喜若狂的感受」。

身爲一個賞雲迷，實在不應該把生命浪費在書上。於是我當下發願，一定要找到最適合看晨光雲的地方，親身體驗這奇幻壯麗的雲景。

後來我又讀到，這種雲只形成於澳洲一處最偏遠的地區，位於昆士蘭北部的薩瓦那灣（Gulf Savannah）地區，那裡和我住的地方相距十萬八千里，要成行談何容易？飛越整個地球只爲了尋找一片雲，這顯然是荒謬至極的超級任務，即使是最熱情的賞雲迷也會這麼認爲。我承認，當初的信誓旦旦或許有點太草率了。

然而，我越是了解這種雲，就越感到好奇。我發現晨光雲可以綿延長達九百六十公里（和英國一樣長），而且移動速度可達每小時五十五公里。還有一群勇敢大膽的滑翔機飛行玩家，每年都會不遠千里橫越澳洲，希望有幸遇到晨光雲；在南半球九、十月的春天時節，他們守候在伯克鎮（Burketown）這個小村子附近，即晨光雲出現之處，渴望能夠達成在晨光雲上翱翔的心願。有人認爲那是最美妙的滑翔經驗之一，此等快感只有「衝雲浪」才足以形容。

突然間，澳洲似乎不再如此遙不可及了，想想我和一群澳洲的滑翔機飛行好手並肩暢飲啤酒，等候那片獨一無二的雲掃過我們的頭頂……聽起來彷彿是在奇妙夢幻的南太平洋天空上演《偉大的星期三》（*The Big Wednesday*，一九七八年電影，描寫夏威夷衝浪好手的故事）。是的，這確實是個很棒的理由，讓我鐵了心，決定飛到世界的另一邊。

我在準備行裝時，想起了英國維多利亞時代家境富裕、堪稱「頭號賞雲迷」的專家阿培克朗比，他召集了一群氣象學家組成「雲委員會」，於一八九六年製作出第一版的《國際雲圖集》。一八八〇年代後期，阿培克朗比花了很多年時間環遊世界，乘坐蒸汽船、火車及馬車到處尋找奇雲幻霧。

他寫了一本名為《各緯度的海洋與天空，研究天氣的浪遊之旅》（*Seas and Skies in Many Latitudes, or Wanderings in Search of Weather*）的遊記，讀來彷彿是氣象學家寫的《環遊世界八十天》。雖然《環遊世界八十天》的主角是菲利斯．福格先生（Phileas Fogg）而非「霧先生」（Fog），阿培克朗比還是很好奇想知道世界各地的雲是否有所差異，得到的結論是：大致沒什麼差別。身為氣象攝影的先驅人士，他以照片記錄了橫越偏遠地區所見到的各種雲狀，後來在一八九〇年出版的《雲圖集》（*Cloud Atlas*）便收錄了許多他的攝影作品，這部書是由他與瑞典氣象學家希爾德布蘭德森共同執筆，算是《國際雲圖集》的前身。

出發前往澳洲的前一週，我好想留兩抹翹八字鬍，那會讓我看起來很像勇往直前的阿培克朗比，但是又想到，那種造型包準會成為澳洲人揶揄的笑柄，只好忍痛放棄。不過他書中有段話一直縈繞在我耳畔：

> 作者最渴望達成的心願之一，就是遇上一次熱帶颶風，不管是在海上或是陸上都好……，但即使他選擇於颶風季節造訪模里西斯，而且一路航行通過中國海，只希望能一睹颱風的廬山真面目，這趟尋找颱風之旅終究未能如願以償。

我的「尋找晨光雲之旅」該不會也這麼倒楣吧？畢竟雲是自然界最混沌難測的展演，即使最平凡無奇的雲，我們也很難準確預測它的行蹤。我還曾聽說，有飛行員大老遠穿越整個澳洲要去「衝」這種壯觀無比的雲，結果幾個禮拜後敗興而歸，滑翔機根本連柏油路面都沒離開過。

當飛機從倫敦起飛，爬升至一層籠罩城市的層積雲之上，我很怕自己正要踏上一生中最值得紀念的「虎頭蛇尾賞雲行動」。心裡這麼想著，就在啓程前往一處未可知的異域之際，我做了一件只有賞雲迷才會做的事：我閉上雙眼，衷心祈願晨光雲賞賞臉。

伯克鎮位於艾伯特河（Albert River）附近的內陸地區，距離遼闊的卡本塔利亞灣約三十公里，正好位居澳洲北部海岸線的中點。當地人口只有一百七十八人，你根本無法想像有人會跨越大半個地球來到這裡。我搭上輕型飛機，從伯克鎮南方三百二十公里的愛沙山市（Mount Isa）起飛，由機艙的窗子望出去，夜色廣袤浩瀚，除了一小簇燈光外什麼也沒有。「嗯，這裡很荒涼，」我們從小型機場跑道起飛時，伯克鎮輕型飛機租賃公司老闆普爾（Paul Poole）如此說道，「這裡是澳洲最後幾個處女地之一。」

普爾經營卡本塔利亞灣附近幾個偏遠城鎮的飛行業務，由於距離十分遙遠，而且大都是荒涼的熱帶稀樹大平原，飛機成了唯一適合的交通工具。每年溼季的十二月至二月期間，伯克鎮格外依賴普爾的飛機，因爲這整個平原會變成一片水鄉澤國，對內對外交通仰賴的泥土路完全無法通行。普爾說：「等到公路從愛沙山開過來，你就認不出這地方了。這裡會有不可思議的變化，到時候晨光雲將成爲澳洲滑翔機飛行界的一大盛事。」

上圖：Russell White（member 23）提供。下二圖：Gavin Pretor-Pinney 提供

昆士蘭北部的伯克鎮幾乎是一片不毛之地。

普爾和他的女友阿曼達（Amanda）也經營伯克鎮上少數幾間旅館之一。我精疲力竭、正準備爬上床時，他們提醒我，當天一大早才出現過晨光雲，隔天清晨再次出現的機率非常高。「它們似乎會週期性出現，」普爾補充說，「晨光雲來臨的時候，通常會一連幾個早上約在破曉時分出現。滑翔機飛行員在清晨四點半或五點鐘便起床準備就緒。」即使我已經長途跋涉四十二個小時，顯然是不可能賴床了。

天還沒亮，五點一到我就從床上滾下來，開著他們的吉普車來到小鎮北邊的鹽床上。我站在那裡，周圍盡是成群的蒼蠅及無邊無際的沖積平原，兩眼緊盯著逐漸明亮的天空。

晨光雲通常會從東北方往伯克鎮移近，起先看起來像是遙遠地平線上一條暗暗的線。但此時瞭望四周平坦廣闊的稀樹大平原，卻只見旭日散發出橙紅、淡紫、靛藍的光輝，蔓延在一望無雲的天際。

伯克鎮建立於一八六〇年代，是當地牧牛人的補給城鎮，位於灣區北部溼地與南部草原的自然分界線上，是該區最古老的聚落，經歷了氣旋風暴、流行傳染病及黃熱病而倖存至今。小鎮看起來就像一般落後地區該有的樣貌，鐵皮屋搭建在幾根搖搖欲墜的柱子上，七零八落地頹立在紅色泥土路旁。

一些名爲「澳洲鶴」（Brolga）的大型灰鶴，緩緩漫步在早晨熱氣開始蒸騰的大馬路上，我開車經過時，幾隻沙袋鼠又蹦又跳進入樹叢裡。一八六五年最早興建的海關房舍依然屹立，保存下來成爲全鎮唯一的酒吧。我在那裡遇見了老懷利（Frankie Wylie），他是店裡的常客，吧檯還會幫他外送餐點到府。

懷利似乎很習慣安慰沮喪的賞雲迷。「這種雲啊，實在說不準什麼時候會出現，」他說，「往往說是九月底會出現，結果卻到了一月才來。沒人敢肯定。就是沒人知道。」他坐在吧檯旁邊一張寫著「禁止停車」的椅子上，手上拿著一瓶玻璃瓶裝啤酒，套著皮製的瓶套，上頭還刻著他的名字。

「我第一次看見晨光雲，是在一九七九年剛搬來這裡的時候，」他回想著，「你們當然都見過雲從四面八方而來，但是這玩意兒卻是倒著過來的。」他用手做了個翻捲的動作，試圖解釋弧狀雲如何從行進前來的方向翻轉離開。「看見它們直衝著你席捲而來，你會想說，且慢老兄，好像有點不太對勁兒（他搖搖頭，彷彿要讓自己清醒一下），不是我的眼睛花了，就是酒喝太多。那是我永遠沒辦法完全相信的東西。」

Gavin Pretor-Pinney 提供
天啊！地平線上一點雲都沒有。

酒吧的軟木布告欄有一張當地舉辦的「澳洲龍魚」（Barramundi fish）釣魚比賽照片，旁邊則貼著幾張巨大晨光雲捲掃過小鎮的照片。「它來的時候，會把所有的泥塵、樹葉和天知道還有什麼東西全都攪成一團，可是等它來到你的頭頂上，空氣卻近乎一片死寂，沒有一絲風，什麼也沒有。那是一種非常詭異的感受，爲什麼會讓風靜止成那樣呢？」

克利斯提博士（Doug Christie）可以回答老懷利問的這些問題，他任教於坎培拉的澳洲國立大學地球科學研究所。隔天我去公共電話亭打了電話給他，電話亭位在伯克鎮郵局旁邊，櫃檯上也展示了郵局自己拍攝的晨光雲照片。我很訝異，對這樣一個人跡罕至的邊陲小鎮而言，晨光雲簡直像是遠道來訪的貴賓名流；如同紐約的披薩店會秀出勞勃狄尼洛正在點義式薄披薩的簽名照，伯克鎮的每一處公共場所也都展示了這位知名春天嬌客的身影。我每見一張照片，想要親眼目睹晨光雲的渴望也就越強烈。

克利斯提博士是「大波幅大氣波動擾動」的專家（唸起來可眞拗口啊），也是公認的晨光雲世界權威。一九七〇年代，學校在澳洲中部設置了「超靈敏微氣壓計陣列」研究站，他對於那裡收集到的資料很感興趣。他從數據中判斷，這應該是非常巨大的獨立氣流波動，最後他追蹤到北方六千公里之遠的卡本塔利亞灣。

克利斯提自從一九八〇年來到伯克鎮之後，已在該地區進行了許多次實驗，並得出合理的解釋來說明晨光雲現象。他解釋，氣流產生巨大的「孤立波」（solitary wave），晨光雲便出現在其中，通常似乎發源於約克角半島（Cape York Peninsula，澳洲最北端的半島）上空，隔著海灣位在伯克鎮的東北方。這種波動能以單一波峰向前行進，很像英國塞文河或中國錢塘江激起的「怒潮」（tidal bore）。克利斯提又說：「幾乎可以確定，這是約克角附近相反的海陸氣流互相衝擊的結果，不過還不能確定這些擾動的細節，它們有許多

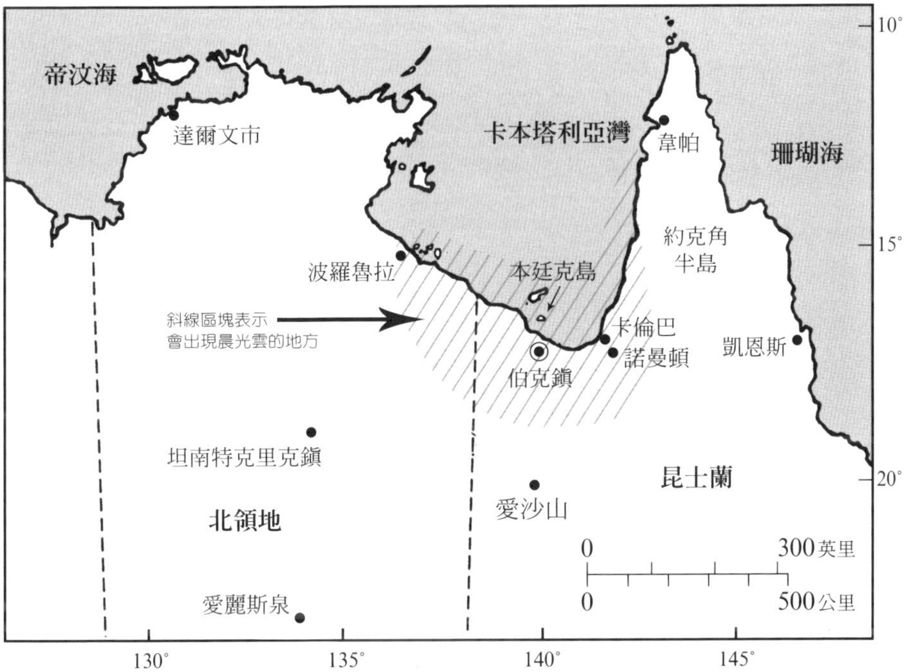

伯克鎮是晨光雲朝聖之地。

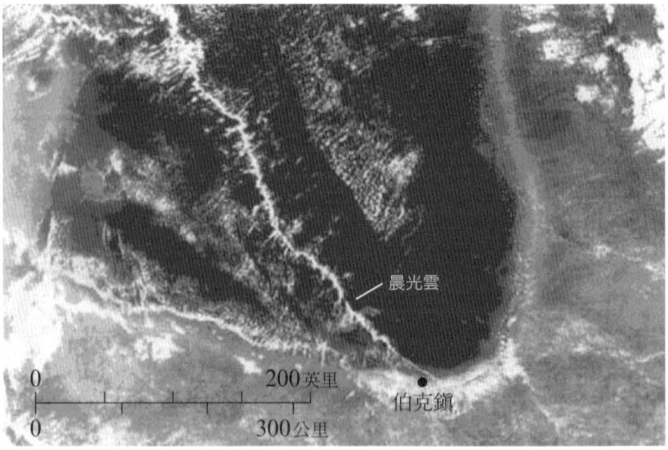

National Oceanic Atmospheric Administration（NOAA）提供

這張衛星雲圖攝於1992年10月8日（當地時間上午八點），顯示晨光雲的巨大規模。

難以解釋的特徵。怎麼說呢？例如晨光雲有很多種，有些只有一、兩個孤立波，有些則是一連串的孤立波；有些可以傳播相當長的距離，有些則不然。」

我想起阿培克朗比曾不辭辛勞，只爲證實世界上的雲並無二致，因此我問克利斯提，世界上其他地方有沒有出現過與晨光雲類似的雲？「美國中部曾經出現過，」他回答，「英吉利海峽有個類似的例子，柏林的『霧波』也很類似，尤其一九六八年出現的那次最明顯。俄羅斯東部也曾發生，而澳洲的沿海地區幾乎都發生過。」

啥米？他是不是在告訴我，我大老遠飛來地球另一端想要看的雲，其實在那該死的英吉利海峽就看得到？他再度向我保證，伯克鎮絕對值得賞雲迷到此一遊，因爲這裡的晨光雲規模是其他地方望塵莫及的，而且（對我個人而言是最重要的）「即使過了這麼多年，這裡是唯一一個每年有某段特定時間極可能看到晨光雲的地方。」其他地方的晨光雲則完全無法預測。

於是我又問克利斯提，我應該留意什麼樣的天候狀況？他說要等到「一整天都吹著海風，如此才會帶來大量的水汽，並形成適當的『波導』（waveguide）」。這個我懂，就是沿著雲移路徑有一段平穩的氣流，可以使孤立波向岸邊接近時比較不容易碎解而消散掉。如果這些條件都符合，再配合約克角半島上空的高壓脊，克利斯提告訴我：「保證你一定看得到晨光雲。」

當地人才不管什麼「高壓脊」，他們自有一套不那麼科學的預測方法，其中一種和啤酒有關，這不令人意外：空氣夠溼便容易形成雲，酒吧冰箱的玻璃門也會結霜。另一種方法也是同樣的道理，在普爾與阿曼達的咖啡店裡，便宜木桌的四邊桌角會往上翹。

之後兩天我又起了個大早，四點三十分就爬起來以防萬一，不過冰箱的玻璃門還是清潔溜溜，而咖啡店的桌子仍和四野望去無窮無盡的稀樹大平原一樣平坦。

我並不是唯一一個愁眉苦臉的人。四十八歲的木材商人傑列夫（Ken Jelleff）從墨爾本附近出發，駕駛一輛四輪傳動汽車，載著妻子及他的超輕型飛機，花了十二天、開了二千九百公里路程來到伯克鎮。又是一個無雲的早晨，我們坐在咖啡店視野最棒的桌子旁，喝著馬克杯裡的卡布其諾。

這是傑列夫第五次來到伯克鎮朝聖，為了翱翔於晨光雲之上。過去幾年他一直很幸運，每次都能與晨光雲相見歡，但這次他開始懷疑自己的好運是否用光了。「我們來這裡已經五天了，」他跟我說，「再過一、兩天就得回去。」

傑列夫憶起，幾年前有位飛行員來了兩週都沒看到半次晨光雲，於是多停留一週，然後又再延長一週，結果還是緣慳一面；沒想到他才剛離開，第二天晨光雲竟然就現身了。「如果我們還是不轉運，」他說，笑容有點僵硬，「也許同樣的事情會發生在我們身上。」

大老遠拖著飛機來到這邊，而且很可能遇到晨光雲不賞臉的窘境，如此大費周章真的值得嗎？「當然值得，」傑列夫一臉豪情，「在晨光雲上飛翔，感覺就像在雲上衝浪一樣，而創造出晨光雲的氣流波動就好像瑩潔剔透的水晶。那種感覺無與倫比，可說是滑翔的最高境界。」

滑翔機若要保持高度，便需擁有升力或上升氣流，而晨光雲的上升氣流最多了。看不見的孤立波在世界各地經常發生，但是唯有此地才具備適當的條件，能夠在孤立波的中心形成弧狀雲，因此晨光雲可讓飛行員知道波動的位置在哪裡。晨光雲便是指標，讓移動的大氣變成肉眼可見的雲體。

可憐的傑列夫賢伉儷，每天破曉時分就去小機場苦候，但總是無功而返，就這樣又過了兩天。他們沒時間再等下去了，只能將超輕型飛機打包好，準備早上啟程返回墨爾本。「總還有明年嘛。」傑列夫強打起精神、自我安慰地說。

我來這裡也已經快一個星期了，假使最後面臨同樣的命運，絕不可能像他這樣想得開。聽說附近的本廷克島（Bentinck Island）有位原住民老太太會跳傳統的祈雲舞，可以祈求風將晨光雲帶來，於是我毫不猶豫準備動身前去尋求神靈的庇助。路程似乎挺遙遠，但是坦白說，我已經豁出去了！

我在本廷克島的水泥防波堤下船時，島上一群老太太正在紅樹林的樹蔭下閒聊。我走向前跟她們哈拉一下，盧格莎老太太說：「我們星期天休息，今天不用出海捕魚。」

她們的孫子正好前來探望，此刻正在浪中戲耍。除了這些偶爾的訪客，平日本廷克島上就只有這些老太太。這裡沒有男人居住，因爲老太太不許他們喝酒，窮困的原住民一喝酒就會在部落裡惹事生非。

不久我才明白，原住民老太太和晨光雲之間存在一種非比尋常的關係，有別於滑翔機玩家及科學家。「我們以前都叫它『yippipee』，」盧格莎告訴我，「我們的語言就是這麼說的。」這名字有個含義：雲帶來了溼潤的季節，而溼季大約是從十月下旬開始。

我問盧格莎是否記得她小時候的晨光雲？「我媽媽說過，起風的時候會將 yippipee 帶來，我們得帶著弟弟準備躲起來。然後『水龍捲』就來了，我們叫它『雷電人』，那非常危險。」

接著像是要特別強調這一點似的，她又告訴我，幾年前一架小飛機如何失事墜毀在海裡，當時飛機載著四名她們的族人，要從另一個小島飛往澳洲本土。失事原因是因爲同時出現好幾個晨光雲，這種情形是相當反常的。「Yippipee 從四面八方滾滾而來，來得極爲突然。」她說話的時候，另一位老太太低頭看著沙。我聽她說，失事時間發生在清晨時分。「你可以看見那些雲在翻滾，你了解我的意思吧，而且是互相碰在一起，男孩子還笑說，他們是怎麼搞的，這種天氣還飛？」

盧格莎說到她的姊姊也在飛機上時，聲音微微顫抖。「到了下午，我們只看到普爾的飛機到處搜尋。他們找不到屍體……只找到我姊姊的袋子。」前天正好是罹難者的逝世紀念日。

我想起克利斯提曾解釋過，晨光雲不只會從約克角半島的東北方來，也會從南方或東

Gavin Pretor-Pinney 提供

那拉納契跳著祈雲舞，希望能求來晨光雲。

南方來，但是比較罕見。就這些例子而言，他提出的解釋是：造成晨光雲的氣流波動，主要源自愛沙山北邊高地上空的雷暴活動。我也聽說過，當晨光雲從不同方向匯集時，交會處的氣流非常紊亂洶湧，極具危險性。

儘管族裡發生了這樣的悲劇，本廷克島的老太太似乎對雲毫不記恨，她們顯得很認命，認爲大自然的毀滅力量是無法掌控的。盧格莎還自告奮勇跑去請求族裡最年長的那拉納契（她一句英文也不會說），請她表演祈雲舞「wamur」，祈求風把晨光雲帶來。

我看著那拉納契從沙灘上捧起一把沙擲向空中，接著開始跺踏腳步，嘴裡喃喃吟頌。她還把在海裡玩水的孫兒們召喚上岸，要他們加入一起跳。他們一面咯咯嬉笑，一面模仿她的動作，彷彿在傳承一種古老的儀式。「有沒有感覺到風來了？」盧格莎問。

好像真的有一陣微風拂面吹來。不過老實說，我離開小島時還是不禁懷疑，棕櫚樹間微弱的沙沙聲響，真的有足夠的力量能帶來yippipee？

果不其然，第二天早上還是什麼都沒有。「我們又不是上帝，」普爾說，吃早餐時他看出我沮喪的神情，「無法讓它們呼之即來、揮之即去。你們這些英國佬觀光客總是喜歡予取予求！」

然而一整天下來，我有預感好像快要轉運了。一陣海風從東北方吹來，而且到了下午，酒吧老闆很興奮地告訴我，冰箱的玻璃門結霜了。隔天清晨五點鐘從窗戶看出去，果然看見地平線上有道黑線。終於被我等到了！

我匆匆忙忙套上衣服，衝到小屋前空蕩蕩的馬路上。天還是暗的，一隻狗發狂似地吠叫。當晨光雲到達街道盡頭時，我感覺到周圍刮起一陣大風。

天上有一輪明月，爲晨光雲高聳的前緣增添了一種如絲如冰的光輝，往地平線兩端無盡蔓延。當晨光雲以微幅超過小鎮車行速限的雄姿，沿著街道對準我狂捲而來時，我只能站在那裡動彈不得，呆若木雞。雲的前方有一陣陣氣流的波動漣漪向上掀起，待雲一前進便消逝在雲的頂端，看起來好像是雲自己向後掀轉。整波雲團非常龐大，移行間遮住了月亮以及南十字星，將整個小鎮籠罩在陰影中。弧狀雲的後面和前面差異非常大，月光下的積雲牆宛如一朵垂頭喪氣的銀黑色花椰菜。

這就是讓我飛越大半個地球想要親眼目睹的雲。它在破曉前降臨，所以只算隱隱約約見到半個面。我回到小屋喝了杯咖啡，心裡頗不是滋味，我原本是要來捕獵一隻惡名昭彰的鯊魚，結果只匆匆瞥見穿出海面的鯊魚背鰭。我簡直等不及要仔細瞧瞧，這頭雲怪猛獸在大白天看起來會是什麼模樣。

我在小機場又結識了好幾位飛行玩家。鮑依（Rick Bowie）遠從一千九百公里外的拜倫灣（Byron Bay，澳洲新南威爾斯州東北部城鎮）前來，他爲當地的滑翔俱樂部駕駛輕型飛機。這是他第三年來到伯克鎮，此行帶了一架黑桃（Pik）二〇E型動力滑翔機，這架飛機具有二衝程引擎，裝設在一支能夠伸縮的臂桿尾端。鮑依解釋說，他可以利用引擎起飛，等飛到空中開始滑翔的時候，再將引擎收進機身的艙匣內。「在舉升力道很強的晨光雲上，」鮑依又說，「你眞的可以用這玩意兒衝雲浪，我還曾經達到時速二百六十公里呢！」

晨光雲前方有可靠的舉升氣流，因此爲最冒險的滑翔招式提供了理想條件：「你可以迎著晨光雲的正面向上飛，然後一衝而下。」鮑依邊說邊張開手掌示範滑行動作，「你也可以略微傾斜機翼，然後順著雲的表面滑行，直接滑到它的底部邊緣。還可以做一些特技飛行、空中翻筋斗……等等。」可是，像這樣在晨光雲上衝浪不是很危險嗎？「對啊，所以必須小心這些翻滾的雲浪。你根本不知道它下一秒會變成怎樣，當氣流波動從海上往內陸前進而逐漸消散時，舉升氣流可能隨時會消失。」

雲的中心及後方有紊亂的下沉氣流，無論如何絕對要避免。衝浪者在尋常海浪中摔下來頂多是一身溼，假如滑翔機玩家衝著一千二百公尺高的晨光雲也不幸摔下來，後果眞是不堪設想。「這裡是個鳥不生蛋的地方，鱷魚多得很，」鮑依警告說，「如果你一定得用降落傘逃生，可不會有人急著跑去救你的。」

雖然很危險（也許正因如此才刺激），晨光雲卻爲飛行玩家提供了突破距離與速度紀錄的機會，這得要請到簡森（Dave Jansen）才有資格說明了，他是澳洲航空飛行員，來自布里斯班北部的木魯拉巴（Mooloolaba）。他是第一次來到伯克鎮，但是說到破紀錄，他比誰都清楚，不僅因爲他曾贏得五次澳洲全國滑翔機比賽冠軍，更因他是「滑翔機協會」的紀錄管理員，負責爲所有全國紀錄的申請書進行驗證工作。

「這個『自由三點迴轉』的距離紀錄是你可以在這裡挑戰的項目之一，」他告訴我。「這種飛行方式需要飛十一個小時以上，遲早有人會在晨光雲上完成這項壯舉。」

簡森和其他三位飛行員在一起，他們都是「新南威爾斯基彼特湖滑翔俱樂部」的成員。他們帶來一架艾許（ASH）二五型滑翔機，看起來非常別緻新穎，翼展寬度號稱可達二十六公尺。既然在晨光雲上可以輕易打破紀錄，爲什麼來這裡衝雲浪的飛行員卻屈指可數？他想都沒想就回答我：「拜託，來一趟有多遠啊！這裡什麼都沒有，又熱得要命，與世隔絕，而且到處都是蒼蠅。」

普拉特（Geoff Pratt）的想法倒是和簡森相反，他對於前來伯克鎮的種種艱困似乎不以爲意。他是來自凱恩斯的電工技師，講話很輕柔，他拖著他的蒙納雷（Monerai）V形尾翼動力滑翔機，開了十五個小時的車，前一天傍晚才剛抵達；過去九年來，他每年都會來這裡朝聖。在這裡度過漫長的大熱天，只爲了等待晨光雲現身，難道不嫌煩嗎？「伯克鎮的日子沒那麼難過啦，」他回答，嘴裡一顆金牙在晨曦中閃閃發光，「我就是喜歡這裡的與世隔絕。消息還沒傳開也許是件好事，我可不希望這裡變得車水馬龍。」

那天晚上，飛行員有很強烈的預感，所有徵兆都顯示明天早上還有另一道晨光雲：海風整天吹個不停，咖啡店木桌的四個桌角超級誇張地翹了起來；還有，我和老懷利站在吧檯前，我們都看到了，冰箱門上確實結了一層霜。絕對錯不了。

我心裡想到唯一的問題是，雲會不會選個比較不那麼討厭的時候來？倒不是因爲一大

Gavin Pretor-Pinney 提供

上圖：伯克鎮酒吧的冰箱門整個都結霜了，咖啡店木桌的四個桌角也都翹了起來，這兩種現象都是晨光雲即將來臨的預兆。下圖：普拉特坐在他的蒙納雷動力滑翔機裡準備升空。

早爬起來很痛苦，而是因爲時間若太早，滑翔機就無法升空到晨光雲上衝雲浪，除非它良心發現、等天亮了才來。

清晨五點鐘到小機場一瞧，所有該來的人都來了。我幫鮑依擦掉他那架黑桃二〇E型滑翔機機翼上的露水。他解釋說，雖然這是個好現象，顯示空氣中有足夠的水分可以形成雲，但露水會改變機翼上的氣流，使滑翔機變得難以控制。普爾也來到小機場，他答應等一下會用他的西斯納（Cessna）一八七型單引擎飛機帶我一起升空，讓我可以近距離看雲看個夠。「你看，那邊保證有一個。」他邊說邊凝望黎明的地平線。天一亮，所有飛行員就迫不及待衝向他們的飛機，一個接一個起飛，朝著東升旭日而去。普爾和我也不落人後，興沖沖飛上天去了。

我們來到了距離小鎮三十公里以北的海岸邊。朝著我們翻捲而來的不是一道晨光雲，而是三道。最前面的一道有著絲質的光滑表面，看起來像一座巨大的冰河，懸浮於離地一百五十公尺的空中；第二道及第三道雲則比較粗糙而蓬鬆，在第一道雲後方的尾流中向前挺進。

從空中可以看見雲的長度非常長，沿著海灣蜿蜒直到兩端的盡頭。前方的氣流波動有一段已經通過本廷克島，相較於周圍廣大海面的其他部分，該段的傳播速度已經變慢了，使原本綿長的雲線多出一個明顯的轉折點。起飛之前，我們就把西斯納飛機的側艙門從絞

上下圖皆由Russell White（member 23）提供

鏈上拆除，此刻在我和雲之間沒有任何玻璃屏障。視野非常清楚，雲看起來既光滑又炫亮，我真想縱身一躍投入雲的懷抱。

在雲的襯托之下，滑翔機顯得非常渺小。就像衝浪者總是聚集在夏威夷威美亞海灘（Waimea Beach）最洶湧的浪潮附近，飛行員也都集中在雲的前緣翱翔。他們加快速度，像是要駕著滑翔機俯衝而下，然而在波動前方源源不絕的上升氣流中，這樣的俯衝卻不會使高度降低。接著他們又沿著雲的表面坡度爬升，一邊的機翼往下垂，然後以非常陡峭的弧線傾斜轉彎，向後朝著另一個方向飛去。

遠遠望去，我看見鮑依在雲的正前方翻筋斗。普拉特飛得很高，然後從主雲飛躍而下，轉而駕馭第二道和第三道雲。滑翔機的機翼像是上了蠟的白色衝浪板，在低矮的晨曦中閃耀著光芒，隨著大氣裡澎湃激盪的雲浪劃破長空而去。

我在想，傑列夫要是知道他今年錯過了什麼，肯定懊惱到不行。「你一飛上去不用十幾分鐘，」他曾經說過，「太陽便升到雲頂之上。回頭凝望著巨大洶湧的雲波，金黃色的朝陽在雲後若隱若現，那景象看起來彷彿是義大利人在文藝復興時期所畫的傑作。你不禁發誓，這就是天堂了。感覺就是這麼讚。」

上下圖皆由 Russell White（member 23）提供

傑列夫說得沒錯。晨光雲的確是無與倫比。「等你眞正體驗到在晨光雲端翻飛徜徉的樂趣，」普拉特前一天才興致勃勃地說，「才能理解它有多麼與眾不同。有時候我得捏自己一把，確定自己不是在作夢。」

我越過大半個地球來看晨光雲，如今終於得償宿願，和它面對面親密接觸。我擎起手來遮擋刺眼的陽光，此時太陽早已遠離東北方的地平線。陽光如瀑布般灑落雲端，沿著晨光雲表面的陣陣漣漪投映出迤長溫暖的影子。雲浪隨著波動的傳送緩緩升高，逐漸消逝在浪潮的最高點。

身爲第一個完成這項創舉的人，也就是在從未有人嘗試過、在尚未證實可行之前升空衝雲浪，會是什麼樣的感覺？懷特（Russell White）是全世界唯一有資格回答這個問題的兩人之一，伯克鎮的飛行員經常提起他的名字，顯然視他爲滑翔界的傳奇人物。一九八九年春天，懷特和他的飛行夥伴湯普森（Rob Thompson）首度在晨光雲上翱翔，此後大家才知道晨光雲的存在，並引發一陣狂熱。雖然懷特早已是晨光雲追逐客裡的熟面孔，但這次他沒辦法前來伯克鎮共襄盛舉。不過我和他通了電話（他住在拜倫灣），向他請教有關第一次與晨光雲邂逅的經過。

懷特和湯普森當時是在大堡礁搭遊輪度假，船長跟他們聊到這種相當奇特的雲。他們兩人原本就經常在山頂附近的氣流上滑翔，也就是會產生飛碟般莢狀高積雲的那種氣流。

上圖・Gavin Pretor-Pinney 提供。下圖・Russell White（member 23）提供

普拉特沿著晨光雲周圍空氣波動的前緣飛行。

伴隨這類雲之持續而靜止的空氣波動，與導致晨光雲的行進波動是不同的，兩者的差別就如同河水流過一顆大圓石時，水面會產生固定的波峰，而在沙灘上傳播的水波則不會。但是他們兩人當時都認爲，在這兩種氣流中滑翔的原理應該是一樣的。他們有種強烈的預感，晨光雲的移行雲波極可能會讓他們有意想不到的滑翔體驗，於是他們在船上喝了杯啤酒，當下決定第二天就駕著懷特的動力滑翔機飛到伯克鎮，碰碰運氣一探究竟。

「我們在十月十二日傍晚抵達伯克鎮，」他回憶說，「才剛找到地方住，就接到通知說工作上出了大麻煩，隔天必須趕回去。」他們滿心沮喪上床睡覺，心想如果奇蹟出現，隔天一早能有晨光雲，那他們回家前還有機會嘗試飛飛看。

「由於鬧鐘留在飛機上，所以我們睡過頭了，當湯普森匆匆忙忙跑回小屋大喊『晨光雲來了！』的時候，我還在洗澡呢！」他們以最快的速度急忙搭了便車趕到小機場，飛機沿著跑道滑行時，雲幾乎已經籠罩在頭頂上了。「我們朝著遠離晨光雲的方向起飛，」懷特告訴我；目前已經建立的原則是，滑翔機絕對不可以正對著雲的方向起飛。「當時還沒有任何慣例可循，我們只能且戰且飛，自己看著辦。」

起飛後，滑翔機轉向面對晨光雲，他們感受到三百公尺下方的上升氣流。「那眞是一次不得了的飛行經驗，」懷特激動地說，「我們既震驚又欣喜若狂，竟然發現了此等天上掉下來的妙物，而且還在上面衝雲凌霄。簡直是棒透了！」在那值得大肆紀念的一天，他們所邂逅的晨光雲只能算是小意思，才不過五十公里長、九百公尺高而已。

然而這次史無前例的一個半小時飛行，已經讓他們深深著迷。往南的回程途中，他們在新南威爾斯的基彼特湖（Lake Keepit）停留，那裡是全國最大的滑翔機俱樂部之一的大

Russell White（member 23）提供

懷特是翱翔晨光雲的開路先鋒。

本營，他們向大家宣布在晨光雲上完成的翱翔創舉。「大家都不相信，」懷特笑說，「說眞的，他們無法置信，以爲我們在瞎掰。所以我們第二年又回去，還帶了照相機。」

懷特在滑翔機雜誌上寫了文章，隨後湯普森發表他所拍攝的紀錄短片，消息逐漸傳開，其他人也開始加入春天的伯克鎮朝聖之旅，尋求翱翔晨光雲的刺激快感。不過直到目前爲止，據懷特估計，實際飛馳於晨光雲的人依然寥寥可數。首開先例會不會讓他覺得很驕傲？「我覺得非常榮幸。你能向那些沒有親眼看過的人形容喜馬拉雅山嗎？不行，你必須眼見爲憑。晨光雲也是一樣，那是一種妙不可言的經驗，必須身歷其境才能體會箇中滋味。」

回到普爾和阿曼達的家，吃了一頓澳洲龍魚慶祝大餐、幾杯黃湯下肚之後，我向在座的飛行員介紹我最近成立的賞雲協會。我好像一個二線明星在爲最近上映的電影做宣傳似的，口沫橫飛、滔滔不絕地展開一場事先演練多次的演講，爲我們天空裡的雲「蓬」友辯論著。我大聲疾呼，如果日復一日只有一「藍」無遺的天空可看，生活將會變得索然無趣。我還提到美國散文家愛默生（Ralph Waldo Emerson, 1803-1882）曾將天空形容爲「眼

Russell White（member 23）提供

晴每日的食糧……天地之初的藝廊」。還有，本協會向來與「藍天空想派」勢不兩立。

雲是大氣的臉色；我繼續讚頌著，熱切強調它們可以表露大氣的心情，也可爲看不見的氣流結構間傳遞訊息云云。就在這個時候，當我正要提到雲是大自然的詩篇時，我又看見普拉特閃閃發光的金牙。他和其他幾位飛行玩家對著我笑了起來。

我眞是個大笨蛋！那天他說起他和雲之間的關係時，我難道沒有聽見嗎？「我在雲裡

飛翔時，」他在小機場就曾經向我透露，「我覺得很自在，彷彿是在自己家裡一樣。在天空中，我與騰雲駕霧的鳥兒同在，就像楔尾雕（Wedge Tail Eagle）那樣的鳥兒，而且鳥兒讓我和牠們一起飛翔。當你飛上雲霄時，你不得不相信，冥冥之中眞有一位萬物的主宰。」

除了賞雲迷同胞，還有誰會千里迢迢來到這個偏遠的邊陲小鎭呢？我繞過整個地球，這才發現，原來我在爲虔誠的賞雲信徒舉辦佈道會，多此一舉！

看雲趣

從科學、文學到神話，認識百變的雲世界

作者／蓋文・普瑞特－平尼（Gavin Pretor-Pinney）
譯者／黃靜雅

主編／林孜懃
副主編／陳懿文
封面設計／謝佳穎
內頁設計／丘銳致
行銷企劃／鍾曼靈
出版一部總編輯暨總監／王明雪

發行人／王榮文
出版發行／遠流出版事業股份有限公司
104005 臺北市中山北路一段 11 號 13 樓
電話／（02）2571-0297　傳真／（02）2571-0197　郵撥／0189456-1
著作權顧問／蕭雄淋律師
2008 年 3 月 1 日　初版一刷
2024 年 9 月 1 日　三版一刷

定價／新臺幣 520 元（缺頁或破損的書，請寄回更換）

ISBN 978-626-361-843-5

YLib 遠流博識網 http://www.ylib.com　E-mail: ylib@ylib.com
遠流粉絲團 https://www.facebook.com/ylibfans

國家圖書館出版品預行編目 (CIP) 資料

看雲趣：從科學、文學到神話，認識百變的雲世界 / 蓋文．普瑞特 - 平尼 (Gavin Pretor-Pinney) 著；黃靜雅譯．-- 三版．-- 臺北市：遠流出版事業股份有限公司，2024.09

面；　公分

譯自：The cloudspotter's guide

ISBN 978-626-361-843-5(平裝)

1.CST: 雲

328.62　　113010714